図解!
ArcGIS 10
ジオデータベース活用マニュアル

川崎 昭如 編著

古今書院

はじめに

　わが国の GIS を取り巻く状況が大きく変わりつつあります。2006 年より地理情報システム学会による「GIS 専門技術資格認定制度」、「GIS 上級技術者」の資格授与が本格スタートしました。2007 年には、地理空間情報活用推進基本法（NSDI 法）が制定されました。小・中・高等学校における GIS 教育も促進されています。

　日本社会での GIS 利用の普及により、各所で大量の GIS データが生成され、**より効率的な GIS データ管理の必要性**が出てきました。また、多岐の業務や研究における GIS 活用の深化に伴い、**より高度な GIS 解析技術の必要性**も訴えられています。そして、社会の変化に伴う分野横断的なプロジェクトや学際的複合研究の進展の中、**多分野の人でも利用可能な整合性の高い GIS データベースの必要性**も高まってきました。

　一方、昨今の情報通信技術（ICT: Information and Communication Technology）の発展とともに、GIS の標準的データフォーマットも 90 年代に誕生したシェープファイルから、より高度な新しいデータフォーマットへ移行しています。その一つがジオデータベースであり、これまでの GIS 業界のデファクト・スタンダードであったシェープファイルではできなかった、高度なデータの作成と管理、分析が可能になりました。ArcGIS のみならず、他の GIS ソフトウェア（例えば SIS、GE Smallworld、SuperMap GIS）のデータフォーマットも、シェープファイルのようなデータ・ディクショナリ付き単層ファイル（flat files with a data dictionary）から、リレーショナル・データベースへ移行しています。将来的には、ジオデータベースが GIS リレーショナル・データベースのデファクト・スタンダードになる可能性も秘めています。

　このような GIS を取り巻く社会情勢および技術動向の変化に対応すべく、ジオデータベースの入門書として、『図解！ArcGIS Part3 ジオデータベース入門』を 2011 年に出版し、おかげさまで、多くの方に書籍を購入していただきました。本書は ArcGIS for Desktop のバージョン 10.2 のリリースにともない、新しいユーザインターフェースや新機能等に対応するために改訂を行った書籍となります。本書は、全 11 章で構成されています。
- ジオデータベースの概念を学ぶ（第 1 章）
- ジオデータベースの構造・機能を学ぶ（第 2 章～第 8 章）
- ジオデータベースを設計する（第 9 章）
- ジオデータベースを活用して、地理解析モデルを構築する（第 10 章）
- Google Earth との連携により、データを効果的に表現・共有する（第 11 章）

本書では、みなさんが日常業務や研究活動などにおいて、実践的に応用できるような内容になることを心がけ、親しみを持って学びやすいようなストーリー仕立ての演習を用意しました。また、日本全国どこの地域でも本書の内容を活用できるように、国土地理院の数値地図や国土交通省の国土数値情報など、既存 GIS データの有効活用も念頭におきました。

　スペースの都合により本書では触れていませんが、近年の ArcGIS Desktop はより高度なデータモデルの構築や管理が実現できるとともに、外部のシミュレーション・モデルやソフトウェアとの連携が容易になってきました。社会基盤としての GIS データ（地理空間情報）は、今後一層整備が進み、より高精度なデータの利用が可能になると予想されます。業務や研究などの基盤ツールとして GIS の利用は増加し、(時)空間という共通の土台を介して、様々な分野のシミュレーション・モデルやプログラムと連携していくための、共通プラットフォームとしての GIS への期待は高まっていく一方だと考えられます。これにより、複雑な環境メカニズムが解明されていったり、統合的エネルギー管理システムを構築したりなど、新たな研究分野や新しい産業、新しいサービスが創出されていくことが期待されます。

　本書により、ジオデータベースに一層の興味を持っていただき、それぞれの分野でジオデータベースを実際に活用していくための基本技術の習得と、空間思考能力の向上に少しでも貢献できれば幸いです。

著者一同

本書について

■ 演習に必要なパソコン環境
・ArcGIS 10.X（10.0、10.1、10.2.1、10.2.2） for Desktop 日本語版および最新のサービスパック、エクステンション Network Analyst がインストールされていること
  ➢ ArcGIS の必要動作環境、推奨動作環境は ESRI ジャパンのホームページを参照ください
  ➢ 本書は ArcGIS10.2.1 for Desktop で動作確認をしています
・インターネットに接続していること（データダウンロードのために必須です）
・330MB 程度のハードディスク空き容量があること（データダウンロードのために必須です）

■ 演習に必要なデータの準備
　横浜国立大学の専用サーバから、本テキスト演習用データをダウンロードして下さい。
URL は以下のとおりです。
http://www.gis.ynu.ac.jp/arcgis

　本書では、ダウンロード後に解凍されたデータを、「D:¥gis03」というハードディスクへ演習ごとに保存することにします。つまり、"演習2"のデータは、「D:¥gis03¥ex2」に保存されていることになります。

　（ダウンロードしたデータ・ファイルおよびフォルダの設定が［読み取り専用］になっていることがあります。その場合はデータの編集や解析ができないこともありますので、必ず［読み取り専用］のチェックを外しておいて下さい）

■ 本書に関する問合せなど
　「本書の記載通りに操作しても、本書内容通りに進行しない」といった、本書に関するご質問は、『図解 ArcGIS10　ジオデータベース活用マニュアル』購読者サポート掲示板（FAQ）をご利用ください。上述の URL からアクセスできます。

質問する際は、
- ご使用の OS や ArcGIS Desktop のバージョン情報（含む、サービスパック）を明記の上、具体的に状況を記述してください
- できれば、エラーメッセージや問題の起きた画面を画像として添付してください

　本書の内容以外の質問や個人的な質問にはお答えすることができません。また、質問をいただいてから回答までに時間がかかることもあります。予めご了承ください。
　上記掲示板以外でのお問い合わせには対応することはできませんので、ご了承ください。

■ **データセットについて**
　本書で利用する基盤地図情報は、国土地理院長の承認を得て、同院発行の基盤地図情報を複製したものである。
（承認番号　平 22 業複、第 910 号）
　また、自然や河川構造物などの水路情報は、神奈川県 伊勢原市長の承認を得て、同市発行の都市計画基本図や DM データをもとに、著者らが本演習用に独自に編集・複製したものである。
（承認番号　伊都総収第 121 号）

※　ArcGIS for Desktop Basic / Standard / Advanced、ArcToolbox、ArcGIS Network Analyst、ArcGIS Explorer Desktop、ArcGIS for Server、ArcGIS Engine、ArcGIS for Windows Mobile、ArcPad、ArcView、ArcEditor、ArcInfo、ARC/INFO は米国 Esri 社の登録商標です。
※　Windows, Microsoft Excel は米国 Microsoft 社の登録商標です。

目　次

はじめに　i
本書について　iii

第1章　ジオデータベースの概要

演習1　ジオデータベースに触れてみよう！　1
 1. はじめに　2
 2. ArcGIS の概要　2
 3. ArcGIS とジオデータベース誕生の背景　4
 4. ジオデータベースの特徴　8
 5. ジオデータベースの種類　10
 Step 1　ジオデータベースのカタログ展開　12
 Step 2　ArcMap へのデータの追加　16

第2章　ジオデータベースの作成

演習2　ジオデータベースを作成しよう！　21
 Step 1　データの準備と座標系の確認　25
 Step 2　ファイル ジオデータベースの作成　27
 Step 3　シェープファイルのファイル ジオデータベースへの読み込み　32
 Step 4　フィーチャクラスのエイリアス設定　33

第3章　属性ドメインの操作

演習3　属性ドメインを設定しよう！　35
- Step 1　コード値ドメインの作成　38
- Step 2　範囲ドメインの作成　40
- Step 3　ドメインを属性に設定　41
- Step 4　ドメインを持つ属性の編集　44

第4章　サブタイプの定義

演習4　サブタイプを設定しよう！　49
- Step 1　演習データの確認　52
- Step 2　サブタイプの作成　54
- Step 3　サブタイプの効果をチェック　57

第5章　トポロジの利用

演習5　トポロジを構築しよう！　59
- Step 1　トポロジの作成　63
- Step 2　トポロジの整合チェック　68
- Step 3　エラーの修正　70

第6章　リレーションシップの構築

演習6　フィーチャを関連付けよう！　77
- Step 1　演習データの確認　80
- Step 2　コンポジット リレーションシップの作成　82
- Step 3　リレーションシップの効果　85
- Step 4　コンポジット リレーションシップの効果　87

第7章　ジオメトリック ネットワーク

演習7　ジオメトリック ネットワークを構築しよう！　89
- Step 1　演習データの確認　92
- Step 2　ジオデータベースとフィーチャ データセットの作成　95
- Step 3　ジオメトリック ネットワークの構築　99
- Step 4　ジオメトリック ネットワークの表示と解析の準備　105
- Step 5　ジオメトリック ネットワークのフローの設定　108
- Step 6　トレース解析1　114
- Step 7　エッジのデジタイズ方向に基づくフローの設定　125
- Step 8　トレース解析2　128
- Step 9　トレース解析への有効/無効の設定　136
- Step 10　フィーチャの選択方法を利用したトレース解析　143

第8章　Network Analyst

演習8　道路の経路を検索しよう！　149
- Step 1　演習の準備　152
- Step 2　コストの設定　155
- Step 3　ネットワーク データセットの作成　164
- Step 4　Network Analyst の実行　172

第9章　ジオデータベースの設計

演習9　ジオデータベースを活用してプロジェクトを実践しよう！　191
- Step 1　GIS データ モデルの設計　196
- Step 2　ジオデータベースの作成と既成データの読み込み　198
- Step 3　ドメイン・サブタイプ・リレーションシップ クラスの構築　206
- Step 4　ジオデータベースの利用　212

第 10 章　ジオプロセシング

演習 10　地理解析モデルを構築しよう！　221
　Step 1　演習データの確認と作業プロセスの設計　224
　Step 2　定型作業モデルの構築　226
　Step 3　定型作業モデルの共有と再利用　235
　Step 4　ジオデータベースへのモデルの挿入　241

第 11 章　Google Earth との連携

演習 11　Google Earth と連携しよう！　245
　Step 1　KML ファイルへの変換　248
　Step 2　Google Earth の操作　254
　Step 3　KML ファイルの公開　270

参 考 文 献　282
お わ り に　283

第1章 ジオデータベースの概要

演習1 ジオデータベースに触れてみよう！

この章では、ジオデータベースの概要とその基本構成について学びます。演習を通じて、ジオデータベースの基本的な構成と操作方法を習得します。

【Introduction】
1. はじめに

　本書では、ArcGIS のネイティブ フォーマットである「ジオデータベース」の操作方法を学びます。はじめに第 1 章では、ArcGIS の概要、ArcGIS とジオデータベースが登場するまでの歴史を紹介し、ジオデータベースの持つ特徴を解説します。
　この章の演習では、すでに作成されているジオデータベースを ArcMap や ArcCatalog で操作します。ArcCatalog 上で、用意されたファイル ジオデータベースを展開したり、プロパティを閲覧したり、ArcMap へデータを追加して確認します。

2. ArcGIS の概要

　ArcGIS は、Esri 社が開発・販売する GIS ソフトウェア ファミリーの総称です。
　個人ユーザから大規模組織、さらにはインターネットを介した地球規模のネットワークに至るまで幅広い GIS の利用形態に柔軟に応えるため、最新の業界標準テクノロジ群をもとに開発されたスケーラブルな地理情報システム ソフトウェア群です。単体での利用から任意の組み合わせによるシステムの構築まで、機能要件、システム規模、コストに応じた柔軟な選択ができます。ArcGIS により、地理空間情報や関連情報を統合して、状況把握・分析、意思決定、問題解決、情報伝達を行うためユーザのニーズに応じた GIS システムを効果的に導入することが可能となります。

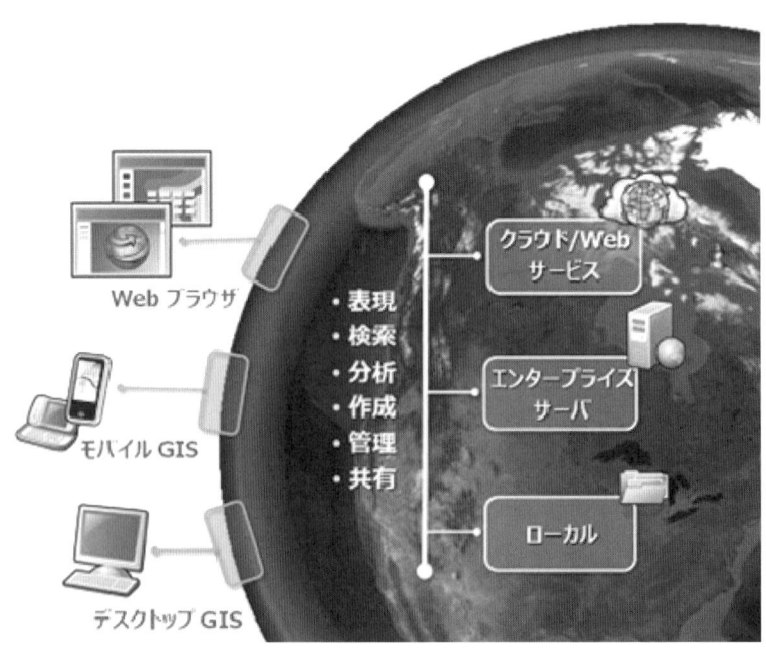

第1章 ジオデータベースの概要

　ArcGIS は、5 つの分野の製品群から構成されています。主な製品には以下があります。

デスクトップ GIS	**ArcGIS for Desktop** は、3 つの基本製品（ArcGIS for Desktop Basic、ArcGIS for Desktop Standard、ArcGIS for Desktop Advanced）と、エクステンション製品群（ArcGIS for Desktop エクステンション）から構成されます。基本製品では同一のアプリケーション、ユーザ インタフェース、カスタマイズ環境を提供し、製品のグレードに応じて利用可能な機能の数が異なる形態になっています（機能数：ArcGIS for Desktop Basic ＜ ArcGIS for Desktop Standard ＜ ArcGIS for Desktop Advanced）。必要に応じて各種エクステンション製品を追加することが可能で、更なる機能強化を図ることができます。 **ArcGIS Explorer Desktop** は、だれでもダウンロード可能な無償の GIS ブラウザです。さまざまな GIS データを参照でき、ArcGIS for Server で配信した解析用サービスも利用可能です。
サーバ GIS	**ArcGIS for Server** は、ネットワークを経由して高度な GIS 機能を提供するサーバ製品です。機能グレードに応じた 3 つのエディション（Basic、Standard、Advanced）と、利用規模に応じた 2 つのレベル（Workgroup、Enterprise）がありますので、機能要件やシステム規模、コストなどのニーズに合わせて柔軟に製品を選択できます。
オンライン GIS	**ArcGIS Online** は、クラウド上に構築された地理空間情報のプラットフォームです。インターネットに接続するだけで、簡単に背景地図を利用できます。個人または組織の内部利用と非商用の外部利用は無償で、商用の外部利用は有償での提供となります。
モバイル GIS	**ArcGIS for Windows Mobile** は、ArcGIS for Desktop、AcGIS for Server と連携した GIS 製品です。すぐに利用可能なアプリケーションと業務に特化したアプリケーションを開発可能な開発キットを提供します。 **ArcPad** は、PDA やスマートフォンなどのモバイル デバイス上で動作する GIS 製品です。フィールドでのデータ収集や GPS と連携した業務などに優れたソリューションを提供します。

引用：ESRI ジャパン Web サイト（http://www.esrij.com/products/）

3. ArcGIS とジオデータベース誕生の背景

　私たちを取り巻く世界は非常に複雑な構造で成り立っています。この複雑な現実世界から、位置とそれに関連する様々な情報である「地理空間情報」をデジタル データとして取得し、コンピュータなどの仮想世界で管理・シミュレーションするために「GIS（Geographic Information System ＝地理情報システム）」が登場しました。

　「GIS」という言葉がはじめて使われたのは、1960年代にカナダの国土管理を行うために開発された、「Canada Geographic Informaion System (CGIS)」です。このシステム開発を主導したのがロジャー トムリンソン (Roger F. Tomlinson)[*1] で、彼は自身が地理学の出身者であることから、「"地理"情報システム」と命名したと語っています。また、それ故に彼は「GIS の父」と呼ばれています。

Roger F. Tomlinson

　現在、GIS で扱うデータには様々な形式のフォーマットがありますが、大別するとベクタ形式、ラスタ形式、TIN 形式などに分類できます。これらは GIS で扱うデータの論理的な構造の特徴を示したもので、「GIS データ モデル」といいます。GIS データ モデルは、1950年代から議論されてきました。ちょうどコンピュータの発展に追随する形で発展します。

　初期の GIS データ モデルは、CAD で使用されていた「ベクタ モデル」で構築されていました。当初、ベクタ モデルは点と線で表現するお絵かきのようなもので、これを「スパゲティ モデル」といいます。スパゲティ モデルでは点や線が交わったり、面が隣り合ったりすることをデータが認識できません。また、当時はコンピュータの性能が低かったため、比較的データ量の大きいベクタ モデルはデータ作成や解析処理コストが高く扱いが大変でした。

　その後、ベクタ モデルに加えて、規則正しい格子（グリッド セル）に分割して情報を格納するという「ラスタ モデル」が考案されます。ラスタ モデルはセルに値を入力する単純な構造で、データ量、処理コスト共に比較的扱いやすいものでした。しかし、セルの大きさによっては地物の認識に誤解が生じる可能性があるという問題もありました。ベクタ モデルとラスタ モデルはそれぞれ長所と短所があり、現在でも現実世界の事象や現象をとらえる代表的なモデルとして使用されています。道路や市区町村界などの断続的な事象や交通事故などの現象にはベクタ モデルが利用され、標高や気温、衛星写真の RGB 輝度値などの連続的な事象にはラスタ モデルを利用するといったかたちで目的に応じて使い分けられています。

第1章 ジオデータベースの概要

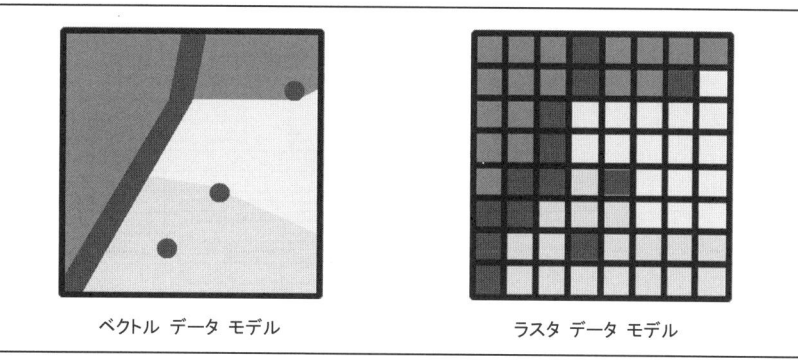

ベクトル データ モデル　　　　　ラスタ データ モデル

　ベクタ モデルについてもう少し詳しく見てみましょう。スパゲティ モデルは、接している線や隣り合う面を認識できないという問題がありましたが、これをトポロジ（位相）モデルの登場によって解決しています。トポロジ モデルは、頂点、頂点を結んだ弧、弧と弧を結んだ節から構成されます。これによって、点・線・面が隣り合ったり、交わったり、重なったりすることを認識できるようになりました。

　1982 年、Esri は世界初の商用 GIS パッケージ「ARC/INFO」をリリースします。Esri は 1969 年にジャック デンジャモンド（Jack Dangermond）によって設立された GIS ソフトウェア企業です。彼は当時最先端の GIS 研究が行われていたハーバード大学コンピュータ グラフィックス空間分析研究所に所属しており、大学を修了した後に地元のカリフォルニア州レッドランズでエスリ(Esri)[*2] を起業しました。

Jack Dangermond

　ARC/INFO は「カバレッジ データ モデル（ジオリレーショナル データモデルとも呼ばれます）」という新しい GIS データ モデルを扱うことができました。ベクタ モデルで図形を描き、図形に関連する属性情報を持ち、さらにトポロジ モデルが実装されており、様々な解析を行うことができます。これまで、トポロジ モデルはデータの構築と運用に多大なコストが必要で、非常に大規模な組織やプロジェクトでのみ利用されてきましたが、ARC/INFO の登場によってより多くの組織・分野で利用できるようになりました。

5

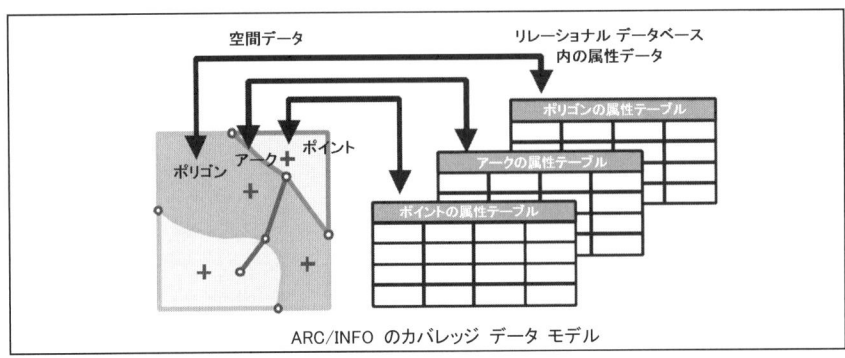

ARC/INFO のカバレッジ データ モデル

Scott Morehouse

　Esri は当初その名のとおり環境アセスメントなどのコンサルティングを行う非営利団体でしたが、その後営利企業となり、GIS ソフトウェア開発を開始しました。その後ハーバード大学でジャック デンジャモンド氏の後輩にあたる、スコット モアハウス (Scott Morehouse) が Esri に参加し、彼が中心となって ARC/INFO が開発されました。ARC/INFO は Esri を代表するヒット商品となり、世界的な知名度を得ることになります。現在、Scott Morehouse は Esri のリード アーキテクトとして最前線で ArcGIS をはじめとした開発の陣頭指揮をとっており、Jack Dengermond は Esri のみならず GIS 業界を牽引する存在として活躍しています。

　その後の 1992 年に、より一般ユーザ向けの GIS パッケージとして「ArcView」をリリースし、「シェープファイル」が登場します。シェープファイルは位相構造を持たないベクタ データ モデルですが、コンピュータのハードウェア スペック向上によってアプリケーション側で位相構造の認識と演算ができるようになりました。シェープファイルは仕様の公開によって、その後ベクタ モデルの GIS フォーマットではデファクト スタンダードとして位置づけられていきます。

　こうしてワークステーションでは ARC/INFO とカバレッジが、パーソナル コンピュータでは ArcView とシェープファイルが使用され、数多くの GIS プロジェクトが成功に導かれていきました。

　また、1995 年には「SDE」が登場し、一般的なリレーショナル データベース管理システム (RDBMS) に GIS データを格納できるようになり、大規模な GIS データを複数のユーザが同時に編集できるようになりました。SDE は後に「ArcSDE」へと製品名が変更され、現在は「ArcGIS Server」のマルチユーザ ジオデータベースを担うテクノロジとして位置づけられています。

　ユーザが GIS を駆使するにつれ、アプリケーションや GIS データに対する要求はより高度で複雑になってきました。これまで利用されてきた GIS データ モデルは、現実

第1章 ジオデータベースの概要

世界に起こる振る舞いをアプリケーションの機能によって実現してきました。しかし、実際はアプリケーションが振る舞いを起こすのではなく、データ自身（地物）が振る舞うと捕らえた方がより自然であるという考え方が登場します。この考え方を「オブジェクト指向」といいます。オブジェクト指向はプログラムの開発手法から発展したものですが、プログラムに限らず様々な分野で利用されるようになり、GIS の世界でも利用されてきます。

地物に振る舞いを持たせるという考え方は以前から研究されていましたが、1994 年に発足した ISO/TC211（国内では地理情報標準と呼ばれています）では、地理情報に関する取り決めの標準化を議論しており、オブジェクト指向 GIS データ モデルについても議論の対象となっています。今日ではその成果が順次 ISO19100 シリーズとして勧告されています。

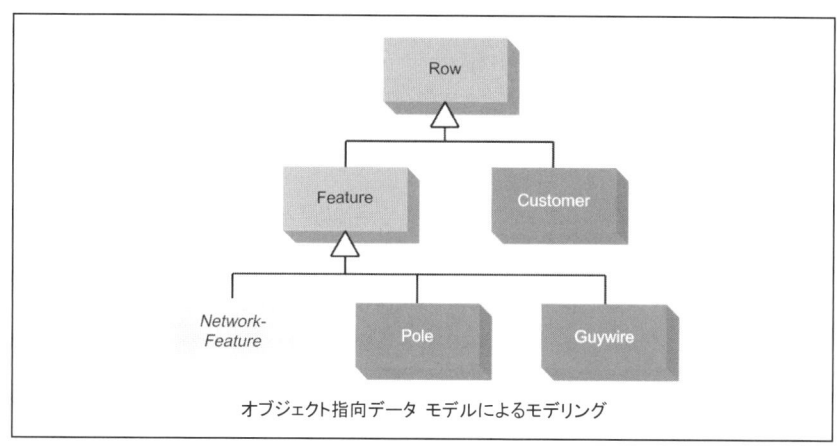

オブジェクト指向データ モデルによるモデリング

Esri も従来のテクノロジを一新した新しい GIS アプリケーションの研究開発をはじめ、1999 年に ARC/INFO 7.x を刷新した ArcInfo 8.0 をリリースします。また、2001 年には ArcView 3.x の処理レベルを統合した、ArcGIS 8.1 をリリースします。ArcGIS の登場によって ArcView レベルから ArcInfo レベルまで[*3]、様々なニーズを持ったユーザが共通の操作性でアプリケーションを使用できるようになりました。

ArcInfo 8.0 以降では、新しい GIS テクノロジとして「ArcObjects」と「ジオデータベース」が採用されています。ArcObjects は、COM テクノロジによって構築されており、アプリケーションの操作や機能、ジオデータベースの振る舞いを実装しています。COM は Microsoft 社が開発したオブジェクト指向のオープンな開発言語仕様なので、一般的に利用されている開発言語で自由にアプリケーションを拡張できます。それだけではなく、ユーザが ArcObjects によってジオデータベース データ モデル自体を自由に拡張できるという特長も持っています。

ジオデータベースについては次の項目で詳しく説明します。

4. ジオデータベースの特徴

「ジオデータベース」は、従来のカバレッジ データ モデルとシェープファイルに変わる新しい GIS データ モデル、GIS フォーマットです。ジオデータベースは「オブジェクト指向 GIS データ モデル」であり、データを「オブジェクト」としてとらえ、「空間属性（図形情報）」や「主題属性（属性情報）」を格納でき、データに対して「振る舞い」を定義づけすることができます。また、ジオデータベースはオブジェクト指向でありながら一般的な RDBMS へのデータ格納を実現しており、高いパフォーマンスを得ることができます。データの設計時に現実世界と整合性のとれたモデルを作成することで、GIS アプリケーション開発のコストを減らして相互運用性を容易にしました。

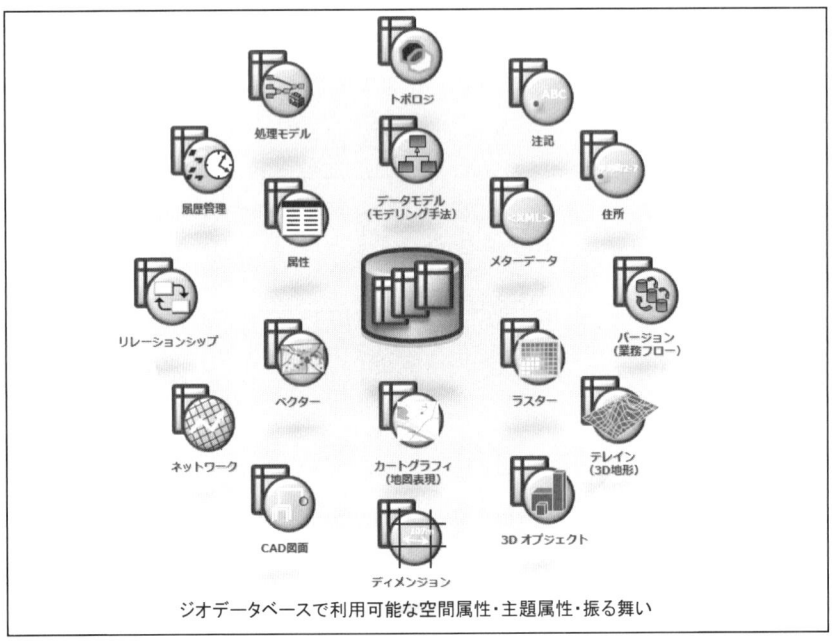

ジオデータベースで利用可能な空間属性・主題属性・振る舞い

電力設備の管理システムを例にとって見てみましょう。電力会社が管理する GIS のシステムには、電柱データと電線データが含まれているでしょう。これら 2 つのデータは、通常ポイントとラインに分けて管理され、2 つのレイヤとして表示するのが一般的です。ここで、電線の持つ役割について考えてみます。鉄塔に張られている電線は高圧の電気を送電していますが、電柱から各家庭に延長している電線はほとんどが 200V か 100V の電圧を供給しています。同じ電線でも特性が異なるので、データをさらに分類してとらえることができます。また、電線を延長させることを想像してみてください。レイヤとして 2 つに分かれているデータでは、電線フィーチャを引き延ばしても電柱フィーチャに変化はありません。しかし、現実の世界では仮に電線が延長されれば、延長された電線を支える電柱が新設されるべきです。そうでなければ電線が中に浮いた状態になってしまいます。

第1章 ジオデータベースの概要

　従来の GIS アプリケーションでは、先の例のようなシステムのデータ処理をプログラミングによって実現していました。しかし、アプリケーションで振る舞いを細かく定義すると、GIS のプロジェクトごとに要求を満たすための開発が必要になり、限界を迎えることとなります。

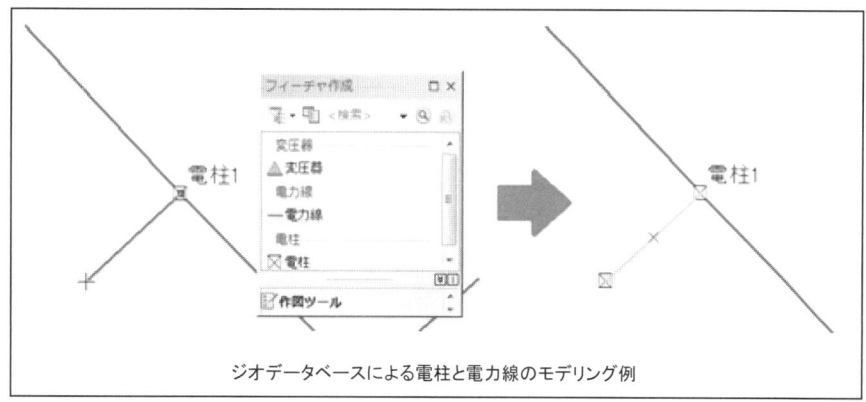

ジオデータベースによる電柱と電力線のモデリング例

　一方ジオデータベースでは、データ モデルにオブジェクト指向の概念が備わっているため、前述の例のようなデータ モデルは、プログラミングを追加することなくルール付けすることができます。ジオデータベース データ モデルには地物間の関連性や振る舞いを規定する仕組みが備わっているため、GIS アプリケーションをカスタマイズすることなく高度な GIS データ モデルが作成でき、使用する環境が異なってもデータさえ移せば即座に別の環境で同じ振る舞いとして操作できるようになります。また、データ モデルの再利用も考慮されており、一度作成したモデルを別のプロジェクトの雛形として利用することも可能です。

　ジオデータベースは非常に多くの機能を持っており、用途や規模に応じて様々な使い分けを行うことができます。ジオデータベースに格納できる属性や振る舞いの定義は、ArcGIS のバージョン アップによって年々進化しています。

※脚注

*1　トムリンソン氏は 2014 年 2 月 9 日に 80 歳で永眠されました。

*2　2010 年にイーエスアールアイ(Environmental Systems Research Institute, Inc.)
　　から社名変更。国内総代理店は ESRI(エスリ)ジャパン株式会社。

*3　ArcGIS 10.1 のリリースに伴い製品名が変更されました。従来の ArcView /
　　ArcEditor / ArcInfo はそれぞれ ArcGIS for Desktop Basic / ArcGIS for Desktop
　　Standard / ArcGIS for Desktop Advanced という製品名になっています。

5. ジオデータベースの種類

ジオデータベースは、データを格納する規模や用途に応じた種類があります。

◆ **シングルユーザ ジオデータベース**

シングルユーザ ジオデータベースは、デスクトップ環境の個別の GIS 作業に利用します。シングルユーザ ジオデータベースは、ArcGIS for Desktop のすべてのライセンス レベルで使用できます。

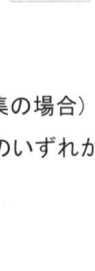

- ▲ ファイル ジオデータベース（*.gdb）
  - ＋ ファイル システムに格納
  - ＋ 理論上のサイズ制限なし。コンフィグレーション キーワードを使用することで、1 つのテーブルに最大 256 TB 格納可能。
  - ＋ 同時に 1 人以上の並列編集が可能（異なるデータセットを編集の場合）
  - ＋ 一方向またはチェックイン ジオデータベース レプリケーションのいずれかで、子ジオデータベースとして機能することが可能
- ▲ パーソナル ジオデータベース（*.mdb）
  - ＋ 個別 Microsoft Access mdb ファイルに格納される
  - ＋ 一つのパーソナル ジオデータベースのサイズ制限は 2GB
  - ＋ 同時に 1 人の編集のみをサポート（並列編集なし）

◆ **マルチユーザ ジオデータベース**

ArcSDE テクノロジと RDBMS を組み合わせることによって利用できるジオデータベースです。同じデータセットに対して同時に 1 人以上の並列編集が可能で、バージョニング、レプリケーション、履歴管理といった機能を使用することができます。マルチユーザ ジオデータベースの編集には ArcGIS for Desktop Standard、ArcGIS for Desktop Advanced を使用します。

- ▲ Enterprise（ArcGIS for Server Enterprise に付属）
  - ＋ 大規模な組織向け
- ▲ Workgroup（ArcGIS for Server Workgroup に付属）
  - ＋ 小規模から中規模のチーム及び組織向け
- ▲ Desktop（ArcGIS for Desktop Standard ／ ArcGIS for Desktop Advanced ／ ArcGIS Engine に付属）
  - ＋ マルチユーザ ジオデータベースの機能を利用した個人ユーザから小規模のチーム向け

このテキストでは、「ファイル ジオデータベース（*.gdb）」を使用して演習を行います。

第1章 ジオデータベースの概要

【Goals】

この演習が終わるまでに以下のことが習得できます。

- **ジオデータベースの構造**：ジオデータベースのカタログ構成を理解します。
- **ジオデータベースの基本操作方法**：ArcCatalog 上でジオデータベースを展開し、必要なフィーチャ データセットやフィーチャクラスなどを、ArcCatalog 上で確認したり、ArcMap へ追加したりする際の操作方法を習得します。

【License】

この演習は以下の製品で実行できます。

ArcGIS for Desktop Basic / Standard / Advanced

【Data】

この演習では次のデータを使用します。

主題	図形タイプ	データソース
橋	ポイント フィーチャクラス	ex01.gdb¥A_city¥brdg
河川	ライン フィーチャクラス	ex01.gdb¥A_city¥river
水門	ポイント フィーチャクラス	ex01.gdb¥A_city¥watergate
集水域	ポリゴン フィーチャクラス	ex01.gdb¥A_city¥watershed
標高	ラスタ データセット	ex01.gdb¥dem
集水域	ラスタ データセット	ex01.gdb¥watershed5000
水質実測値	テーブル	ex01.gdb¥水質観測値

【Course Schedule】

Step	項目	おおよその必要時間 1回目	2回目	3回目
Step 1	ジオデータベースのカタログ展開 ① 演習データをダウンロード ② ジオデータベースの展開 ③ フィーチャ データセットの展開 ④ 各データのプロパティやジオグラフィ(図形)、テーブル、メタデータの確認	10分	（　）分	（　）分
Step 2	ArcMap へのデータの追加 ① 個別のデータセットの追加 ② フィーチャ データセットによる一括追加	10分	（　）分	（　）分

| Step 1 | ジオデータベースのカタログ展開 |

データのダウンロードを行い、読み取り専用をサブフォルダも含めて解除します。以降では、ダウンロードされたデータが「D:¥gis03」フォルダにコピーされているものとして説明します。

[スタート] → [すべてのプログラム] → [ArcGIS] → [ArcCatalog] をクリックし、ArcCatalog を起動します。

[カタログ ツリー] ウィンドウでコピー後の「D:¥gis03¥ex01」フォルダ内のデータを確認します。

Tips:フォルダに接続

[カタログ ツリー] ウィンドウに「gis03」フォルダが表示できない場合は、[フォルダに接続] を行います。

[ファイル]メニュー → [フォルダに接続] をクリックし、[フォルダに接続] ダイアログで「D:¥gis03」フォルダを選択して [OK] ボタンをクリックします。

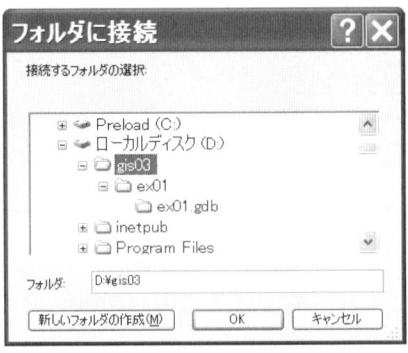

「ex01」フォルダ内に、「ex01gdb」 があるのを確認します。これが一つのジオデータベースです。

⊞ をクリックして、ex01.gdb を展開します。

演習1 ジオデータベースに触れてみよう！

第1章 ジオデータベースの概要

> A_city フィーチャ データセット  と、2 つのラスタ・データセット 、1 つの
> テーブル ▦ を確認します。

□ 📂 フォルダ接続
　└ □ 📁 D:¥gis03
　　　└ □ 📁 ex01
　　　　　└ ⊞ 🗊 ex01

　　　　　　　　　⇒

□ 📂 フォルダ接続
　└ □ 📁 D:¥gis03
　　　└ □ 📁 ex01
　　　　　└ □ 🗊 ex01
　　　　　　　├ ⊞ A_city
　　　　　　　├ ⊞ dem
　　　　　　　├ ⊞ watershed5000
　　　　　　　└ ▦ 水質観測値

> ⊞ をクリックして、A_city フィーチャ データセット を展開します。
> フィーチャ データセット内に、以下のデータがあることを確認します。

- ✦ 2 つのポイント フィーチャクラス　∷
- ✦ 1 つのライン フィーチャクラス　　⊐
- ✦ 1 つのポリゴン フィーチャクラス　▧
- ✦ 1 つのトポロジ クラス　　　　　　⋈
- ✦ 1 つのリレーションシップ クラス　⇄

□ 📂 フォルダ接続
　└ □ 📁 D:¥gis03
　　　└ □ 📁 ex01
　　　　　└ □ 🗊 ex01
　　　　　　　├ □ A_city
　　　　　　　│　├ ∷ brdg
　　　　　　　│　├ ⋈ BridgeAndRiver_Topology
　　　　　　　│　├ ⊐ river
　　　　　　　│　├ ⇄ RiverToWatershed
　　　　　　　│　├ ∷ watergate
　　　　　　　│　└ ▧ watershed
　　　　　　　├ ⊞ dem
　　　　　　　├ ⊞ watershed5000
　　　　　　　└ ▦ 水質観測値

> [カタログ ツリー] ウィンドウで任意のデータを選択し、プロパティや [プレビュー] タブでジオグラフィ (図形)、テーブル、メタデータなどを確認してください。

Tips：ジオデータベースの構造

```
ジオデータベース
  フィーチャ データセット
    空間参照
    ポリゴン    ルート
    ライン     ディメンション
    ポイント
    アノテーション
  リレーションシップ クラス
  ジオメトリック ネットワーク
  トポロジ

テーブル
ラスタ データセット
ラスタ カタログ
その他のデータセット
  パーセル ファブリック   テレイン データセット
  GPSデータセット       スケマティクス
  ネットワーク データセット  レプリゼンテーション
ツールボックス
  ツール   モデル   スクリプト
振る舞い
  デフォルト属性値，結合ルール
  属性ドメイン，リレーションシップ ルール
  スプリット／マージポリシー，トポロジ ルール
  ジオメトリック ネットワーク
```

　このステップで確認したジオデータベースには、用途や目的に応じた様々な種類のデータを格納することができます。

◆ ジオデータベース

　テーブル、フィーチャクラス、フィーチャ データセット、トポロジ ルールなど、GIS データを格納するための器となるものです。ジオデータベースを含め、中に格納されるデータを総称して「データセット」と呼びます。また、ジオデータベースは、「ワークスペース」とも呼ばれます。

◆ フィーチャ データセット

　同じ空間参照（座標系）を持つフィーチャクラスを格納するために用意されているデータセットです。また、リレーションシップ クラス、ジオメトリック ネットワーク、トポロジなど、高度な GIS データモデルを構築するためにも使用します。

◆ テーブル

　同じ属性情報の定義を持つデータ（レコード）の集合です。ジオデータベースに格納されるテーブルには、必ずユニークなレコードを特定するための「OBJECTID」列が含まれます。

◆ フィーチャクラス

　同じ種類の図形情報（ジオメトリ）と属性情報の定義を持つデータ（フィーチャ＝地物）の集合です。フィーチャクラスは、テーブルの性質に図形情報を加えて特化させたもので、テーブルと同様に「OBJECTID」列が含まれます。フィーチャクラスは必ずしもフィーチャ データセットに格納する

演習1　ジオデータベースに触れてみよう！

第1章 ジオデータベースの概要

必要はありません。また、シェープファイルも意味的にはフィーチャクラスといえます。

◆ ラスタ データセット
　ラスタ モデルを扱うためのデータセットです。

◆ ラスタ カタログ
　ラスタ データセットの集合を一つのデータセットとして管理するためのデータセットです。

◆ ツールボックス
　GIS の処理機能を格納します。これはデータセットではありません。

◆ その他のデータセット、振る舞い
　データセットに振る舞いを持たせるための機能が含まれています。

| Step 2 | ArcMap へのデータの追加 |

[スタート] → [すべてのプログラム] → [ArcGIS] → [ArcMap] を起動します。[はじめに] ダイアログで [空のマップ] を選択して [OK] ボタンを押します。

ArcMap の [ウィンドウ] メニュー → [カタログ] を選択して [カタログ] ウィンドウを表示し、[フォルダ接続] → [D:¥gis03] → [ex01] → [ex01.gdb] を選択して展開し、「D:¥gis03¥ex01¥ex01.gdb」内のデータを確認します。

[カタログ] ウィンドウ上で「ex01.gdb」の以下のデータを空のマップ上へドラッグ＆ドロップで追加します。

- ◆ ポイント フィーチャクラス 「watergate(水門)」
- ◆ ポリゴン フィーチャクラス 「watershed(集水域)」
- ◆ ラスタ データセット 「dem(標高)」
- ◆ ラスタ データセット 「watershed5000(集水域)」
- ◆ テーブル 「水質観測値」

Tips：[カタログ] ウィンドウ

ArcMap の [カタログ] ウィンドウを使用すると、ArcCatalog と同様の GIS データ管理が ArcMap から操作できるようになります。[カタログ] ウィンドウでプッシュ ピン をクリックすると、[カタログ] ウィンドウを常に表示できます。

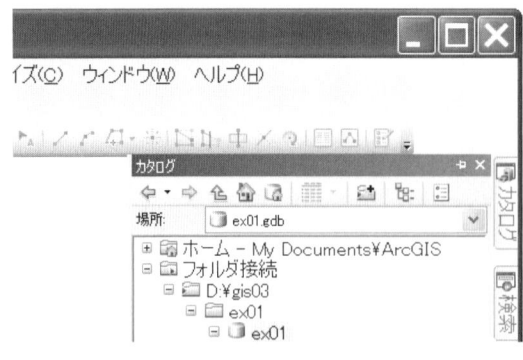

演習1 ジオデータベースに触れてみよう！

第1章 ジオデータベースの概要

追加したジオデータベースのデータも、これまで利用してきたシェープファイルと同じように表示されますが、コンテンツ ウィンドウで [ソース別にリスト] ボタン をクリックすると、追加したデータソースがファイル ジオデータベース（*.gdb）であることが分かります。

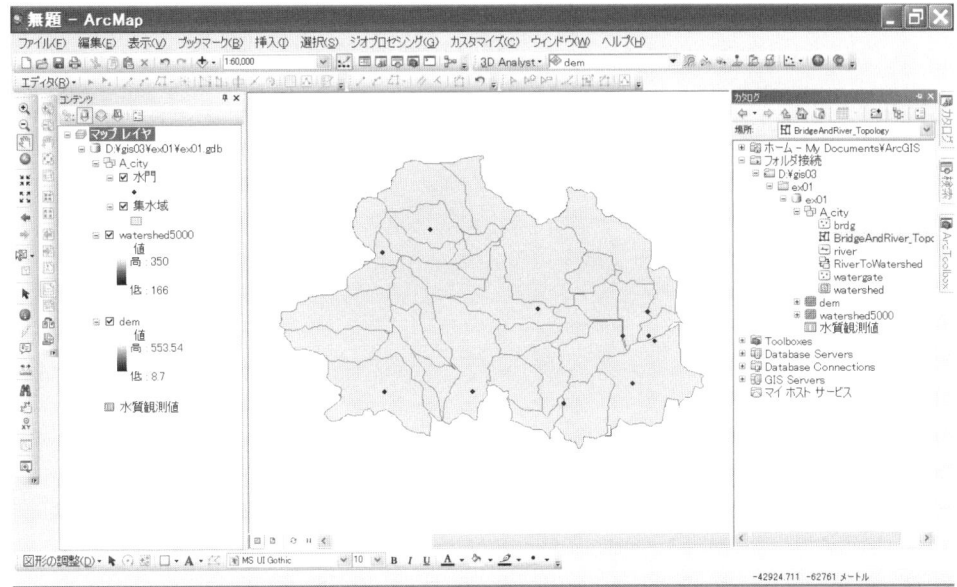

[標準] ツールバー → [データの追加] ボタン をクリックし、「ex1.gdb」の以下のデータを選択して [追加] をクリックします。

✦ トポロジ クラス 「BridgeAndRiver_Topology」

以下のウィンドウが現れますので、[はい] をクリックします。

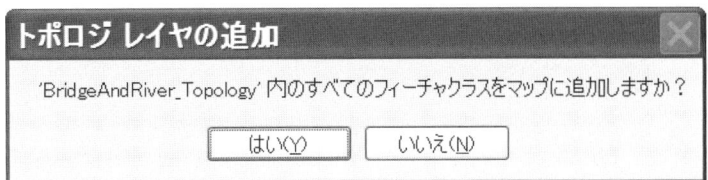

17

「BridgeAndRiver_Topology」、「brdg(橋)」、「river(河川)」の 3 つのレイヤが マップに追加され、トポロジの不整合箇所が赤色で示されます（トポロジについては、第 5 章で詳しく学びます）。

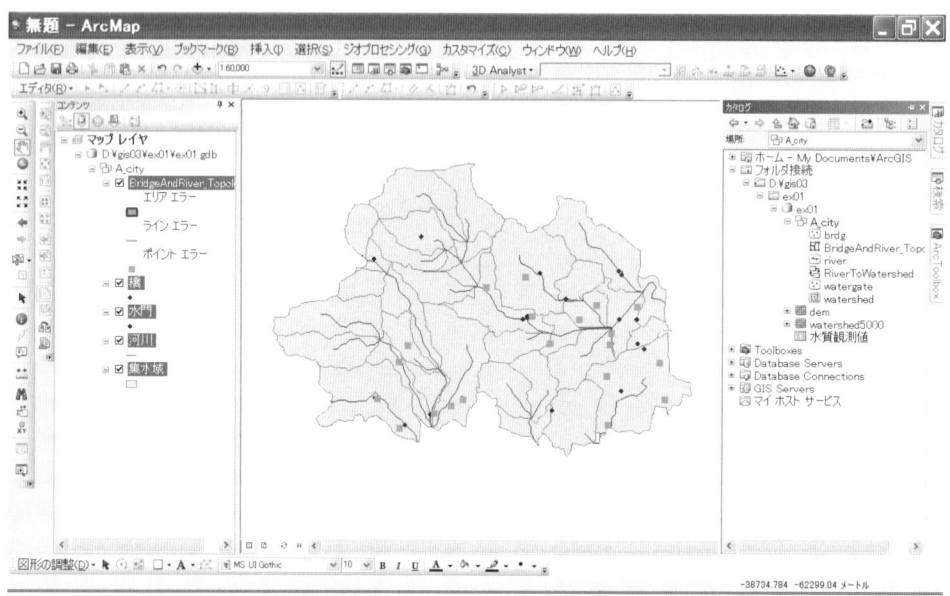

演習 1 ジオデータベースに触れてみよう！

[カタログ] ウィンドウでリレーションシップ クラス を右クリックして [プロパティ] をクリックして確認してください。リレーションシップ クラスはレイヤとしてマップに追加できません（リレーションシップについては、第 6 章で詳しく学びます）。

これまではフィーチャクラスごとに、データ フレームへのデータの追加を行いましたが、フィーチャデータセット に含まれるすべてのフィーチャは、まとめてデータ フレームへ追加できます。

現在データ フレームに追加されているすべてのレイヤを削除します（[コンテンツ] ウィンドウ で [ソース別にリスト] として表示し、「D:¥gis03¥ex01¥ex01.gdb」を右クリックして削除すると一括してレイヤを削除できます）。

[カタログ] ウィンドウで「ex01.gdb」のフィーチャ データセット「A_city」 をマップ上へドラッグ＆ドロップで追加します。

第1章 ジオデータベースの概要

「A_city」フィーチャ データセットに含まれる、トポロジ・クラス「BridgeAndRiver_Topology」、ポイント・フィーチャクラス「brdg（橋）」、ライン・フィーチャクラス「river（河川）」、ポイント・フィーチャクラス「watergate（水門）」、ポリゴン・フィーチャ・クラス「watershed（集水域）」が一度に ArcMap 上へ追加されます。

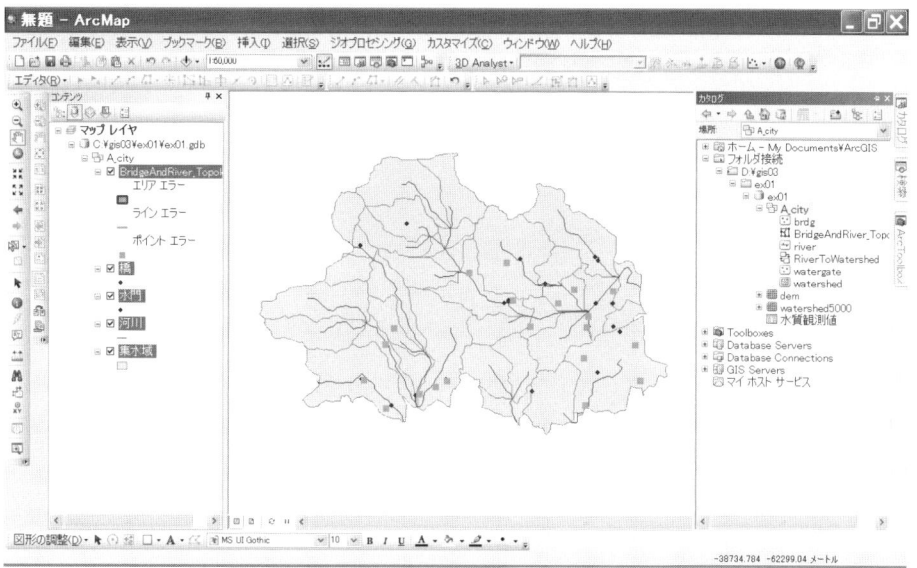

ArcMap を終了します。

「無題 への変更を保存しますか？」と聞かれたら「いいえ」を選択します。

以上で演習は終了です。

第2章 ジオデータベースの作成

演習2　ジオデータベースを作成しよう！

この章では、ジオデータベースとフィーチャ データセットの作成方法について学びます。演習を通じて、ジオデータベースを新規に作成したり、シェープファイルをジオデータベースのフィーチャクラスに取り込んだりする操作方法を習得します。

【Introduction】

　　この演習では、ArcCatalog を用いてファイル ジオデータベースおよびフィーチャ データセットを作成する方法を学びます。空間参照の方法について学びながら、ジオデータベースの作成を行い、続いてシェープファイルの格納方法を紹介します。一度ジオデータベースを作成する方法を習得すれば、データのインポートやエクスポートにより、既存のシェープファイルの効果的な活用が可能になります。

【Goal】

　　この演習が終わるまでに以下のことが習得できます。

- ✦ 空間参照の知識
- ✦ ファイル ジオデータベース、フィーチャ データセットの作成方法
- ✦ シェープファイルをフィーチャ データセットにインポートする方法

【License】

　　この演習は以下の製品で実行できます。
　　ArcGIS for Desktop Basic / Standard / Advanced

【Data】

　　この演習では次のデータを使用します。

主題	図形タイプ	データソース
flowline（流水線）	ポリゴン	ex02¥flowline.shp
natural_river（自然河川）	ポリゴン	ex02¥natural_river.shp
structure（河川構造物）	ポリライン	ex02¥structure.shp
watergate（水門）	ポリゴン	ex02¥watergate.shp
watershed（集水域）	ポリライン	ex02¥watershed.shp

演習2　ジオデータベースを作成しよう！

第2章 ジオデータベースの作成

【Course Schedule】

Step	項目	おおよその必要時間 1回目	2回目	3回目
Step 1	データの準備と座標系の確認 ① ArcCatalog で演習データを確認する	5 分	( )分	( )分
Step 2	ファイル ジオデータベースの作成 ① 新規 GDB の作成 ② フィーチャの空間参照を確認 ③ ファイル ジオデータベースの作成 ④ フィーチャ データセットの作成	10 分	( )分	( )分
Step 3	シェープファイルのファイル GDB への読み込み ① フィーチャ データセットにシェープファイルをインポートする	5 分	( )分	( )分
Step 4	フィーチャクラスへのエイリアス設定	5 分	( )分	( )分

【空間参照の目的】

「空間参照」とは位置を特定することです。位置を特定するには、緯度経度などの数値によって特定する方法と、地名や住所によって特定する方法の 2 種類があります。前者を「座標による空間参照（または直接参照）」といい、後者を「地理識別子による空間参照（間接参照）」といいます。座標による空間参照はコンピュータにとって都合のよいものですが、人間が理解するのは難しく、また地理識別子による空間参照ではその逆が言えます。

ArcGIS で「空間参照」というと、通常「座標による空間参照」を指します。座標によって示す場合でも、どこを基準に測定するかによって座標の解釈は異なります。この解釈を定義したものを「座標系」といい、地球の重心からの角度によって示した緯度経度による座標を「地理座標系」、地球を平面に投影した上である地点を原点に定めた座標を「投影座標系」といいます。地理座標系や投影座標系には様々な種類がありますが、ArcGIS ではさらに、座標の精度やデータのもちうる範囲を示す XY ドメインといった情報も空間参照の定義に含まれています。

Tips: 地理座標系と投影座標系

✦ 地理座標系（Geographic Coordinate System）

緯度と経度によって地球上の場所を表した座標系です。緯度は、その地点における回転楕円体の法面が赤道面となす角で表されます。赤道から北を北緯何度、南を南緯何度とそれぞれ 90 度まで数えます。緯度はその地点を通る子午線が、グリニッジ標準子午線となす角度で表されます。グリニッジ標準子午線を基準にして東側を東経何度、西側を西経何度とそれぞれ 180 度まで数えます。地理座標系を使用することで、地球上の任意の地点を直感的に示すことができます。

経線・緯線

✦ 投影座標系（Projected Coordinate System）

投影座標系とは、地球を平面上に投影して表した図上で表現する座標系です。ある地点を原点（0, 0）として原点からの距離で座標を示します。回転楕円体を平面に表すことは不可能なので、距離、面積、角度のうちいずれかを正確に表すため様々な投影法が定義されています。

ArcGIS で定義する投影座標系とは、「地理座標系」の情報に加え、投影法、標準緯線等のパラメータによって定義された情報を指します。投影法は用途や適用地域によって適切なものを選択する必要があります。

第2章 ジオデータベースの作成

Step 1	データの準備と座標系の確認

1. データのダウンロードを行い、読み取り専用をサブフォルダも含めて解除します。以降では、ダウンロードされたデータが「D:¥gis03」フォルダにコピーされているものとして説明します。

2. ArcCatalog を起動して、[カタログ ツリー] ウィンドウでコピーした「D:¥gis03¥ex02¥data」フォルダ内のデータを確認します。以下のシェープファイルが含まれていることを確認します。

- ◆ ライン シェープファイル「flowline.shp」 ： 流水線
- ◆ ライン シェープファイル「natural_river.shp」 ： 自然河川
- ◆ ポイント シェープファイル「structure.shp」 ： 河川構造物
- ◆ ポイント シェープファイル「watergate.shp」 ： 水門
- ◆ ポリゴン シェープファイル「watershed.shp」 ： 集水域

3. 「flowline」を右クリックして、[プロパティ] をクリックします。[XY 座標系] タブをクリックして座標系を確認します。

シェープファイル プロパティ

一般 | XY 座標系 | フィールド | インデックス | フィーチャの範囲

- 平面直角座標系 第 5 系 (Tokyo)
- 平面直角座標系 第 6 系 (JGD 2000)
- 平面直角座標系 第 6 系 (Tokyo)
- 平面直角座標系 第 7 系 (JGD 2000)
- 平面直角座標系 第 7 系 (Tokyo)
- 平面直角座標系 第 8 系 (JGD 2000)
- 平面直角座標系 第 8 系 (Tokyo)
- **平面直角座標系 第 9 系 (JGD 2000)**
- 平面直角座標系 第 9 系 (Tokyo)

現在の座標系:

```
JGD_2000_Japan_Zone_9
WKID: 2451 出典: EPSG

Projection: Transverse_Mercator
False_Easting: 0.0
False_Northing: 0.0
Central_Meridian: 139.8333333333333
Scale_Factor: 0.9999
Latitude_Of_Origin: 36.0
Linear Unit: Meter (1.0)
```

OK | キャンセル | 適用(A)

「flowline」の座標系は以下のように設定されています。

- 名前 ： JGD_2000_Japan_Zone_9（平面直角座標系）
- Projection（投影法） ： Transverse Mercator（横メルカトル図法）
- Geographic Coordinate System（地理座標系）： GCS_JGD2000（JGD2000）

Tips： 日本測地系と世界測地系

　日本では、これまで地球の形を示す準拠楕円体としてベッセル楕円体を使用していました。これを用いて作成された測地基準系を「日本測地系（旧日本測地系）」といいます。全国に設置された基準点の経度・緯度は、日本経緯度原点を基準として計算されたものです。日本測地系は日本付近においては地球の形と準拠楕円体が近似していますが、地球全体に適合したものではありませんでした。近年ではGPSの発達にみられるように、全地球規模での観測に適した測地基準形が必要となってきました。VLBI[※1]や人工衛星を用いた観測によって明らかとなった地球の正確な形状と大きさに基づき、世界的な整合性を持たせて構築された準拠楕円体に基づく測地系を「世界測地系」といいます。2002年4月に測量法が改正となり、準拠楕円体に「GRS80楕円体」を採用した「日本測地系2000」が日本での測地系の標準となります。これに基づいて基準点測量を行った成果を「測地成果2000」と呼んでいます。その他、GPSで利用されている世界測地系として「WGS1984」があります。日本の地図で使用されている測地系としては、「日本測地系」、「日本測地系2000」、「WGS1984」の3種類が主に使用されています。

改正前		改正後
ベッセル楕円体（Bessel）	→	GRS80楕円体（GRS1980）
日本測地系（Tokyo Datum）	→	日本測地系2000（JGD2000）

※1　Very Long Baseline Interferometry（超長基線電波干渉法）：宇宙の彼方にある電波星（準星）から放射される電波を、複数のアンテナで同時に受信し、その到達時刻の差を精密に計測する技術。

演習2　ジオデータベースを作成しよう！

第2章 ジオデータベースの作成

Step 2　ファイル ジオデータベースの作成

　はじめに、Step1 で接続したフォルダ内にファイル ジオデータベースを作成します。次に、同じ空間参照が定義されたフィーチャクラス群を集約する為のフィーチャ データセットを作成します。フィーチャ データセットに空間参照を設定する方法は 2 種類あり、ひとつは座標系や空間ドメインを自分で設定する方法、もう一方は座標系や空間ドメインを既存のデータから読み込む方法です。

①座標系や空間ドメインを自分で設定する方法

1　ArcCatalog を起動して、[カタログ ツリー] ウィンドウでコピー後の「D:¥gis03¥ex02」フォルダを右クリックし、[新規作成] → [ファイル ジオデータベース] をクリックします。

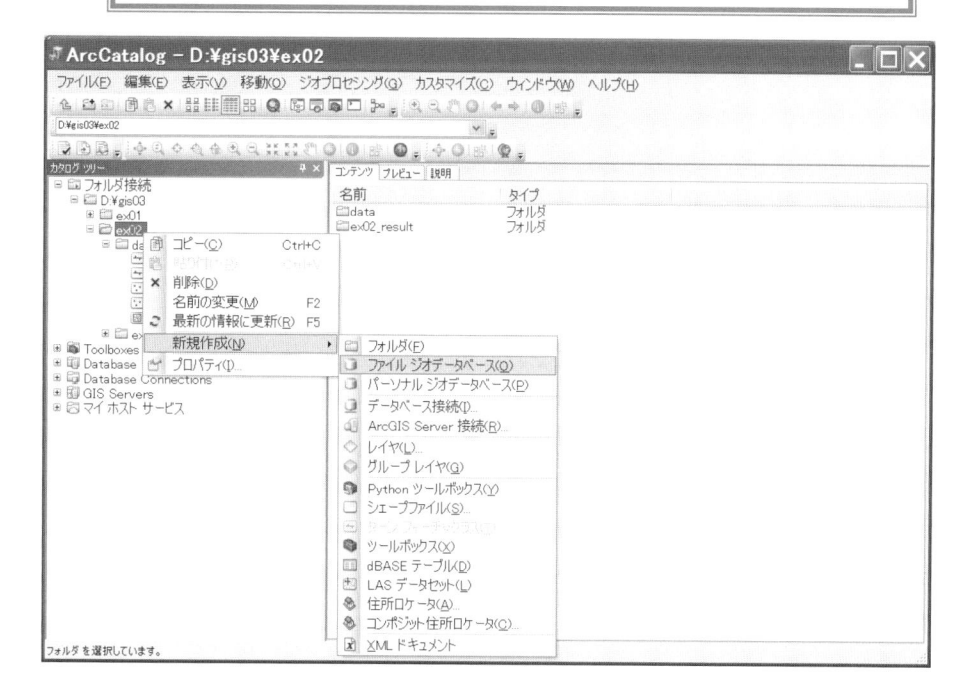

2　名前を「exercise.gdb」とします。

3　作成した「D:¥gis03¥ex02¥exrcise.gdb」を右クリックし、[新規作成] → [フィーチャ データセット] をクリックします。

4

名前を「NewDataSet」と入力し、右下の [次へ] をクリックします。

5

[投影座標系] → [各国の座標系] → [日本] → [平面直角座標系 第9系 (JGD2000)] を選んで [次へ] をクリックします。

新規フィーチャ データセット

このデータの XY 座標値に使用される座標系を選択してください。

地理座標系は、楕円体の地球モデル上の経緯度座標値を使用します。
投影座標系は、経緯度座標値を二次元の平面に数学的に変換します。

- 平面直角座標系 第6系 (Tokyo)
- 平面直角座標系 第7系 (JGD 2000)
- 平面直角座標系 第7系 (Tokyo)
- 平面直角座標系 第8系 (JGD 2000)
- 平面直角座標系 第8系 (Tokyo)
- **平面直角座標系 第9系 (JGD 2000)**
- 平面直角座標系 第9系 (Tokyo)
- 平面直角座標系 第1系 (JGD 2011)
- 平面直角座標系 第10系 (JGD 2011)

現在の座標系:

```
JGD_2000_Japan_Zone_9
WKID: 2451 出典: EPSG

Projection: Transverse_Mercator
False_Easting: 0.0
False_Northing: 0.0
Central_Meridian: 139.8333333333333
Scale_Factor: 0.9999
Latitude_Of_Origin: 36.0
Linear Unit: Meter (1.0)
```

[< 戻る(B)] [次へ(N) >] [キャンセル]

6

Z 座標値に使用する座標系を設定します。[鉛直座標系] → [アジア] → [Japanese Standard Levelling Datum 1949] を選んで [次へ] をクリックします。

Tips: 鉛直座標系

高さに関する座標系です。鉛直座標系では、Z値座標値の原点や距離を定めており、通常Z値では標高を扱います。鉛直座標系は ArcGIS 9.2 で新たに設定可能となった空間参照で、このプロパティはフィーチャクラスのメタデータの空間参照で確認できます。これにより、Z値を何の基準で示しているのか定義できるようになりました。

演習2 ジオデータベースを作成しよう！

第2章 ジオデータベースの作成

7 XY 許容値、Z 許容値、M 許容値を設定します。ここではデフォルトの値を使用しますが、もちろん要望に応じて適切なものへと変更が可能です。ここでは、XY, Z, M 値の座標精度とドメインを確認するため、[デフォルトの座標精度とドメイン範囲を適用] の**チェックを外して**、[次へ] をクリックします。

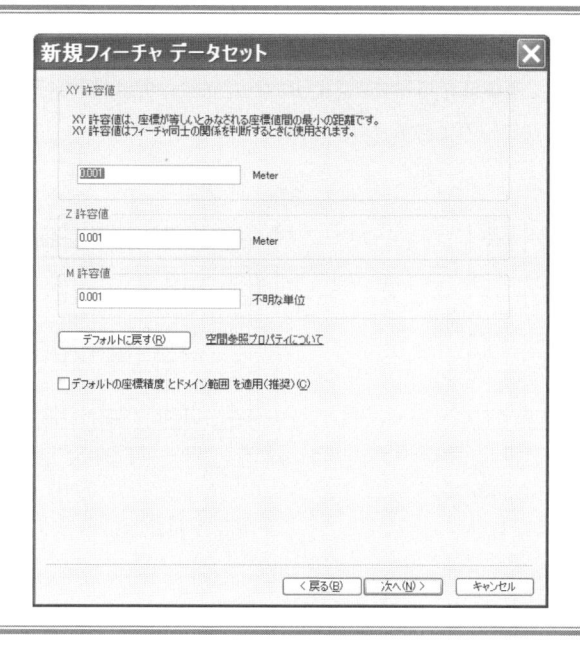

新規フィーチャ データセット

XY 許容値

XY 許容値は、座標が等しいとみなされる座標値間の最小の距離です。
XY 許容値はフィーチャ同士の関係を判断するときに使用されます。

0.001 Meter

Z 許容値
0.001 Meter

M 許容値
0.001 不明な単位

[デフォルトに戻す(R)] 空間参照プロパティについて

□ デフォルトの座標精度 とドメイン範囲 を適用(推奨)(C)

[< 戻る(B)] [次へ(N) >] [キャンセル]

8 XY 座標、Z 座標、M 座標の精度を設定します。ここではデフォルトの値を使用します。[完了] をクリックします。

新規フィーチャ データセット

すべての座標値は内部的な座標グリッドにスナップされます。座標精度とは、このグリッドのセル サイズのことです。座標精度を下げると、格納データの容量が減りますが、座標値の精度は落ちます。

座標範囲またはドメインの範囲は、格納可能な最小と最大の座標値を定義します。

XY
XY 座標精度: 0.0001 Meter

Z
Z 座標精度: 0.0001
最小: -100000 最大: 900719825474.099

M
M 座標精度: 0.0001 Unknown Units
最小: -100000 最大: 900719825474.099

空間座標精度について

[< 戻る(B)] [完了(F)] [キャンセル]

Tips: ArcGIS 9.2 で改良された空間参照

　ArcGIS 9.2 以降で用いられる空間参照は、それ以前の「低精度」から「高精度」に変更されました。その名前からも分かるとおり扱える座標値の範囲が広がり、より高精度にデータを格納することも出来るようになりました。ジオデータベースで管理する座標値は、内部的には正の整数値に変換して管理しています。バージョン 9.1 までのジオデータベースでは、扱える座標空間が $2.147×10^9$ でしたが、バージョン 9.2 以降では $9.007×10^{15}$ まで扱えるようになり（下図）、全世界を地理座標系で 0.1mm 相当の精度で座標値を格納できるようになったため、9.2 以前で行っていた XY ドメインの設定作業は、ほとんどのデータで必要ありません。

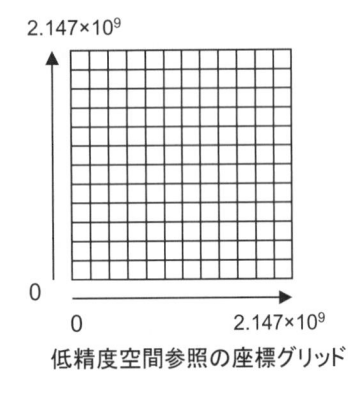

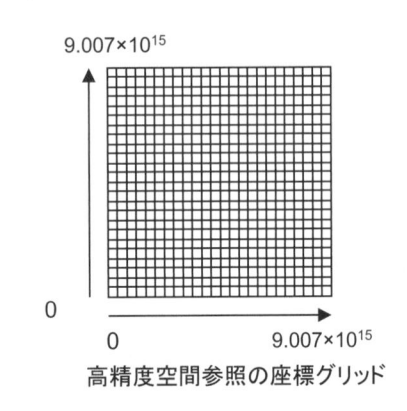

低精度空間参照の座標グリッド　　　高精度空間参照の座標グリッド

Tips: 座標許容値

　座標許容値は、ごく小さな距離の値を格納しています。2 つ以上の頂点間の距離が、この許容値 $×\sqrt{2}$ の範囲内であった時、これらの頂点には同じ座標値が与えられます。例えば、以下の図は、あるフィーチャクラス内の 2 つのラインを表しています。S_1 と S_2 はラインの頂点で、それぞれの XY 許容値内のため、リレーションやトポロジなどの処理実行中に S_1 と S_2 は XY の許容値内の距離を動くことができ、単一のフィーチャと見なされます。

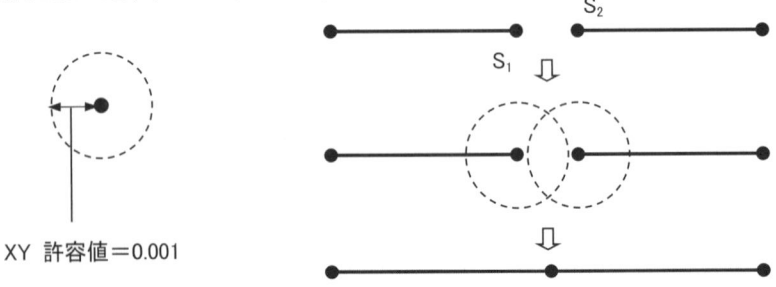

XY 許容値＝0.001

　Z 許容値では Z 値（標高など）について、M 許容値では M 値（距離など）について同様な役割を果たしています。いずれも、クラスタ処理などを行った際には、許容値内の座標値は同一のものとして認識されます。

第 2 章 ジオデータベースの作成

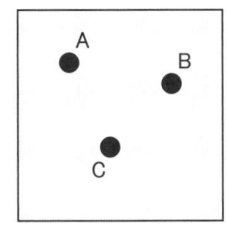

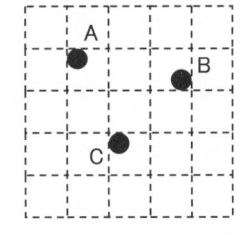

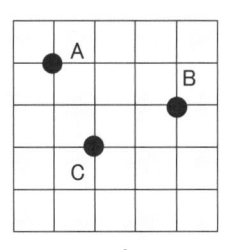

> **Tips： 座標精度とは**
>
> フィーチャクラスが ArcGIS で処理されるとき、フィーチャの座標値は座標グリッドを必ず参照します。これは厳密なジオメトリ演算を行う際に考慮する必要がありますが、ほとんどの操作の場合はデフォルトの値（0.0001）で問題ありません。
>
> XY 座標は座標グリッドの縦横の交差点上に正確に配置されていなければなりません。その為、交差点上にないフィーチャの座標は、処理の実行前に、一番近くのメッシュポイント上へ移動されます。これにより移動されたフィーチャの座標は「スナップ座標」と呼ばれます。
>
> フィーチャの座標 　　　フィーチャの座標と座標グリッド　　　スナップ座標
>
> 例えば、XY 座標精度＝0.01 の座標グリッドに、フィーチャの座標（X,Y）＝（123.4567,89.0123）がスナップすると、座標は（X,Y)(123.45,89.01) になります。デフォルトでは、XY 座標精度＝0.0001 となっており、座標精度を上げれば（値を小さくすれば）、より高い精度でデータを処理できるようになります。

> 9　次のステップで引き続き ArcCatalog を使うので、開いたままにして下さい。

| Step 3 | シェープファイルのファイル ジオデータベースへの読み込み |

Step 2 で作成したファイル ジオデータベースにシェープファイルを取り込みます。取り込む方法はインポートとエクスポートの 2 種類ありますが、ここではインポートで行います。

1 ArcCatalog にて「NewDataSet」を右クリックし、[インポート] → [フィーチャクラス（マルチプル）] をクリックします。

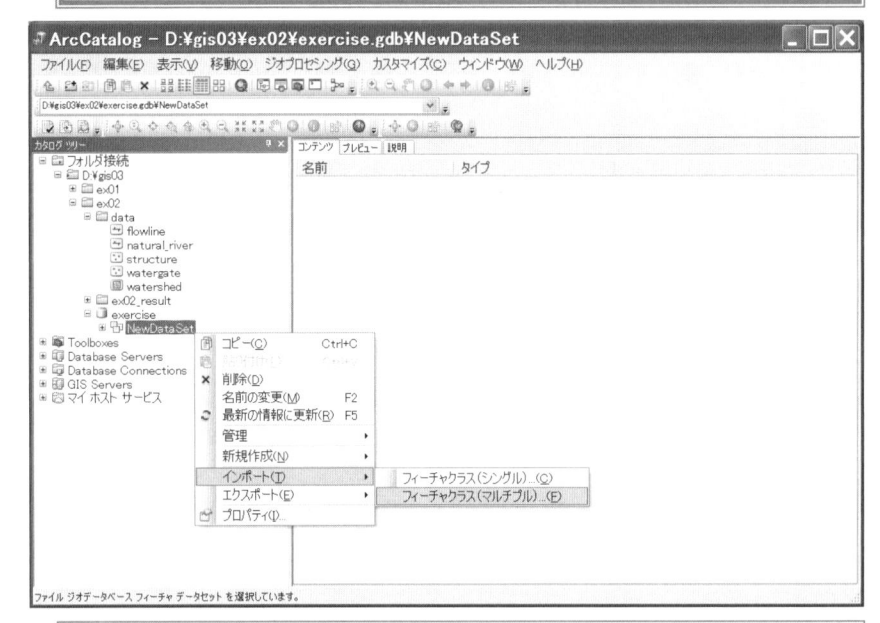

2 [入力フィーチャ]、[出力ジオデータベース] に以下のデータ、ディレクトリを設定して [OK] をクリックします。

- ✦ 入力フィーチャ
    - ▲ 「flowline.shp」
    - ▲ 「natural_river.shp」
    - ▲ 「structure.shp」
    - ▲ 「watergate.shp」
    - ▲ 「watershed.shp」
- ✦ 出力ジオデータベース
    - ▲ 「D¥gis03¥ex02¥exercise.gdb¥NewDataSet」

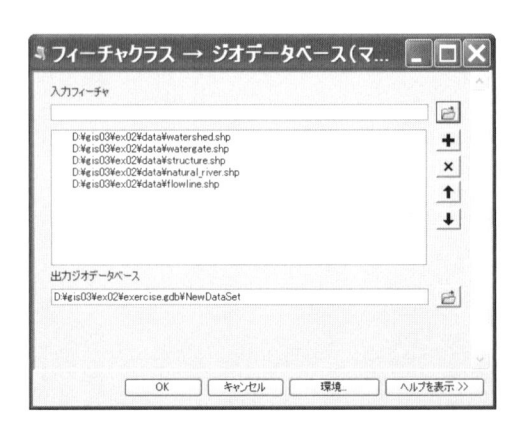

演習2　ジオデータベースを作成しよう！

第2章 ジオデータベースの作成

Step 4　フィーチャクラスへのエイリアス設定

ジオデータベースに格納された各フィーチャクラスのエイリアス名を変更してみましょう。エイリアスとは、フィーチャクラスの別名です。

1 フィーチャ データセット「NewDataSet」に格納されている「flowline」を右クリックして、プロパティを開いてください。

2 [一般] タブをクリックし、エイリアス（L）の欄に「流水線」と入力して、[OK] をクリックします。エイリアス欄がグレーアウトして変更できない場合は、データがロックされています。この場合は、一度 ArcCatalog を閉じて再起動してください。

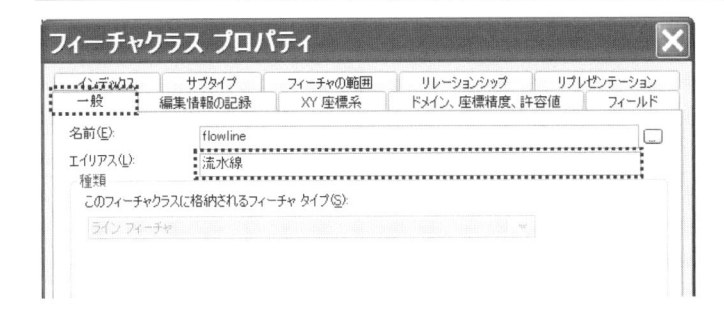

```
フィーチャクラス プロパティ
  インデックス   サブタイプ   フィーチャの範囲   リレーションシップ   リプレゼンテーション
  一般   編集情報の記録   XY 座標系   ドメイン、座標精度、許容値   フィールド
  名前(E):    flowline
  エイリアス(L): 流水線
  種類
  このフィーチャクラスに格納されるフィーチャ タイプ(S):
  ライン フィーチャ
```

3 同様にして、以下のフィーチャクラスのエイリアスを変更します。

- ◆ 「natural_river」　　⇒　　「自然河川」
- ◆ 「structure」　　⇒　　「河川構造物」
- ◆ 「watergate」　　⇒　　「水門」
- ◆ 「watershed」　　⇒　　「集水域」

4 ArcMap を起動します。ArcMap を起動します。[はじめに] ダイアログで [空のマップ] を選択して [OK] ボタンを押します。

5 データの追加 をクリックして、「ex02¥exercise.mdb¥NewDataset」を選択して [追加] をクリックします。

エイリアスを変更することで、下図のように、ArcMap 上で表示される名前が変更されます。

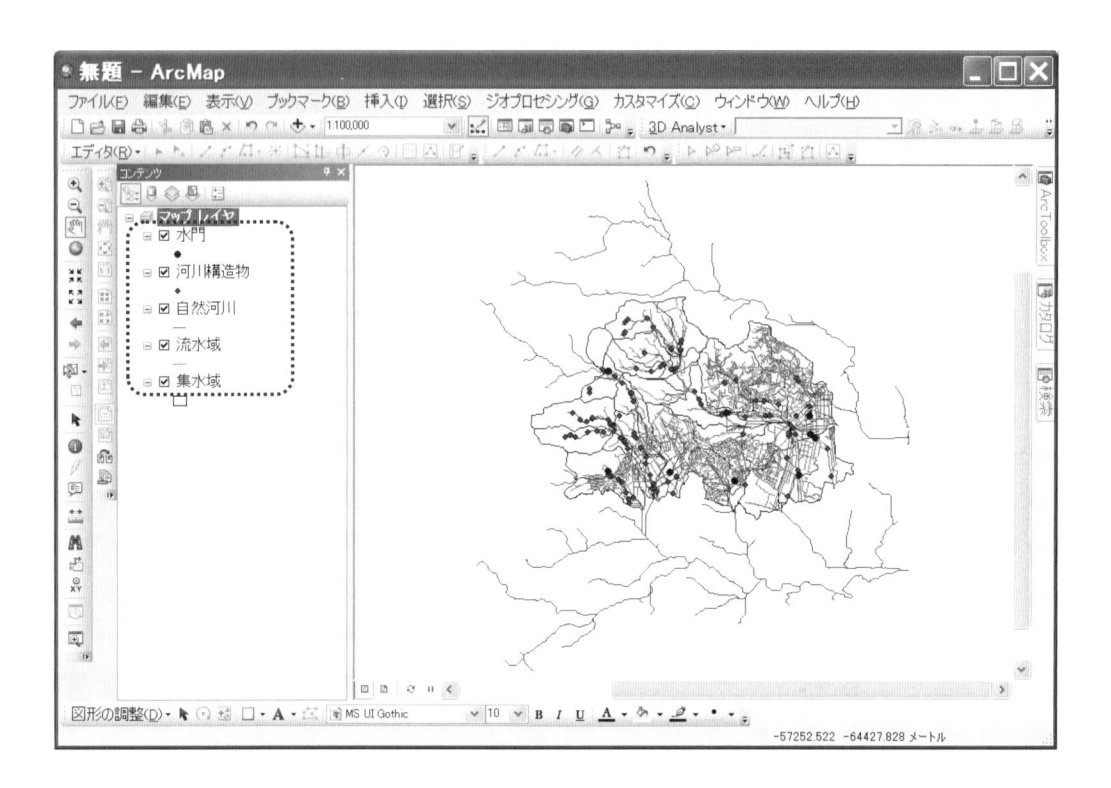

> 6 ArcMap ArcCatalog を終了します。
> ArcMap はマップ ドキュメント ファイルは保存しません。

以上で演習は終了です。

第3章 属性ドメインの操作

演習3 属性ドメインを設定しよう！

この章では、属性ドメインについて学びます。演習を通じて、ジオデータベースへ格納するデータの整合性を高める方法を習得します。

【Introduction】

　　属性ドメインとは、テーブルやフィーチャクラスのフィールドに登録する属性値の入力ルールです。これらはジオデータベースのプロパティに作成されます。作成されたドメインは、表データ（テーブル）やフィーチャクラスのプロパティを開き、［フィールド］タブから割り当てることができます。また、異なったレコードやフィールドに、同じドメインを割り当てることもできます。ドメインを設定することにより、属性フィールドに登録する属性値の入力ルールを定義でき、整合しないデータを発見できます。また、フィールドに格納するデータ入力のミスを予防したり、誤ったデータを入力した際にエラーを検出できるようになります。

　　ドメインは 2 種類あり、格納データの性質や特性によって使い分けることになります。

① 範囲ドメイン

　　そのフィールドにおいて入力できる最小値と最大値を定義します。範囲ドメインは、地下水の震度、汚染レベル、樹木の高さなどといった測定値のような数値データに適用できます。

② コード値ドメイン

　　コードとそれに対応した説明を定義します。コード値ドメインは、土地利用コードは「1」、水道管の物質コードは「2」、道路の材質コードは「3」などのように、属性値を入力しやすい値で定義する場合に適用します。

　　例えばポイント フィーチャクラス「structure（河川構造物）」は、対象流域内にある橋梁・堰・水門の位置を示しています。このデータが、対象流域内に必ず存在し、橋梁・堰・水門の 3 種類以外の属性を設定できないようにするため、標高を示す属性に範囲ドメインを、役割を示す属性にコード値ドメインを、それぞれ設定します。

【Goals】

　　この演習が終わるまでに以下のことが習得できます。

- ドメインの設定方法
- ドメインを用いた整合性のチェック

演習 3　属性ドメインを設定しよう！

第3章 属性ドメインの操作

【License】

この演習は以下の製品で実行できます。

ArcGIS for Desktop Basic / Standard / Advanced

【Data】

この演習では次のデータを使用します。

主題	図形タイプ	データソース
流水線	ライン	exercise.gdb¥NewDataSet¥flowline
河川構造物	ポイント	exercise.gdb¥NewDataSet¥structure

【Course Schedule】

Step	項目	おおよその必要時間 1 回目	2 回目	3 回目
Step 1	コード値ドメインの作成 ① データベース プロパティの展開 ② ドメイン名と説明の設定 ③ コードと説明の設定	15 分	(　)分	(　)分
Step 2	範囲ドメインの作成 ① データベース プロパティの展開 ② ドメイン名と説明の設定 ③ 最小値と最大値の設定	15 分	(　)分	(　)分
Step 3	ドメインを属性に設定 ① フィールドの追加 ② 追加したフィールドへドメインを設定 ③ 既存フィールドへドメインを設定	10 分	(　)分	(　)分
Step 4	ドメインを持つ属性の編集 ① フィーチャの整合チェックでドメインの範囲外の属性を発見 ② ドメインの範囲内に編集 ③ ドメインの範囲内であることを確認	15 分	(　)分	(　)分

Step 1　コード値ドメインの作成

河川構造物フィーチャクラスの役割を示す属性（橋、堰、水門）のためのドメインを作成します。Step 1 ではコード値ドメインを作成し、その作成したドメインを Step 3 で設定します。

1. ArcCatalog を起動して、[カタログ ツリー] ウィンドウでジオデータベース「D:¥gis03¥ex03¥exercise.gdb」を右クリックし、[プロパティ] を開きます。

2. [データベース プロパティ] ダイアログ内の [ドメイン] タブをクリックします。

3. 空欄の最上部の行の左のボタンをクリックし、[ドメイン名] に「Role」、[説明] に「河川構造物の適正コード」と入力します。

データベース プロパティ

ドメイン名	説明
Role	河川構造物の適正コード

4. [データベース プロパティ] ダイアログ内の [ドメイン プロパティ] および [コード値] を以下のように設定し、下図のようになっていることを確認します。

- ◆ フィールドタイプ ： Text
- ◆ ドメインタイプ ： コード値
- ◆ スプリット ポリシー ： デフォルト値
- ◆ マージ ポリシー ： デフォルト値

[コード値]

コード	説明
BR (= bridge)	橋梁
WR (= weir)	堰
GT (= water gate)	水門

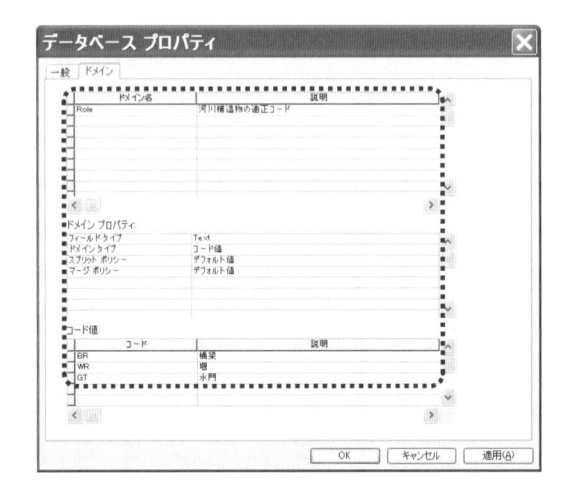

演習3　属性ドメインを設定しよう！

第3章 属性ドメインの操作

5 [OK] ボタンをクリックして、[データベース プロパティ] ダイアログを閉じます。

Tips: スプリット ポリシーとマージ ポリシーの定義

編集作業において、ライン フィーチャクラスやポリゴン フィーチャクラスをスプリット（分割）またはマージ（結合）することがあります。スプリット ポリシーやマージ ポリシーによって、このような場合のフィーチャの属性の扱い方を設定できます。

◆ スプリット ポリシー

フィーチャが分割された場合のその属性の扱いを指定します。分割をして作成されたそれぞれのフィーチャの属性フィールドに、どのように値を割り当てるかを決められます。

[複製]　　　：値をそのままコピーする
[デフォルト値]：設定した既定値にもどす
[ジオメトリ比]：新規フィーチャの形状の割合から計算する
上記の 3 つから選択できます。

◆ マージ ポリシー

フィーチャが結合された場合のその属性の扱いを指定します。

[デフォルト値]：設定した既定値にもどす
[値の合計]　　：数値を合算する
[加重平均]　　：新規フィーチャの形状の割合から計算する
上記の 3 つから選択できます。

スプリット・ポリシー

所有者	ゾーニング	面積
佐土原	H-4	36,000

複製　　既定値　　ジオメトリ比

所有者	ゾーニング	面積
佐土原	H-4	24,000
佐土原	H-4	12,000

マージ・ポリシー

敷地	面積	％収穫量
峰岡町	24,000	35
釜台町	45,000	47

既定値　値の合計　加重平均

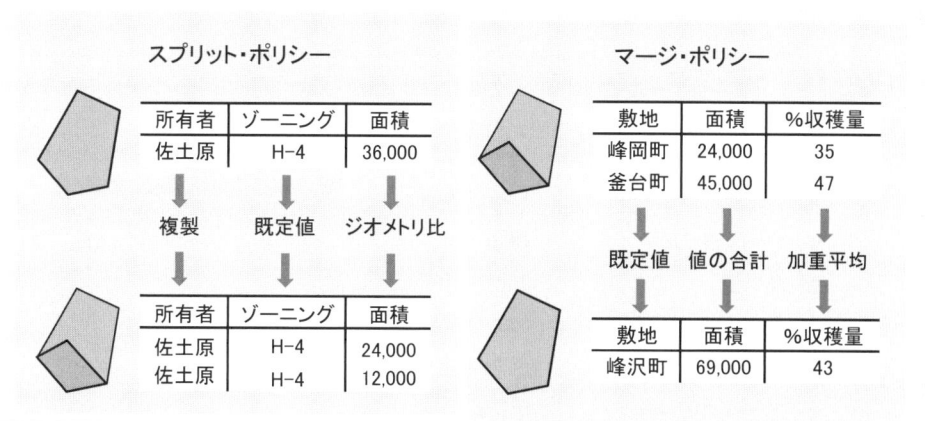

敷地	面積	％収穫量
峰沢町	69,000	43

| Step 2 | 範囲ドメインの作成 |

対象流域内で標高の最も高い場所と最も低い場所は以下の通りです。

- MAX = 628 m
- MIN = 3 m

「structure（河川構造物）」は対象流域内のデータなので、「z_value」属性はこの範囲内（3～628）になければなりません。Step 2 では「z_value」属性のための範囲ドメインを作成し、Step 3 で実際に設定します。

1. ArcCatalog の [カタログ ツリー] ウィンドウでジオデータベース「exercise.gdb」を右クリックし、[プロパティ] を開きます。

2. [データベース プロパティ] ダイアログ内の [ドメイン] タブをクリックします。

3. Step 1 で作成した「Role」ドメインの下の行の左のボタンをクリックし、[ドメイン名] に「Elevation」、[説明] に「標高の適正値」と入力します。

| 一般 | ドメイン |

ドメイン名	説明
Role	河川構造物の適正コード
Elevation	標高の適正値

4. [データベース プロパティ] ダイアログ内の [ドメインプロパティ] を以下のように設定し、下図のようになっていることを確認します。

- フィールドタイプ ： Short Integer
- ドメインタイプ ： 範囲
- 最小値 ： 3
- 最大値 ： 628
- スプリット ポリシー ： デフォルト値
- マージ ポリシー ： デフォルト値

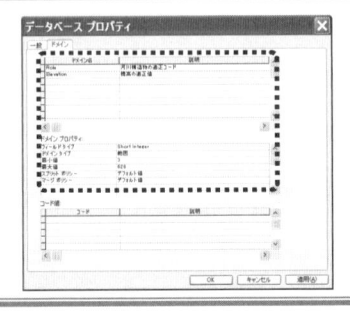

5. [OK] ボタンをクリックして、[データベース プロパティ] ダイアログを閉じます。

第3章 属性ドメインの操作

Step 3　ドメインを属性に設定

「structure（河川構造物）」ポイント フィーチャクラスに機能を表す「RoleType」フィールドを新規作成し、Step 1 で作成したコード値ドメイン「Role」を割り当てます。また、「structure（河川構造物）」は標高を表す「z_value」フィールドを持っているので、そのフィールドに Step 2 で作成した範囲ドメイン「Elevation」を割り当てます。

1. ArcCatalog の [カタログ ツリー] ウィンドウで、「structure」を選択し、右のウィンドウ内の [プレビュー] タブをクリックし、下部 [プレビュー] ダウンリストで [テーブル] を選択し、属性テーブルを表示します。

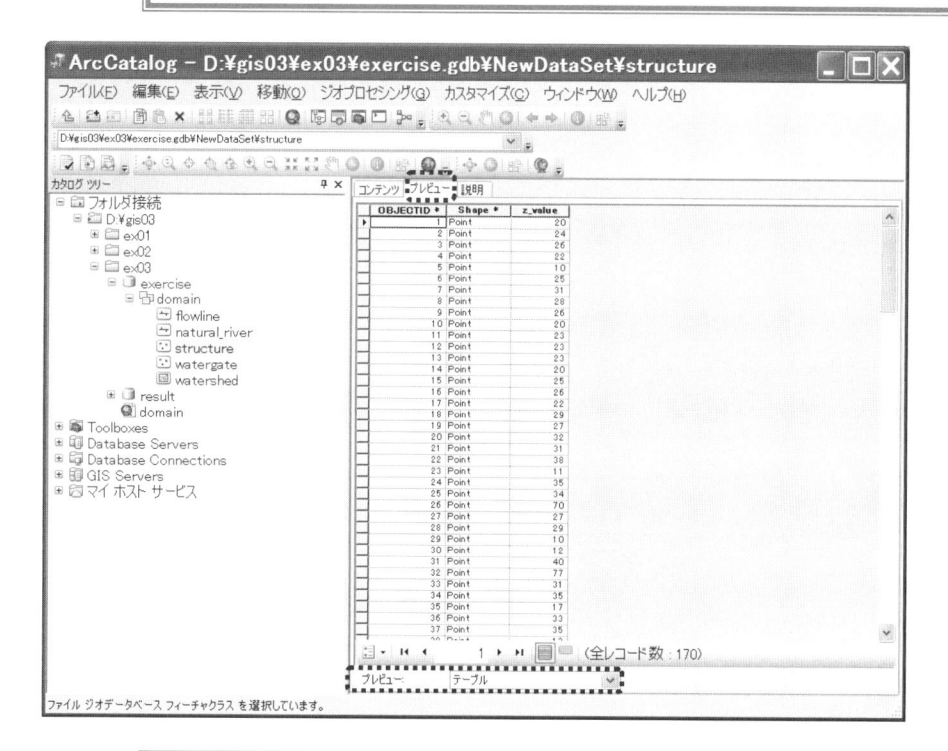

2. 右側の [プレビュー] ウィンドウで、[テーブル オプション] → [フィールドの追加] をクリックし、[フィールドの追加] ダイアログを表示させます。

3. [フィールドの追加] ウィンドウで以下のように設定し、次図のようになっていることを確認します。

- ✦ 名前　　　　：RoleType
- ✦ タイプ　　　：Text
- ✦ エイリアス　：(なし)
- ✦ NULL 値を許可：はい
- ✦ デフォルト値　：(なし)
- ✦ ドメイン　　：Role
- ✦ 長さ　　　　：50

Tips: フィールド プロパティ

✦ NULL 値を許可

NULL 値を含むことができるフィールドを特定します。このルールは全てのフィールドに設定でき、ArcMap 上の [エディタ] の [フィーチャの整合性チェック] でルール違反を調べられます。

NULL 値とは、「データが存在しない」という意味の特殊な値です。「ゼロ」や「空白文字」とは別のもので、NULL を含む四則演算などはすべて「NULL」となります。

✦ デフォルト値

新しいレコードが作成された場合に、自動的にそのフィールドに割り当てられる値を設定します。既定値はすべてのフィールドと個々のサブタイプに設定できます。

✦ ドメイン

フィールドに作成したドメインを設定できます。ドメインはすべてのフィールドと個々のサブタイプに設定できます。また ArcMap 上の [エディタ] の [フィーチャの整合性チェック] でドメインに反するレコードを調べられます。

---

4 [OK] ボタンをクリックし、[フィールドの追加] ダイアログを閉じます。

次に、「structure(河川構造物)」の「z_value」属性に「Elevation」ドメインを割り当てます。

5 ArcCatalog の [カタログ ツリー] ウィンドウで、「structure(河川構造物)」を右クリックし、[プロパティ] をクリックして、[フィーチャクラス プロパティ] ダイアログを開きます。

6 [フィールド] タブをクリックし、「z_value」属性を選択するとダイアログの下側にそのフィールドのプロパティが表示されます。

第3章 属性ドメインの操作

7 [フィールド プロパティ] 内の [ドメイン] を「Elevation」に設定します。

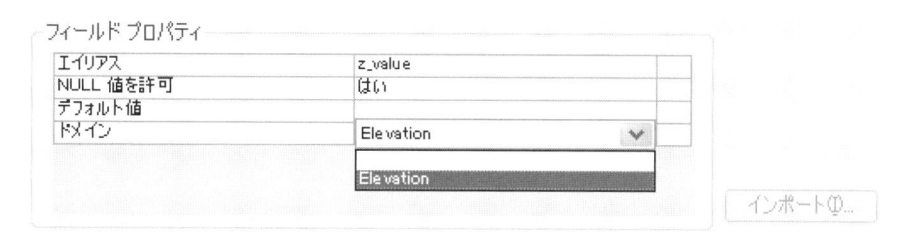

8 [OK] ボタンをクリックし、[フィーチャクラス プロパティ] ダイアログを閉じます。

| Step 4 | ドメインを持つ属性の編集 |

ドメインは ArcMap 上で活用できます。[フィーチャの整合チェック] 機能によって、範囲ドメインやコード値ドメインの定義に準拠しないフィーチャを見つけることができます。

1　「D:¥gis03¥ex03¥domain.mxd」をダブルクリックし、ArcMap を起動します。

2　[データの追加] から「flowline（流水線）」と「structure（河川構造物）」を ArcMap に追加します。

3　[ブックマーク] メニュー → [属性の編集] をクリックします。

表示されているポイントのうち以下の 3 つポイントデータを編集します。各点の属性は以下の通りです。

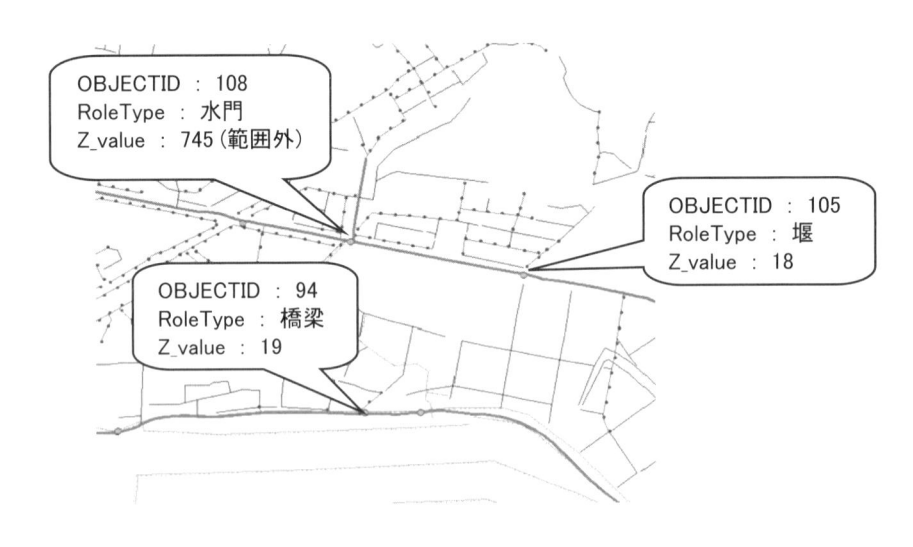

OBJECTID : 108
RoleType : 水門
Z_value : 745（範囲外）

OBJECTID : 105
RoleType : 堰
Z_value : 18

OBJECTID : 94
RoleType : 橋梁
Z_value : 19

4　[エディタ] ツールバー → [エディタ] → [編集の開始] をクリックします。

Tips: [エディタ] ツールバーの表示

[エディタ] ツールバーが表示されていない場合は、[カスタマイズ] メニュー → [ツールバー] → [エディタ] にチェックを入れます。

演習 3　属性ドメインを設定しよう！

第3章 属性ドメインの操作

5 ［エディタ］ツールバー → ［編集ツール］ ▶ をクリックし、以下の編集対象を選択します。

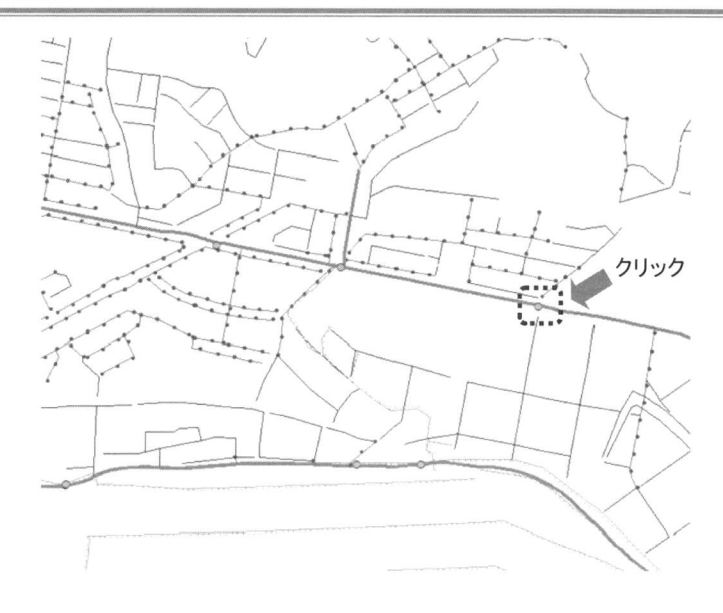

クリック

Tips: 選択チップ

［編集］ツールを使用してマップをクリックし、フィーチャを選択する際に、クリックした場所の下に複数の選択可能なフィーチャが存在する場合は、選択チップが表示されます。このアイコンを使用すれば、選択内容を盛り込んで、選択したいフィーチャを正確に選択できます。選択チップは、マップをクリックしてフィーチャを選択する際にのみ表示され、ボックスをドラッグしてフィーチャを選択する際には表示されません。

チップのボタンをクリックすると、同じ場所に重なっている次のフィーチャに選択対象が順に切り替わります。アイコン右側にある矢印をクリックすると、フィーチャのリストから選択できます。

河川構造物
○ 水門
流水線
— 1550.121042

6 [エディタ] ツールバー → [属性] ■ ボタンをクリックし、[属性] ウィンドウを表示します。

7 [属性] ウィンドウで、「RoleType」の値の欄をクリックします。Step 1 で作成した「Role」ドメインを設定したため、各コードの「説明」が選択肢として現れます。

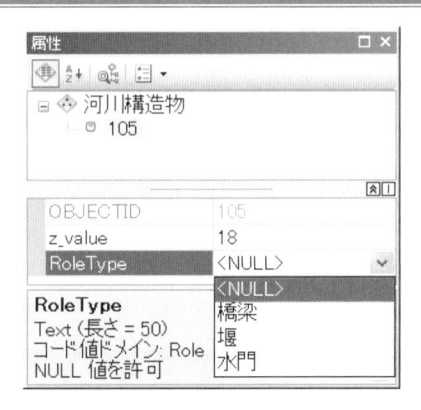

8 3 の図にしたがって 3 点の「RoleType」を入力します。3 点の入力が終了したら [属性] ダイアログは閉じます。

objectID:108 のポイント フィーチャの標高値「z_value」は、ドメインで設定した範囲外の値となっています。この不適切な値を、[フィーチャの整合チェック] ツールを用いて発見します。

9 整合チェックを行うデータを選択するために、[エディタ] ツールバー → [編集ツール] ▸ を用いて、[Shift] キーを押しながら属性を加えた 3 箇所すべてのポイントをクリックし、[エディタ] ツールバー → [エディタ] → [フィーチャの整合チェック] をクリックします。

10 入力したデータの標高が範囲ドメインの範囲外のため以下のメッセージが発生することを確認します。

演習 3　属性ドメインを設定しよう！

第3章 属性ドメインの操作

> **フィーチャの整合チェック**
>
> z_value フィールドの属性値「745」は、範囲ドメイン Elevation の 3〜628 内にありません。
>
> OK

11 [編集ツール] ▶ を用いて、「objected:108」の「structure（河川構造物）」を選択します。

12 [エディタ] ツールバーの [属性] をクリックし、「z_value」フィールドを「745」から「23」に編集します。

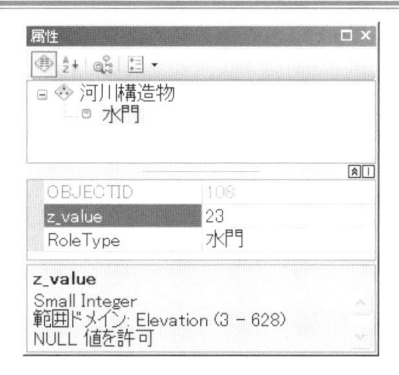

```
属性
 ⊕ 河川構造物
    水門

OBJECTID    108
z_value     23
RoleType    水門

z_value
Small Integer
範囲ドメイン: Elevation (3 - 628)
NULL 値を許可
```

13 再び、編集を行った 3 つのポイント フィーチャクラスを選択し、[エディタ] ツールバー → [エディタ] → [フィーチャの整合チェック] をクリックします。

14 以下のメッセージボックスが現れることを確認します。

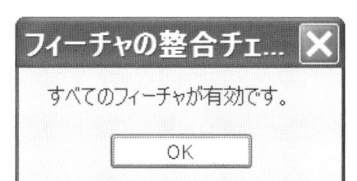

> **フィーチャの整合チェ...**
>
> すべてのフィーチャが有効です。
>
> OK

15. [エディタ] ツールバー → [エディタ] → [編集の保存] をクリックした後に、[編集の終了] をクリックし、ArcMap を終了します。その際、保存をする必要はありません。

以上で演習は終了です。

Tips: 編集時に自動的に選択フィーチャの整合性をチェック

[フィーチャの整合チェック] は、ボタンをクリックする都度処理されますが、フィーチャ作成毎に自動的にチェックを行うこともできます。

[コンテンツ] ウィンドウで該当レイヤを右クリックし、[属性テーブルを開く] をクリックして属性テーブルを開きます。[テーブル] ウィンドウ右上の [テーブル オプション] → [表示設定] をクリックし、[テーブル表示設定] ダイアログで「編集時に自動的に選択フィーチャの整合性をチェック」にチェックを入れることで自動的に属性ドメインの定義に従って処理されます。

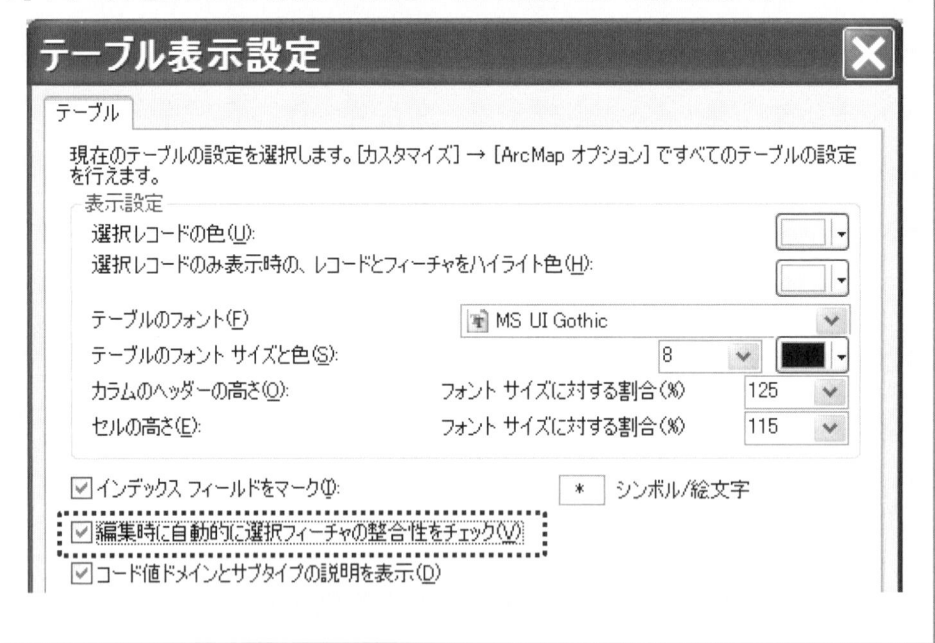

第4章 サブタイプの定義

演習4 サブタイプを設定しよう！

この章では、サブタイプについて学びます。演習を通じて ArcMap 上でフィーチャをサブタイプごとに表示をしたり、サブタイプ別に編集したりする方法を習得します。

【Introduction】

第 2 章で扱ったフィーチャクラス「flowline（流水線）」は、「type」という属性フィールドをもっており、流水線の種類を示しています。この「type」フィールドの属性値を用いてサブタイプを割り当てることで、フィーチャクラス内のフィーチャやテーブル内の行をグループ分けできます。これは値が Integer（整数型）であるフィールドを用いて操作します。例えば、「ゾーニング」ポリゴン フィーチャクラスは、「ゾーンコード」という Integer 型の属性をもち、「201」のゾーンコードをもったポリゴンは「住宅地域」サブタイプに属し、「202」のゾーンコードをもったポリゴンは「商業地域」サブタイプに属すというものです。

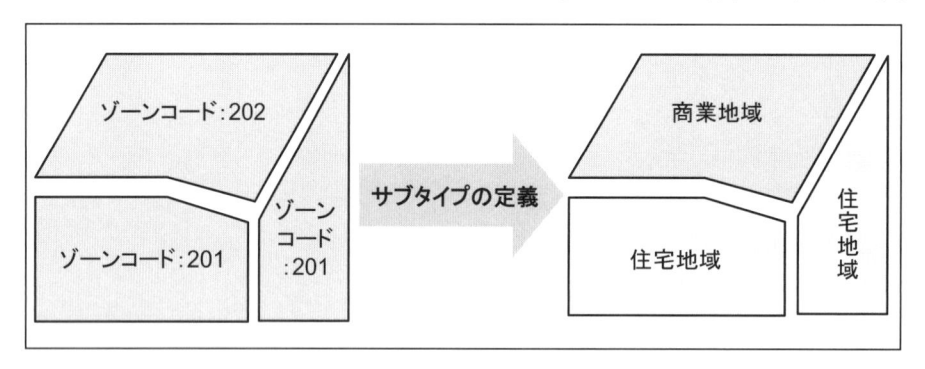

第 3 章で学んだ属性ドメインとの違いは、テーブルやフィーチャクラスが持つ共通の性質に加えて、さらにサブタイプごとに特有な性質が割り当てられる、という点です。

例えば、上図のように「ゾーニング」フィーチャクラスが土地の区域を示したポリゴンとして定義されているとします。このフィーチャクラスに「商業地域」や「住宅地域」といったサブタイプを定義することにより、「商業地域」フィーチャ上には「商業施設」建物しか作成できない、「住宅地域」フィーチャ上には「住宅」建物しか作成できないといった、定義を持たせることができます。

サブタイプを定義したフィーチャクラスを ArcMap のマップに追加すると、サブタイプごとに性質が異なるということを示すため、自動的にサブタイプとして定義したフィールドでカテゴリ分けされたシンボルで表示されます。また、フィーチャクラスを編集する際も、[フィーチャ編集] ウィンドウをサブタイプごとに分割できるようになります。

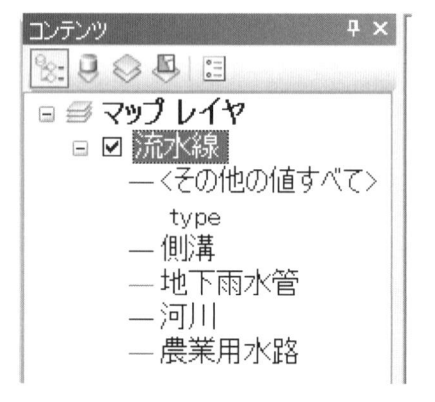

演習 4　サブタイプを設定しよう！

第4章 サブタイプの定義

【Goals】

この演習が終わるまでに以下のことが習得できます。

- ✦ サブタイプの設定方法
- ✦ サブタイプごとの編集

【License】

この演習は以下の製品で実行できます。

ArcGIS for Desktop Basic / Standard / Advanced

【Data】

この演習では次のデータを使用します。

主題	図形タイプ	データソース
流水線	ライン	exercise.gdb¥NewDataSet¥flowline

【Course Schedule】

Step	項目	おおよその必要時間		
		1 回目	2 回目	3 回目
Step 1	使用するデータの確認 ① サブタイプ設定前のデータを表示 ② 属性の確認	10 分	( )分	( )分
Step 2	サブタイプの作成 ① フィーチャクラス プロパティの展開 ② サブタイプ フィールドの設定 ③ コードと説明の設定 ④ 既定サブタイプの設定	15 分	( )分	( )分
Step 3	サブタイプの効果を確認 ① サブタイプ設定後のデータ表示 ② データの編集	15 分	( )分	( )分

| Step 1 | 演習データの確認 |

　これからサブタイプを作成するデータについて、サブタイプが作成される前後の ArcMap 上での変化を確認するため、まずサブタイプ設定前の使用データを確認します。なお、この演習で用いる「D:¥gis03¥ex04¥exercise.gdb」は、演習 2 で作成したファイル ジオデータベースと同じものです。

> **1** [ArcMap] を起動します。[はじめに] ダイアログで [キャンセル] ボタンをクリックします。

> **2** [データの追加] から「D:¥gis03¥ex04¥exercise.gdb¥NewDataSet」内にあるライン フィーチャクラス「flowline（流水線）」を追加します。

この場合、ライン レイヤは以下のようなシンボルで表示されます。

> **3** ArcMap の [コンテンツ] ウィンドウ内で「flowline（流水線）」を右クリックし、[属性テーブルを開く] を選択して、属性テーブルを表示させます。

演習 4　サブタイプを設定しよう！

第4章 サブタイプの定義

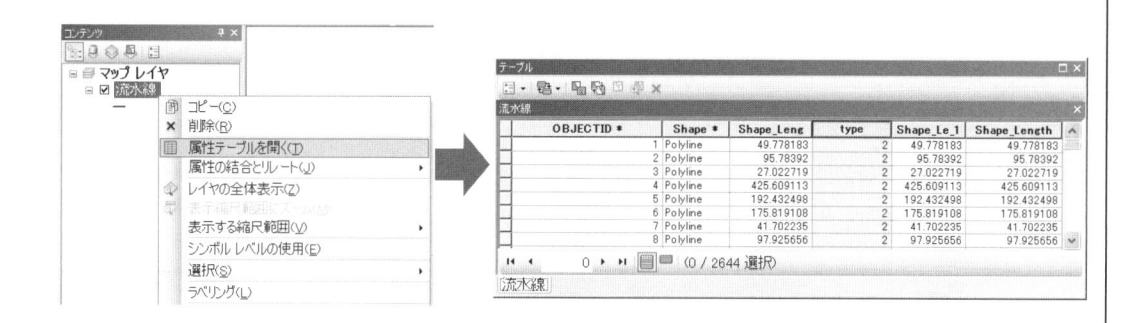

「type」フィールドはそれぞれの流水線の種類を表します。

- 1− 側溝
- 2− 地下雨水管
- 3− 河川
- 4− 農業用水路

> 4. ArcMap を終了します。マップ ドキュメントは保存しません。

Step 2　サブタイプの作成

Step 1 で確認した「type」フィールドを用いて「flowline(流水線)」フィーチャクラスにサブタイプを定義します。サブタイプの設定は、フィーチャクラス プロパティ内で行います。

> **1** ArcCatalog を起動して、[カタログ ツリー] ウィンドウで「flowline(流水線)」フィーチャを右クリックし、[プロパティ] を開きます。

> **2** [サブタイプ] タブをクリックします。

まず、サブタイプを定義する属性フィールドを選択します。

> **3** [サブタイプ フィールド] を「type」に設定します。

サブタイプ フィールドは Integer(整数型)である必要があるため、Integer(整数型)の属性だけがドロップダウン リストに表れます。

Question （解答はステップの最後に記載）
フィールドの種類として設定できる Integer(整数型)の種類とその違いは何でしょう？

演習4　サブタイプを設定しよう！

第4章 サブタイプの定義

4 列全体を選択するために「新規サブタイプ」のコードの左側の小さなボタンをクリックし、[Delete] キーを押します。

ここで「コード」と「説明」を割り当てます。「コード」の行に整数値を入れ、それら各コードの意味を「説明」の行に割り当てます。

5 [コード] の一番上の行に「1」を入力し、[説明] の一番上の行に「側溝」と入力します。

6 他のサブタイプを 2 行目以降に以下のように割り当てます。

+ コード = 2 ; 説明 = 地下雨水管
+ コード = 3 ; 説明 = 河川
+ コード = 4 ; 説明 = 農業用水路

7 [デフォルト サブタイプ] を「河川」に設定します。

8 [フィーチャクラス プロパティ] ウィンドウにおいて、下のようになっていることを確認し、[適用] ボタンをクリックして、[OK] ボタンをクリックして閉じます。

一度、サブタイプを設定した後でも、サブタイプの追加、削除、[コード] や [説明] の変更、[規定値] や [ドメイン] の変更などのサブタイプの設定は編集可能です。

Answer

Short Integer と long Integer の 2 種類。格納できる数値の範囲が異なる。

Short Integer ： -32,768 ～ 32,767 の値を格納

Long Integer ： -2,147,483,648 ～ 2,147,483,647 の値を格納

フィールドタイプ	データ形式	範囲	精度	説明
Short Integer	シェープファイル	-999～9999	4桁	短整数型。土地利用コードや植生タイプ等の短い整数値を格納。
	ジオデータベース	-32,768～32,767		
Long Integer	シェープファイル	-9,999,999～999,999,999	9桁	長整数型。人口などの長い整数値を格納。
	ジオデータベース	-2,147,483,648～2,147,483,647		
Float	シェープファイル	-3.4E38～1.2E38	6桁	単精度浮動小数点型。パーセント値等を格納。
	ジオデータベース			
Double	シェープファイル	-2.2E308～1.8E308	15桁	倍精度浮動小数点型。高精度な緯度経度の座標値等を格納。
	ジオデータベース			
Text	シェープファイル	～半角254文字		文字型。テキストや、数字とテキストの組み合わせなどを格納。
	ジオデータベース	～半角64,000文字		
Date	シェープファイル	100/1/1～9999/12/31 0:00:00～23:59:59		日付型。ジオデータベースでは「年/月/日 時/分/秒」形式。シェープファイルでは「年/月/日」のみを格納できる。
	ジオデータベース			

演習 4 サブタイプを設定しよう！

第4章 サブタイプの定義

| Step 3 | サブタイプの効果をチェック |

サブタイプを定義したデータについて、AcMap 上での効果を確認します。

> **1** [ArcMap] を起動します。[はじめに] ダイアログで [キャンセル] ボタンをクリックします。

> **2** [データの追加] をクリックし、サブタイプを定義した「flowline（流水線）」をマップに追加し、シンボルが以下のようにサブタイプごとに表示されることを確認します。

コンテンツ
- マップ レイヤ
  - ☑ 流水線
    - ─ <その他の値すべて>
    - type
    - ─ 側溝
    - ← 地下雨水管
    - ━ 河川
    - ┈ 農業用水路

また、編集作業でのサブタイプの効果を確認します。

> **3** [エディタ] ツールバー内で、[エディタ] → [編集の開始] をクリックします。

[エディタ] ツールバーが表示されていなければ、[カスタマイズ] メニュー → [ツールバー] → [エディタ] をクリックしてください。

4 [エディタ] ツールバー → [エディタ] → [編集ウィンドウ] →[フィーチャ作成] ウィンドウで [河川] を選択し、[作図ツール] でラインを選択します。

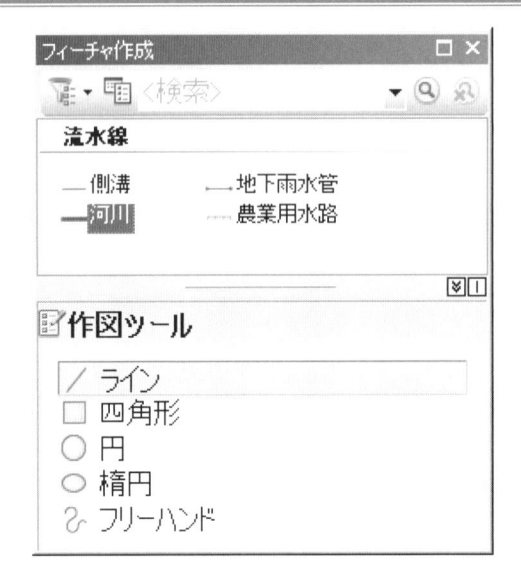

5 マップ上でラインを描画すると、コード 3 の「河川」で描かれることが確認できます。

6 [エディタ] ツールバー → [エディタ] → [編集の終了] をクリックし、編集を終えます。「編集を保存しますか？」というメッセージボックスで [いいえ] をクリックします。ArcMap も終了してください。マップ ドキュメント ファイルは保存しません。

以上で演習は終了です。

Tips： フィーチャ作成ウィンドウ

ArcMap の「エディタ」機能で、編集を行う際に表示されるウィンドウです。属性やシンボル、作図方法をあらかじめ設定をしたテンプレートを使用して編集をすることができます。

Tips： サブタイプの機能

この他にも、サブタイプで定義したフィールドごとに、別々の属性ドメインを割り当てる機能もあります。この操作は第 9 章で紹介します。

演習 4　サブタイプを設定しよう！

第5章 トポロジの利用

演習5 トポロジを構築しよう！

この章では、トポロジについて学びます。演習を通じて、トポロジを用いた図形の不整合を修正し、空間的位置関係の正しいフィーチャ作成の方法を習得します。

【Introduction】

　　GIS で示されるトポロジとは、ポイント、ライン、ポリゴンが同一のジオメトリを共有する方法をモデリングする、一連のルールとロジックです。

　　これまでの ArcInfo 8.0 登場以前の GIS ソフトウェアでは、ジオメトリ間の境界線をデータの中に明示的に定義してトポロジを管理してきました。ARC/INFO で使用されてきたカバレッジがその例です。たとえば、隣接した 2 つのポリゴンの境界線は 1 本のライン（厳密にはエッジ）です。

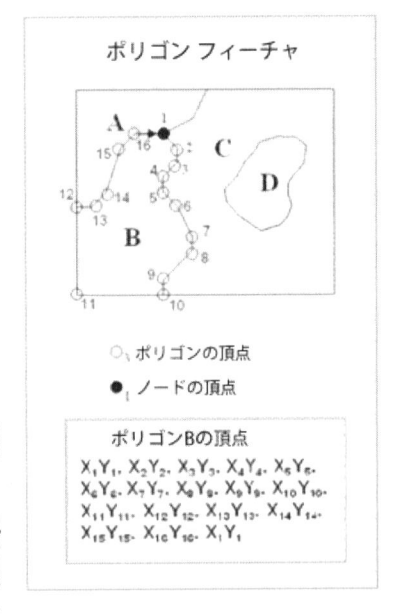

ポリゴン フィーチャ

ポリゴンBの頂点
$X_1Y_1, X_2Y_2, X_3Y_3, X_4Y_4, X_5Y_5,$
$X_6Y_6, X_7Y_7, X_8Y_8, X_9Y_9, X_{10}Y_{10},$
$X_{11}Y_{11}, X_{12}Y_{12}, X_{13}Y_{13}, X_{14}Y_{14},$
$X_{15}Y_{15}, X_{16}Y_{16}, X_1Y_1$

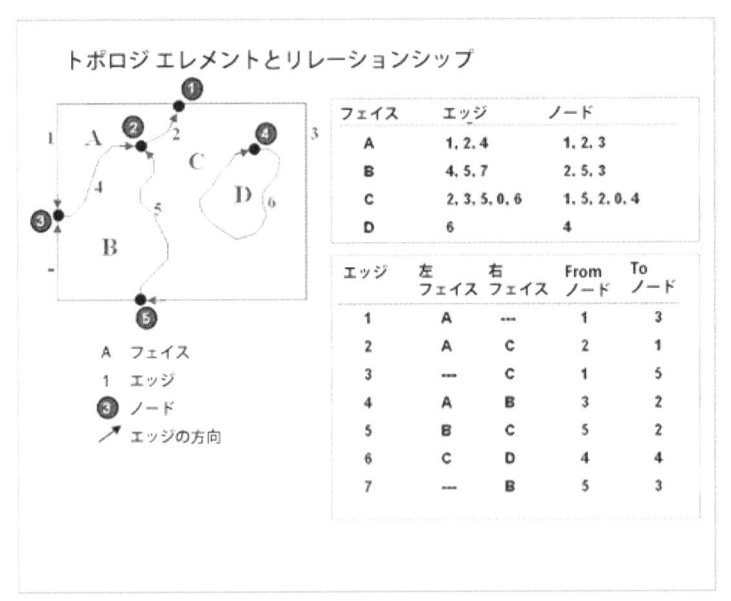

○ ポリゴンの頂点
● ノードの頂点

トポロジ エレメントとリレーションシップ

フェイス	エッジ	ノード
A	1, 2, 4	1, 2, 3
B	4, 5, 7	2, 5, 3
C	2, 3, 5, 0, 6	1, 5, 2, 0, 4
D	6	4

エッジ	左フェイス	右フェイス	From ノード	To ノード
1	A	----	1	3
2	A	C	2	1
3	----	C	1	5
4	A	B	3	2
5	B	C	5	2
6	C	D	4	4
7	----	B	5	3

A フェイス
1 エッジ
③ ノード
↗ エッジの方向

トポロジのデータ構造

　　これに対してジオデータベースのトポロジでは、トポロジのデータを明示的に保持していません。つまり、隣接した 2 つのポリゴン ジオメトリの境界線には 2 本のライン（厳密にはセグメント集合）が存在しており、共有線分を編集する際は、2 本のセグメント集合を同時に編集します。ジオデータベースでは、共有線分を瞬時に判断し、2 本のセグメント集合を 1 本のエッジと解釈して共有線分として編集できます。

　　また、フィーチャ間で許容される空間的な関連性を定義するための「トポロジ ルール」が存在します。トポロジに定義するルールにより、1 つ、または異なるフィーチャクラス内のフィーチャ間の関連性を制御できます。たとえば、同じフィーチャクラスのフィーチャの整合性を管理するには、「重複しない」ルールを使用します。2 つのフィーチャが重複する場合、重複しているジオメトリは赤で表示されます。

第5章 トポロジの利用

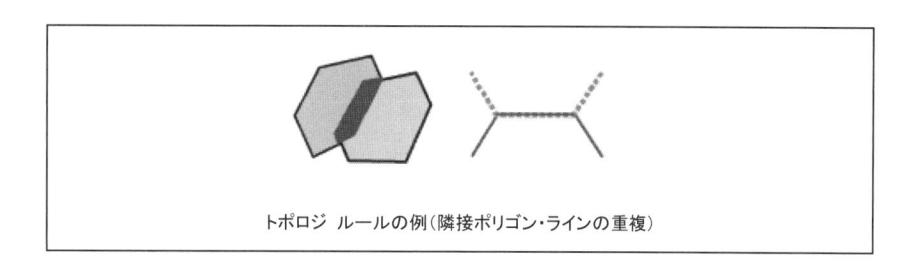

トポロジ ルールの例（隣接ポリゴン・ラインの重複）

共有線分に該当するデータが別々に存在していると、頂点とそれに接する別の境界線の座標値が一致しない場合が起こります。コンピュータには、割り切れない数値や丸め誤差があるため、厳密に一致する座標でジオメトリを管理することは困難です。そのため、ジオデータベースは「クラスタ許容値」を定義し、実際には一致しない頂点や線分の座標値を「同じと見なす」処理を行っています。

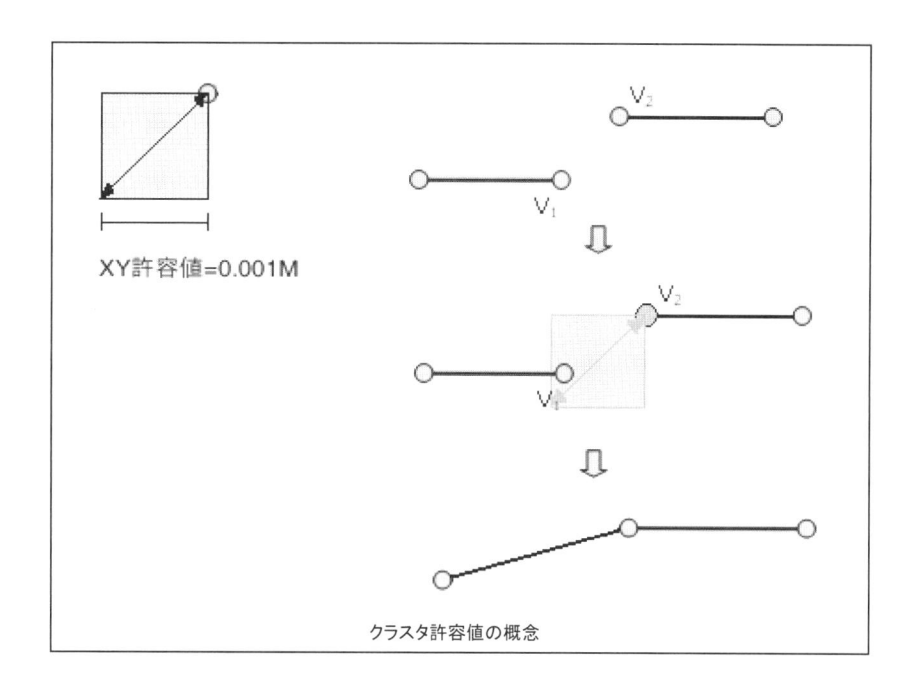

XY許容値=0.001M

クラスタ許容値の概念

この演習では、ライン フィーチャクラス「natural_river(自然河川)」とポリゴン フィーチャクラス「watershed(集水域)」は、河川の合流点ごとに区切られた区間（＝natural_river）とそこに流れ込むエリア（＝watershed）という関係を定義します。これにポイント フィーチャクラス「watergatre(水門)」を加え、これらの空間的関係性からトポロジを構築します。

61

【Goals】

この演習が終わるまでに以下のことが習得できます。

- ✦ トポロジの理解
- ✦ トポロジの各種ルールの設定
- ✦ トポロジ エラーの修正方法
- ✦ 例外の設定

【License】

この演習は以下の製品で実行できます。

ArcGIS for Desktop Standard / Advanced

【Data】

この演習では次のデータを使用します。

主題	図形タイプ	データソース
水門	ポイント	exercise.gdb¥NewDataSet¥watergate
集水域	ポリゴン	exercise.gdb¥NewDataSet¥watershed
自然河川	ライン	exercise.gdb¥NewDataSet¥natural_river

【Course Schedule】

Step	項目	おおよその必要時間 1回目	2回目	3回目
Step 1	トポロジの作成 ① クラスタ許容値とランクの設定 ② トポロジ ルールの設定	20 分	(　)分	(　)分
Step 2	トポロジの整合性チェック ① トポロジを ArcMap に表示 ② トポロジ ツールバーを表示 ③ トポロジの整合をチェック	15 分	(　)分	(　)分
Step 3	エラーの修正 ① エラー インスペクタからエラー数を確認 ② トポロジ編集ツールを用いてエラーを修正 ③ 例外の設定 ④ エラー インスペクタ内でエラーを修正	20 分	(　)分	(　)分

第5章 トポロジの利用

Step 1　トポロジの作成

　トポロジは ArcCatalog、ArcMap の［カタログ］ウィンドウ、もしくは ArcToolbox から作成します。トポロジは参加するフィーチャクラスが格納されているフィーチャ データセット内に位置し、名前や許容クラスタなどが定義されています。

　フィーチャクラスは、複数のトポロジまたはジオメトリック ネットワークに参加できません。また、トポロジはポイント、ライン、ポリゴンしか参加できず、アノテーションやディメンションは参加できません。

　ここでは流域内における各データの空間的関係性からトポロジを構築します。

> **1**　［ArcCatalog］を起動し、［カタログ ツリー］ウィンドウで
> 「D:¥gis03¥ex05¥exercise.gdb¥NewDataset」を右クリックし、［新規作成］→
> ［トポロジ］をクリックします。

> **2**　［新規トポロジ作成］ダイアログで［次へ］をクリックし、以下のように設定し、
> ［次へ］をクリックします。

- ◆ トポロジ名　　　　　　　　： ex_Topology
- ◆ クラスタ許容値を入力　　： 0.001（デフォルト値）

Tips: クラスタ許容値

➢ 各点からクラスタ許容値内にほかのフィーチャがある場合、ほかのフィーチャのラインやポリゴン上に新しく点が作成されます（クラッキング）。また、新しく頂点を作らずフィーチャを一致させるものとして、クラスタ化（中点に移動）とスナッピング（一方の頂点に移動）があります。

➢ ラインの端点は、節点よりも重要視されます。以下は端点と節点の移動方法のルールです。
（ランクによって変更できます）
- ・両点が端点の場合、クラスタ化（中点に移動）されます。
- ・両点が節点の場合、クラスタ化（中点に移動）されます。
- ・節点は端点へスナップされます。

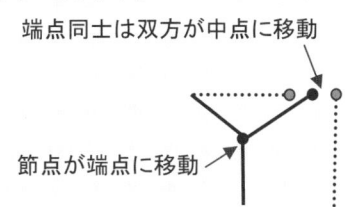

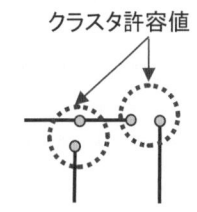

3 このトポロジに参加させるフィーチャ(「watergate」「watershed」「natural_river」)にチェックマークをつけ、[次へ] をクリックします。

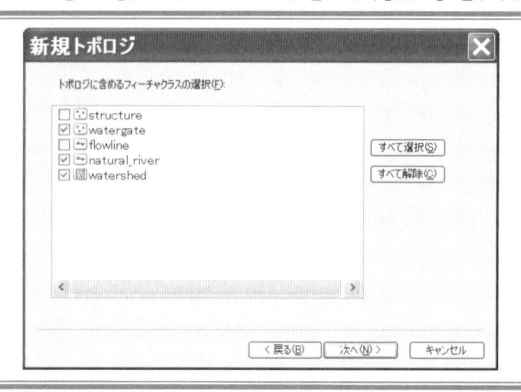

4 ランクを設定するために以下のように入力し、[次へ] をクリックします。

- ランク数の入力 ： 3
- natural_river ： 1
- watershed ： 2
- watergate ： 3

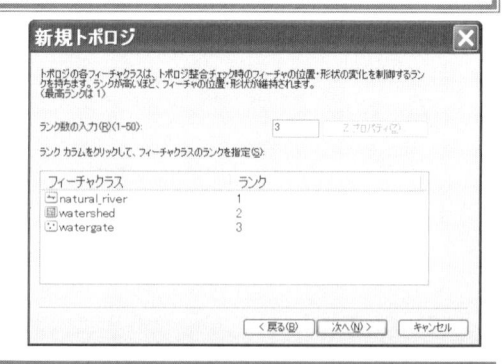

Tips: ランク

> トポロジを整合チェックすると、各フィーチャクラスのすべての頂点がクラスタ許容値内で確認されます。互いのクラスタ許容値内にある頂点どうしはスナップされます。その際、より重要なフィーチャクラスの頂点が、そうでないフィーチャクラスの頂点にスナップされないようにするには、各フィーチャクラスにランクを割り当てます。スナップ時に、高いランクのフィーチャクラスの頂点は、低いランクのフィーチャクラスの頂点とともに移動することはありません。

> 最も高いランクは 1 で、最大 50 の異なるランクを割り当てることができます。ランクが同じフィーチャクラスに属す頂点の位置は、これらの頂点がクラスタ許容値内にあれば等距離分移動してスナップされます。

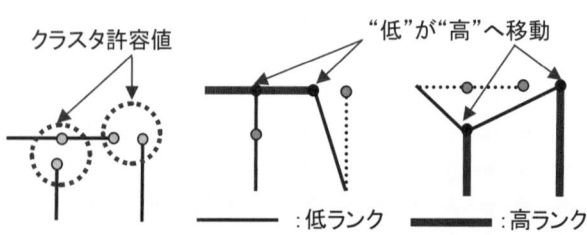

演習5 トポロジを構築しよう！

第5章 トポロジの利用

ここで、以下の 2 つのルールを「ex_Topology」に付加します。

- ✦ 水門は河川上に位置するはずなので、ポイント フィーチャクラス「watergate（水門）」がライン フィーチャクラス「natural_river（自然河川）」の上に存在する。
- ✦ 各地点が含まれる集水域は必ず 1 つのはずなので、ポリゴン フィーチャクラス「watershed（集水域）」は重ならない。

Tips: トポロジ ルール

> フィーチャ間の空間的な関係性を定義するトポロジのルールは全部で 25 種類用意されています。ルールはフィーチャやサブタイプに適用されます。トポロジ ルールはトポロジが作成されたときに設定されますが、プロパティでルールの追加・削除が可能です。その場合は、再度フィーチャの整合性チェックを行う必要があります。

Question （解答はステップの最後に記載）

「watershed（集水域）」「natural_river（自然河川）」「watergate（水門）」の 3 つのフィーチャクラスに考えられる他のトポロジ ルールは何でしょう？

5 [ルールの追加] をクリックし、[ルールの追加] ダイアログを表示させます。

6 [ルールの追加] ダイアログ内で以下のように設定し、下図のようになっていることを確認します。

- ✦ フィーチャクラスのフィーチャ ： watergate
- ✦ ルール ： ポイントが他クラスのライン上にある
- ✦ フィーチャクラス ： natural_river

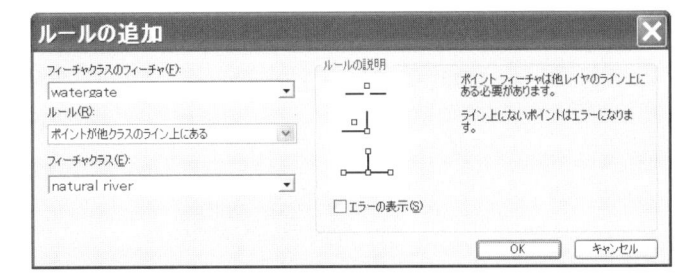

7 [OK] ボタンをクリックし、[ルールの追加] ダイアログを閉じます。

8
5 〜 7 の手順をもう一度繰り返し、今回は以下のようにルール設定を行います。

- ✦ フィーチャクラスのフィーチャ ： watershed
- ✦ ルール ： 重複しない

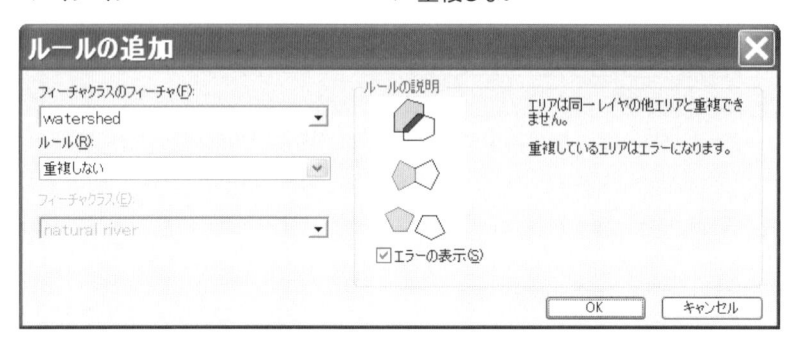

ルールの追加

- フィーチャクラスのフィーチャ(F): watershed
- ルール(R): 重複しない
- フィーチャクラス(E): natural river

ルールの説明：エリアは同一レイヤの他エリアと重複できません。重複しているエリアはエラーになります。

☑ エラーの表示(S)

9
[次へ] → [完了] をクリックし、[新規トポロジ] ダイアログを閉じます。

10
以下のメッセージボックスで [いいえ] を選択します。

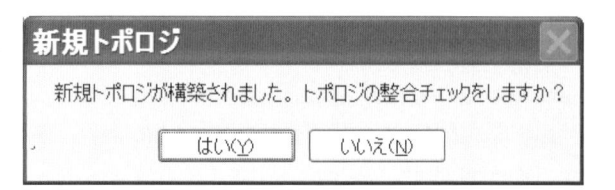

新規トポロジ
新規トポロジが構築されました。トポロジの整合チェックをしますか？
[はい(Y)] [いいえ(N)]

11
ArcCatalog の [カタログ ツリー] ウィンドウ内の、
「D:¥gis03¥ex05¥exercise.gdb¥NewDataSet」内にトポロジ クラス
「ex_Topology」が作成されたことが確認できます。

```
D:¥gis03
 └ ex05
   └ exercise
     └ NewDataSet
        ├ ex_Topology
        ├ flowline
        └ natural_river
```

演習5 トポロジを構築しよう！

第5章 トポロジの利用

Answer

以下は回答の一例です。フィーチャ データセット内のフィーチャクラスの特性や性質をよく考慮し、ルールを設定することが重要です。

➢ 各地点の水は必ずいずれかの河川へと流れるので、"「watershed（集水域）」はギャップがない。"

➢ 「watergate（水門）」は対象流域「watershed（集水域）」内での水門の位置を示すので、"「watergate（水門）」は、他クラス（=「watershed（集水域）」）のエリアに含まれる。"

➢ 自然河川は循環しないので、"「natural_river（自然河川）」は、同一ライン内で交差しない。"

Step 2　トポロジの整合チェック

　各フィーチャがトポロジ ルールに反していないかを ArcMap 上で確認します。エラーはトポロジ要素内の特別なポイント、ライン、ポリゴンの各フィーチャとして記録されます。
　ArcGIS でトポロジの整合チェックをする方法はいくつかあります。ArcMap の [トポロジ] ツールバーには、指定エリア、現在の表示範囲、全範囲のそれぞれの整合性チェックのツールが用意されており、また ArcCatalog でも全範囲の整合性チェックが可能です。

1　ArcMap を起動します。

Step 1 で作成した「ex_Topology」をマップに追加します。

2　[データの追加] から「ex_Topology」をマップに追加します。

3　「ex_Topology 内のすべてのフィーチャクラスをマップに追加しますか？」というメッセージボックスで [はい] をクリックします。

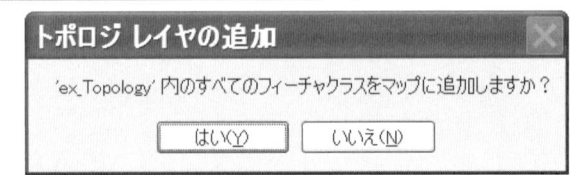

[トポロジ] ツールバーを表示します。

4　ArcMap で、[カスタマイズ] メニュー → [ツールバー] をクリックし、[トポロジ] にチェックを入れます。

第5章 トポロジの利用

マップの全範囲でトポロジ エラーを表示させます。

5 [エディタ] ツールバー → [エディタ] → [編集の開始] をクリックします。

6 [ツール] ツールバー → [全体表示] ボタン をクリックして、マップを全体表示します。

7 [トポロジ] ツールバーで [現在の表示範囲でトポロジ整合チェック] をクリックします。

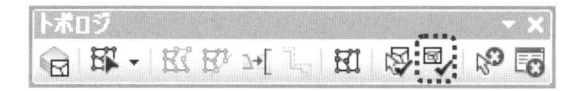

以下のようにエラーが発生した場所が表示されます。

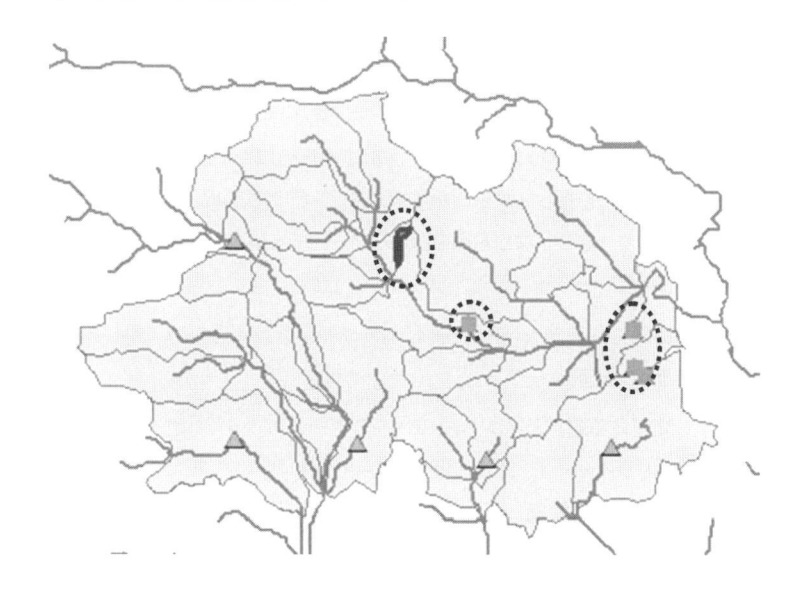

8 [エディタ] ツールバーで、[エディタ] → [編集の保存] をクリックし、そのまま Step 3 へ進みます。

| Step 3 | エラーの修正 |

　整合性のチェックによりトポロジ ルールの定義に従ってデータが作成されていないかを確認します。ルールに反したものが見つかった場合、違反があったルール、エラーの原因となったフィーチャ、その位置を示した属性とともにトポロジ内にエラー フィーチャが作られます。ArcMap のトポロジ編集ツールでこれらの情報を見ることができ、また自動的に修正できます。トポロジ エラーを表示するためには、ArcMapの［コンテンツ］ウィンドウにトポロジを追加する必要があります。これらエラー フィーチャは、シンボルを変更して分かりやすく表示できます。

◆ エラー フィーチャ

　エラー フィーチャとは、トポロジの整合性チェックによって検出されたエラーの箇所を示したフィーチャです。エラー フィーチャを直接的に削除や解析することはできません。問題が修正されると、エラー フィーチャはトポロジから自動的に削除されます。

◆ ［トポロジ］ツールバーによるエラー修正

　ArcMap の［エディタ］ツールバーと［トポロジ］ツールバーを用いてエラーを修正できます。またエラーをルールの例外と設定することや、エラーを放置することも可能です。

- ✦ トポロジ編集ツール

  編集対象のエッジやノードを選択するために用います。
  「E」キーを押しながら選択するとエッジだけが選択されます。
  「N」キーを押しながら選択するとノードだけが選択されます。

- ✦ 共有フィーチャ

  編集で共有フィーチャとなるフィーチャを選択するために用います。

- ✦ ライン分割

  交差する選択ラインフィーチャをスプリットするのに用います。これは選択フィーチャが同じレイヤー上にある場合に使用できます。

- ✦ ポリゴンの構築

  新規フィーチャを構築します。

- ✦ トポロジ エラー修正ツール

  トポロジ エラー修正ツールは、エラー インスペクタと同様にトポロジ エラーを修正するためのツールです。ArcMap 上で一つまたは複数のエラーを選択し、右クリックしコンテンツメニューの中から編集方法を選択します。このツールは、エラーが重複していたり、近接しているような、より複雑なエラーを修正したりするのに有効です。［トポロジ エラー修正ツール］によって、エラー インスペクタよりも対話的にエラーの修正操作

第5章 トポロジの利用

を行えます。

◆ 例外

すべてのルール違反がエラーであるとは限りません。例えば、ほとんどの道路はほかの道路と接続されているために「ダングルがない（端点が必ずほかのラインと接する）」というルールを道路データに設定します。しかし道路には「行き止まり」などの例外も存在します。この場合は、エラー フィーチャを [例外] として設定できます。

ここでは、エラー インスペクタを用いて、エラーを編集していきます。

> **1** [トポロジ] ツールバーの [エラー インスペクタ] ツールをクリックします。

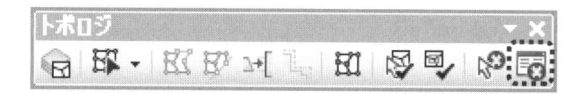

Tips: エラー インスペクタ

- エラー インスペクタはトポロジ エラーを修正するためのツールです。
- 同じタイプのエラーを選択し、右クリックし、コンテンツメニューの中から編集方法を選択します。その選択エラーの修正方法としてふさわしいものだけが選択できます。複数のエラーを選択する場合は、選択した修正方法がすべてに適用されるため、注意が必要です。

> **2** [エラー インスペクタ] ダイアログ内で、[検索開始] ボタンをクリックし、エラーが「5」つあることを確認します。

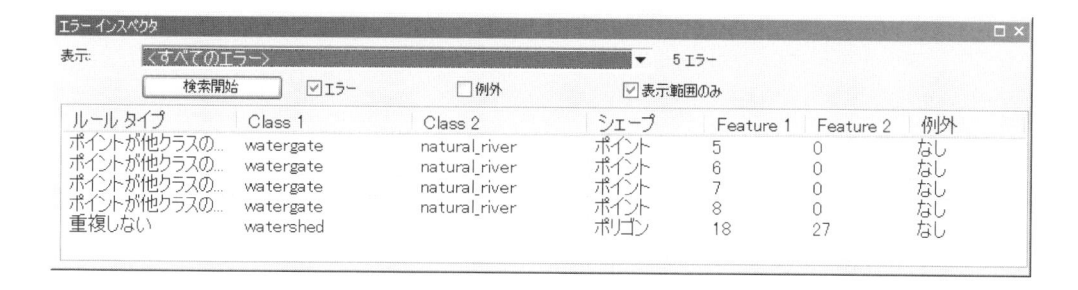

ルール タイプ	Class 1	Class 2	シェープ	Feature 1	Feature 2	例外
ポイントが他クラスの...	watergate	natural_river	ポイント	5	0	なし
ポイントが他クラスの...	watergate	natural_river	ポイント	6	0	なし
ポイントが他クラスの...	watergate	natural_river	ポイント	7	0	なし
ポイントが他クラスの...	watergate	natural_river	ポイント	8	0	なし
重複しない	watershed		ポリゴン	18	27	なし

まず、「natural_river（自然河川）」上にない「watergate（水門）」のエラーを修正します。

> **3** [エラー インスペクタ] ダイアログ内の上から 4 行目を右クリックし、[ズーム] を選択します。

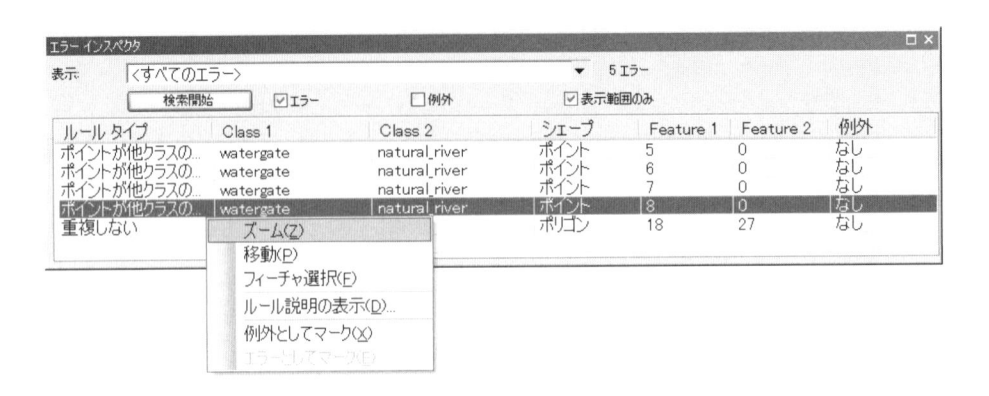

[ズーム] により、エラーをもつフィーチャにズームされます。

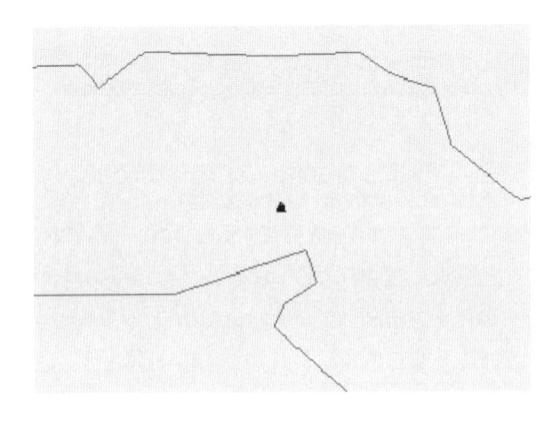

トポロジ編集ツールを用いて、エラーを修正します。

ここで、「watergate（水門）」ポイントが「natural_river（自然河川）」にスナップするように設定します。

第5章 トポロジの利用

4 [エディタ] ツールバー内で [エディタ] → [スナップ] → [スナップ ツールバー] をクリックして表示します。[スナップ] ツールバーの [スナップ] をクリックし、[スナップの使用] にチェック入っているか確認します。端点スナップ ⊞ 、エッジ スナップ ⊄ をクリックして、図のように、ポイント スナップ ○ と頂点スナップ □ のみ選択されている状態にします。

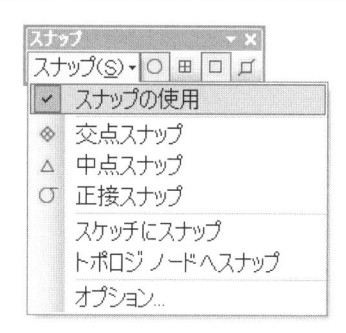

5 [トポロジ] ツールバーの [編集ツール] をクリックします。

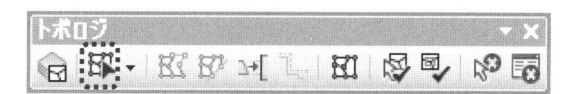

6 編集する「watergate（水門）」ポイントを選択し、下図の「natural_river（自然河川）」の頂点にドラッグし、移動させます。

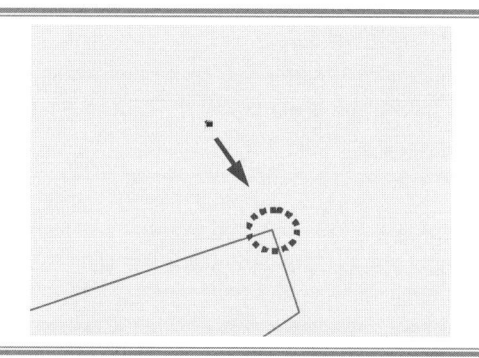

7 ツールバー内の [全体表示] をクリックし、[トポロジ] ツールバー内の [現在の表示範囲でトポロジ整合チェック] をクリックします。

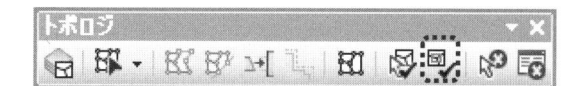

操作8 [エラー インスペクタ] ダイアログ内 [検索開始] をクリックして、エラーが「4」つになっていることを確認します。

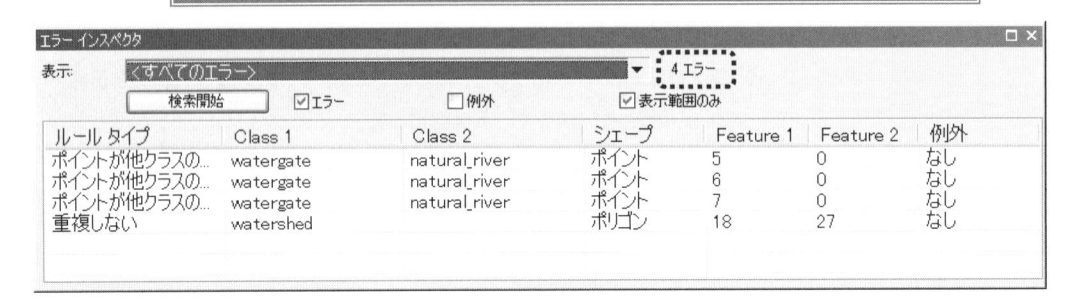

ルール タイプ	Class 1	Class 2	シェープ	Feature 1	Feature 2	例外
ポイントが他クラスの...	watergate	natural_river	ポイント	5	0	なし
ポイントが他クラスの...	watergate	natural_river	ポイント	6	0	なし
ポイントが他クラスの...	watergate	natural_river	ポイント	7	0	なし
重複しない	watershed		ポリゴン	18	27	なし

次に「natural_river（自然河川）」上にない残りの3つの「watergate（水門）」を修正します。

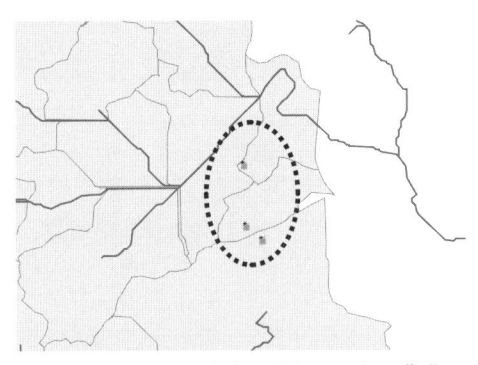

この3つの「watergate（水門）」は、現在表示されていない農業用水路のための水門であるため、「natural_river（自然河川）」上に位置していないが、間違いではありません。そのため「エラー」ではなく、「例外」として設定します。

操作9 [エラー インスペクタ] ダイアログ内で、[Ctrl] キーを押しながら上の3つのエラーを選択します。

操作10 右クリックし、[例外としてマーク] を選択します。

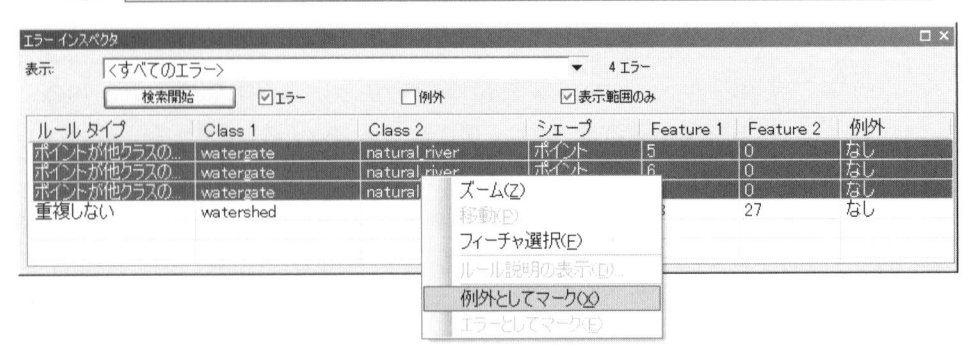

演習5 トポロジを構築しよう！

第5章 トポロジの利用

エラーが「1」つになったことを確認します。

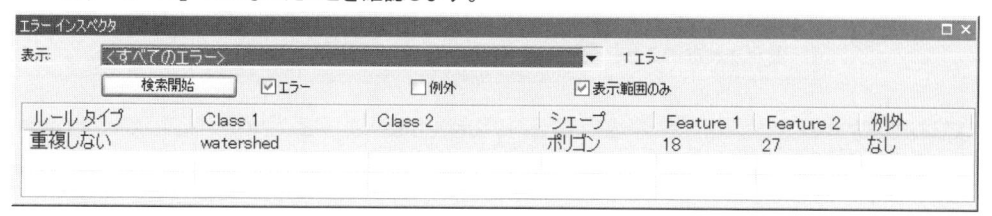

ルール タイプ	Class 1	Class 2	シェープ	Feature 1	Feature 2	例外
重複しない	watershed		ポリゴン	18	27	なし

最後に、重複している「watershed（集水域）」を修正します。

11 [エラー インスペクタ] ダイアログ内の残りのエラーを右クリックし、[ズーム] を選択します。

重複している場所が赤く表示されます。

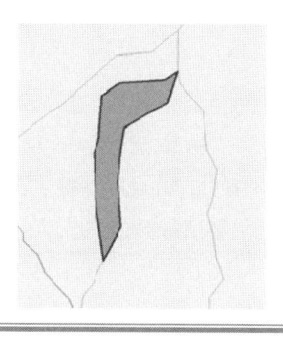

12 [エラー インスペクタ] ダイアログ内でエラーを右クリックすると、[除去]、[マージ]、[フィーチャの作成] の修正法が選択肢として表れます。

+ [除去]　　　　　：重複部分を削除します。
+ [マージ]　　　　：重複する 2 つのフィーチャからマージするフィーチャを選択し、マージします。
+ [フィーチャの作成]：重複する部分を新しいフィーチャとして作成します。

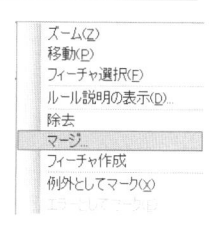

13 ここでは [マージ] を選択し、以下のメッセージボックス内で「58（集水域）」を選択し、[OK] ボタンをクリックします。

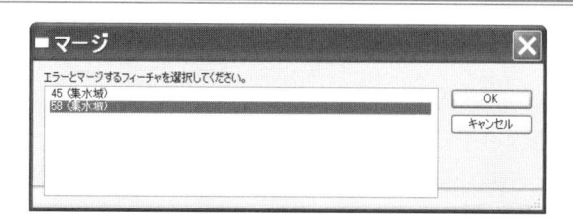

14 [エラー インスペクタ] ダイアログ内で [検索開始] をクリックしてもエラーが表示されないことを確認します。

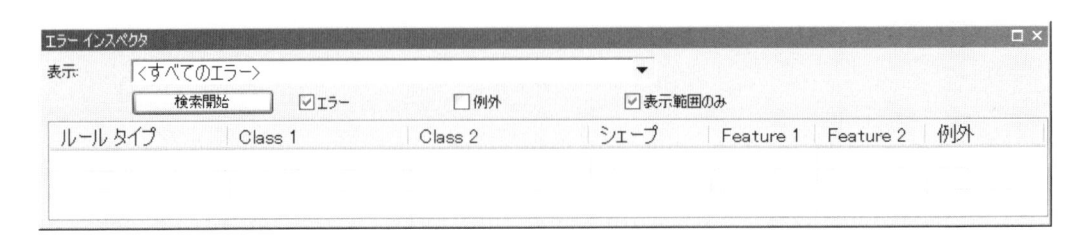

ルール タイプ	Class 1	Class 2	シェープ	Feature 1	Feature 2	例外

以上の操作により、すべてのフィーチャが設定したトポロジ ルールに適合する、整合性のとれたデータとなりました。

15 [エディタ] ツールバー → [エディタ] → [編集を保存] をクリックし、[編集を終了] をクリックした後に、ArcMap を終了します。その際、マップ ドキュメント ファイルを保存する必要はありません。

以上で演習は終了です。

第6章 リレーションシップの構築

演習6 フィーチャを関連付けよう！

この章では、リレーションシップについて学びます。演習を通じて、テーブルやフィーチャクラス間の関連性を定義する方法を習得します。

【Introduction】

リレーションシップとは、フィーチャ（＝地物・オブジェクト）間の関係性です。現実世界では、すべての地物は他の地物と何らかの関係を持っています。ジオデータベースでその関係性を示すために使用するのがリレーションシップ クラスです。リレーションシップ クラスを使用すると、あるオブジェクトが移動または変更されたときに、関連する地物に起こる振る舞いを制御できます。リレーションシップ クラスは、ArcMap の ［テーブル結合とリレート］ では実現できない地物間の関係性を管理できます。

主な機能は以下の通りです。

- ✦ **Read-Write アクセス** ：リレーションシップを通じて、関連するフィーチャの属性の編集を制御できます。
- ✦ **基数** ：1 対 1 、1 対多、多対多のそれぞれの基数関係を設定でき、基数はリレーションシップ クラスの属性として格納されます。
- ✦ **シンプルとコンポジット** ：「親クラス」と「子クラス」との結合の度合いにおいて、リレーションシップにはシンプルとコンポジットの 2 種類があります。
- ✦ **リレーションシップ ルール**：フィーチャクラスやテーブル、サブタイプごとに異なった基数を設定できます。
- ✦ **バージョニング サポート**：リレーションシップ クラスは ArcSDE ジオデータベースのバージョニング環境を活用できます。これにより、同時に複数のユーザーがひとつのリレーションシップを編集できます。

より詳しい説明は、演習の Tips で行います。

ここでは、ライン フィーチャクラス「natural_river（自然河川）」とポリゴン フィーチャクラス「watershed（集水域）」は、河川の合流点ごとに区切られた区間（＝natural_river）とそこに流れ込むエリア（＝watershed）という関係があります。この関係性を示す属性フィールドを用いてそれぞれのフィーチャを関連付けます。

【Goals】

この演習が終わるまでに以下のことが習得できます。

- ✦ リレーションシップの作成方法
- ✦ シンプル リレーションシップとコンポジット リレーションシップの違いを理解

【License】

この演習は以下の製品で実行できます。
ArcGIS for Desktop Standard / Advanced

第6章 リレーションシップ の構築

【Data】

この演習では次のデータを使用します。

主題	図形タイプ	データソース
自然河川	ライン	exercise.gdb¥NewDataSet¥natural_river
集水域	ポリゴン	exercise.gdb¥NewDataSet¥watershed

【Course Schedule】

Step	項目	1回目	2回目	3回目
Step 1	使用するデータの確認 ① 演習データを ArcMap 上に表示 ② 属性の確認	10 分	( )分	( )分
Step 2	コンポジット リレーションシップの作成 ① キー フィールド、基数の設定 ② ArcCatalog 上でリレーションシップ クラスの確認	10 分	( )分	( )分
Step 3	リレーションシップの効果 ① ArcMap 上にリレーションシップ関係のあるデータを表示 ② 関連先のデータを参照 ③ 関連先のデータを編集	15 分	( )分	( )分
Step 4	コンポジット リレーションシップの効果 ① 関連元データの移動、削除 ② 関連先データの移動、削除	15 分	( )分	( )分

おおよその必要時間

Step 1　演習データの確認

リレーションシップを設定するライン フィーチャクラス「natural_river（自然河川）」とポリゴン フィーチャクラス「watershed（集水域）」には、合流点ごとの区切られた河川（＝ntural_river）に「ID」が付けられ、この ID はその一区間に流入するエリア（＝watershed）がもつ「Code」と一致しています。この 2 種類のフィールドを「キー フィールド」としてリレーションシップを構築します。

Tips: キー フィールド

リレーションシップは「関連元」データと「関連先」データが対となったフィーチャクラス、またはテーブルで構築されます。これらは共通のフィールドを通じて関連付けられ、このフィールドを「キー フィールド」と呼びます。また、関連元のキー フィールドを「主キー フィールド」、関連先のキー フィールドを「外部キー フィールド」と呼びます。両者のキー フィールドのフィールド名は異なってもよいですが、フィールドの型（Short Integer 、Long Integer 、Text など）は同じである必要があります。[Date]、[Blob]、[Raster]、[Guid]を除くすべてのデータ タイプのフィールドをキー フィールドに設定できます。

ParcelToOwner

Parcel（関連元）

Parcel_ID	Zone	Block
123	…	…
456	…	…
789	…	…

主キー・フィールド

Owner（関連先）

Name	Parcel_Number	Area
…	123	…
…	456	…
…	789	…

外部キー・フィールド

「natural_river（自然河川）」と「watershed（集水域）」の関係性を ArcMap で確認します。

1. 「ex06¥relationship.mxd」を開いて、ArcMap を起動します。

2. [データの追加] ボタン をクリックし、ex06¥exercise¥NewDataSet 内の「natural_river（自然河川）」と「watershed（集水域）」を ArcMap に追加します。

データを追加した際に「watershed（集水域）」が上のレイヤにある場合、「natural_river（自然河川）」は隠れて表示されないので、「natural_river（自然河川）」が上位にくるように [コンテンツ] ウィンドウ内でレイヤをドラッグ & ドロップして、表示を調整して下さい。

レイヤ
- ☑ 自然河川
- ☑ 集水域

演習6　フィーチャを関連付けよう！

第6章 リレーションシップ の構築

3 [ブックマーク] メニュー → [Step 1] をクリックします。

4 ツールバーの [個別属性表示] を用いて、下の図の「natural_river (自然河川)」を選択します。

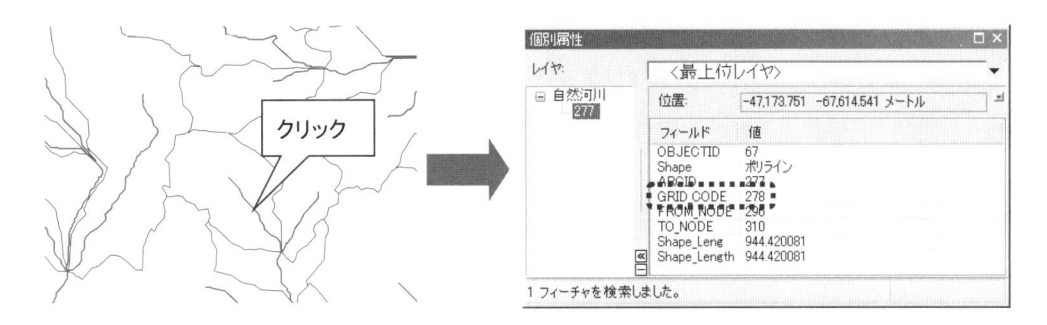

「GRID_CODE」フィールドの値が「278」であることが確認できます。

5 ツールバーの [個別属性表示] を用いて、下の図の「watershed (集水域)」を選択します。

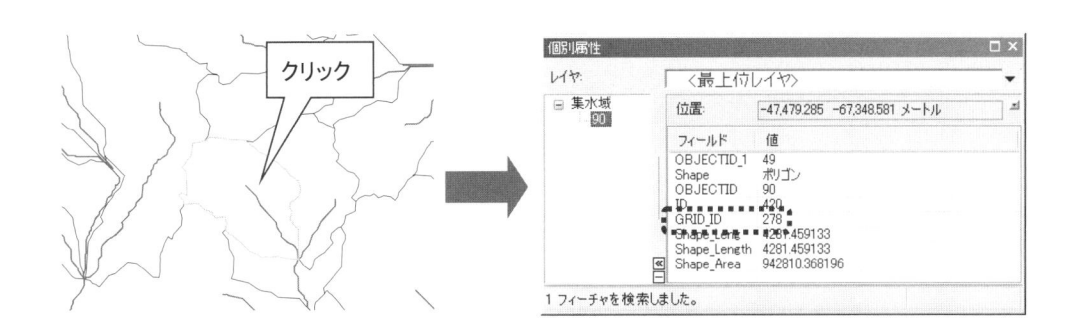

「GRID_ID」フィールドの値が、先ほどの「GRID_CODE」フィールドの値と同じ「278」であることを確認します。

ある「natural_river (自然河川)」に流れ込む「watershed (集水域)」は、その「natural_river (自然河川)」の「GRID_CODE」と同値の「GRID_ID」を示します。

6 マップ ドキュメントを上書き保存して、ArcMap を終了します。

81

Step 2　コンポジット リレーションシップの作成

Step 1で確認したキー フィールドを用いてコンポジット リレーションシップを構築します。

◆ リレーションシップの種類

リレーションシップのタイプとして「シンプル リレーションシップ」と「コンポジット リレーションシップ」があります。その違いは関連対象の連結の強さにあります。コンポジット リレーションシップは 1 対 1 もしくは 1 対多の関係にあるリレーションシップにのみ適用することができます。

✦ シンプル リレーションシップ

関連元クラスと関連先クラスのそれぞれのオブジェクトが独立して存在しています。もし関連元のオブジェクトを削除した場合、関連先のオブジェクトと連結するために用いたキー フィールドの数値は「NULL」となります。しかし関連先のオブジェクトを削除した場合、関連元オブジェクトには影響はありません。

Parcel（関連元）

Parcel_ID	Zone	Block
123	…	…
456	…	…
~~789~~	…	…

Parcelを削除すると…

Building（関連先）

Building ID	Parcel_Number	Floors
…	123	…
…	Null	…
…	Null	…
…	456	…

…外部キーがNullに変わる

✦ コンポジット リレーションシップ

関連先オブジェクトの有無を関連元オブジェクトによって操作できます。関連元オブジェクトを削除した場合、「カスケード削除」と呼ばれるプロセスによって関連先オブジェクトも削除されます。一方、関連先オブジェクトを削除しても、関連元オブジェクトは影響を受けません。これは「親子リレーションシップ」と呼ばれます。例えば、街区を削除すると関連する建物も削除されます。「子」オブジェクト（建物）は「親」オブジェクト（街区）がなければ存在できません。コンポジット リレーションシップは空間的な効果ももっています。関連元オブジェクトを移動や回転した場合は、それに伴って関連先オブジェクトも移動や回転されます。

Parcel（関連元）

Parcel_ID	Zone	Block
123	…	…
456	…	…
~~789~~	…	…

Parcelを削除すると…

Building（関連先）

Building ID	Parcel_Number	Floors
…	123	…
…	~~789~~	…
…	~~789~~	…
…	456	…

…Buildingも削除される

第6章 リレーションシップ の構築

1 [ArcCatalog] を起動して、カタログ ツリー ウィンドウで「D:¥gis03¥ex06」フォルダ内の「exercise.gdb」を右クリックします。

2 [新規作成] → [リレーションシップ クラス] をクリックして、[新規リレーションシップ クラス] ウィンドウを表示させます。

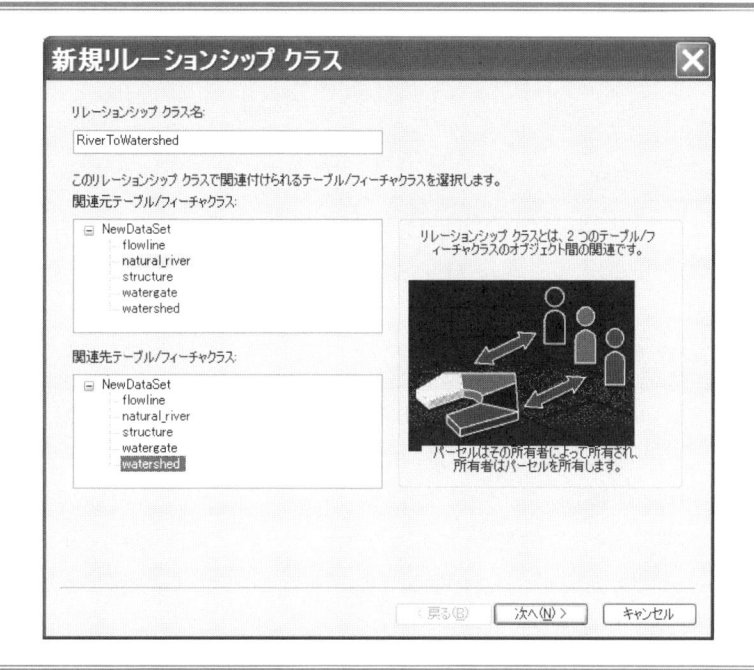

3 [新規リレーションシップ クラス] ウィンドウ内で以下のように設定をし、最後に [完了] をクリックします。

- ✦ リレーションシップ クラス名　　　：RiverToWatershed
- ✦ 関連元テーブル/フィーチャクラス　：natural_river
- ✦ 関連先テーブル/フィーチャクラス　：watershed
- ✦ リレーションシップの種類　　　　：コンポジット リレーションシップ
- ✦ 関連元から関連先へのリレーションシップのラベルを指定　：watershed
- ✦ 関連先から関連元へのリレーションシップのラベルを指定　：natural_river
- ✦ リレーションシップ クラスで関連付けるオブジェクト間の情報伝達方向　：双方向
- ✦ リレーションシップ クラスの基数（関連元—関連先）　　：1—M
- ✦ リレーションシップ クラスに属性を追加　　　　　　　　：いいえ
- ✦ 主キー フィールド　　：GRID_CODE
- ✦ 外部キー フィールド　：GRID_ID

🖱4　ArcCatalog の [カタログ ツリー] ウィンドウ内に「RiverToWatershed」リレーションシップ クラスが作成されたことを確認します。

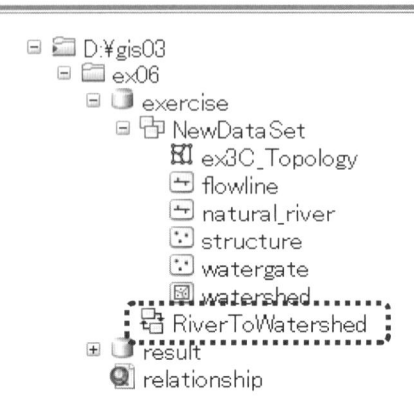

```
□ 🗁 D:¥gis03
  □ 🗁 ex06
    □ 💿 exercise
      □ 🗇 NewDataSet
        🔀 ex3C_Topology
        ⬌ flowline
        ⬌ natural_river
        ⊡ structure
        ⊡ watergate
        🖼 watershed
        🗇 RiverToWatershed
    ⊞ 💿 result
    🔗 relationship
```

Tips：基数

リレーションシップ クラスで設定する基数とは、関連元クラスと関連先クラスで紐付けされるオブジェクトの組の数です。基数は「1」か「多」で定義します。

◆「1 対 1」の関係

1つの関連元オブジェクトが1つの関連先オブジェクトに関係付けられます。例えば、1つの町には1人の町長が存在する、という関係です。

◆「1 対 多」の関係

1つの関連元オブジェクトが複数の関連先オブジェクトに関係付けられます。例えば、1つの街区には複数の建物が立てられている、という関係です。

◆「多 対 多」の関係

1つの関連元オブジェクトが複数の関連先オブジェクトに関係付けられ、また逆に、1つの関連先オブジェクトが複数の関連元オブジェクトに関係付けられます。例えば、ある資産は複数のオーナーによって保持され、あるオーナーは複数の資産を保持している、という関係です。

◆ 基数の多重度

基数が何個対何個で結びつくか定義したものを「多重度」といいます。「1」は、0 もしくは 1 (0..1) を意味します。「多」とは0から無限（実装上は有限数）の間 (0..*) を意味します。多重度の範囲は指定できます。関連元オブジェクトは必ず 1 (1) としたり、関連先オブジェクトは必ず 1 から 10 までの間 (1..10) としたりできます。

Step 3　リレーションシップの効果

　リレーションシップを構築したことで、関連先または関連元データの編集が可能になります。Step3 では関連元データからリレーションシップを用いて関連先データを編集します。これはシンプル・リレーションシップでも可能で、「Read-Write アクセス」と呼ばれます。

1 「ex06¥relationship.mxd」を開いて、ArcMap を起動します。

2 [ブックマーク] メニュー → [Step 3] をクリックします。

3 [エディタ] ツールバー → [エディタ] → [編集の開始] をクリックします。

Attention !

　[エディタ] ツールバーが表示されていなければ、[カスタマイズ] メニュー → [ツールバー] をクリックし、ツールバー一覧から [エディタ] を選択してください。

4 [エディタ] ツールバーの [編集ツール] ▶ を用いて、下図の「watershed（集水域）」を選択します。

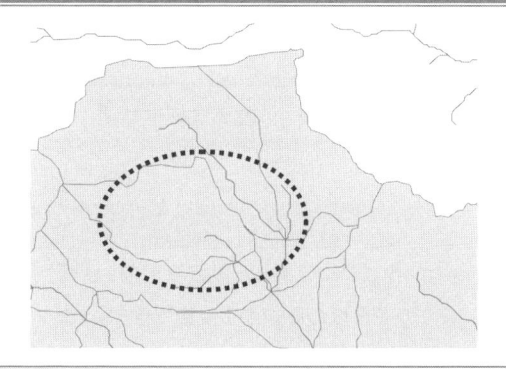

5 [エディタ] ツールバーの [属性] をクリックします。

6 [属性] ダイアログ内の「OBJECTID」の「＋」ボタンをクリックし、「自然河川」の表示をさらにクリックすると関連付けられた「natural_river（自然河川）」の属性を確認できます。

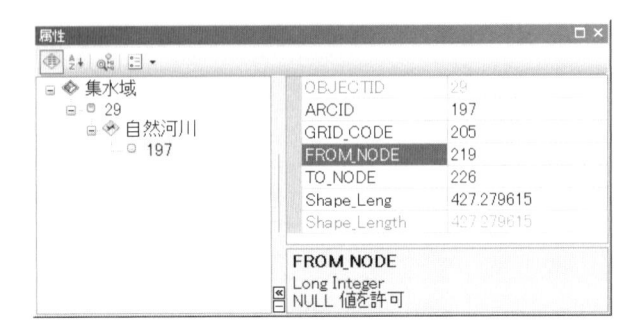

```
属性
□ ◆ 集水域
  □ 29
    □ ◆ 自然河川
      ○ 197

OBJECTID      29
ARCID         197
GRID_CODE     205
FROM_NODE     219
TO_NODE       226
Shape_Leng    427.279615
Shape_Length  427.279615

FROM_NODE
Long Integer
NULL 値を許可
```

7 [属性] ダイアログの右側の各値をクリックすると、編集できるかどうか確認できます。

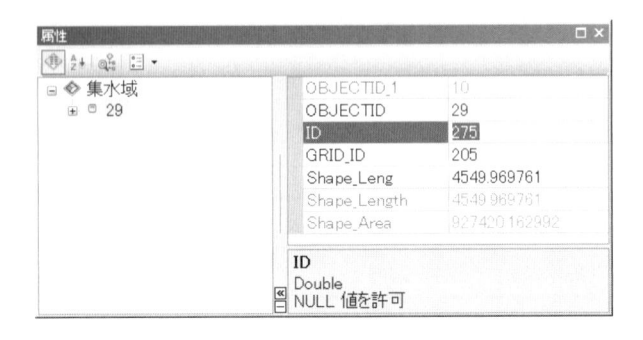

```
属性
□ ◆ 集水域
  ⊞ 29

OBJECTID_1    10
OBJECTID      29
ID            275
GRID_ID       205
Shape_Leng    4549.969761
Shape_Length  4549.969761
Shape_Area    927420.162992

ID
Double
NULL 値を許可
```

8 [属性] ダイアログを閉じます。編集は終了せず、そのまま Step 4 に進みます。

Tips: リレーションシップ クラスのプロパティ

リレーションシップ クラスは、作成時に定義した設定（名前、種類、基数、通知など）を後から変更できません。ただし、基数の多重度のみ後から変更できます。デフォルトの設定では [関連元 / 先オブジェクトの範囲を指定] にはチェックが入っていませんが、[リレーションシップ クラス プロパティ] ウィンドウ → [ルール] タブで設定できます。

第6章 リレーションシップ の構築

| Step 4 | コンポジット リレーションシップの効果 |

　コンポジット リレーションシップの特徴として、テーブル内の各データの関連付けだけでなく、マップ上の幾何的な関係性も保持しています。ここでは、コンポジット リレーションシップの幾何的な結びつきを ArcMap 上で確認します。

1 [ブックマーク] メニュー → [Step 4（その1）] をクリックします。

2 下図の「natural_river（自然河川）」フィーチャを選択し、ドラッグします。

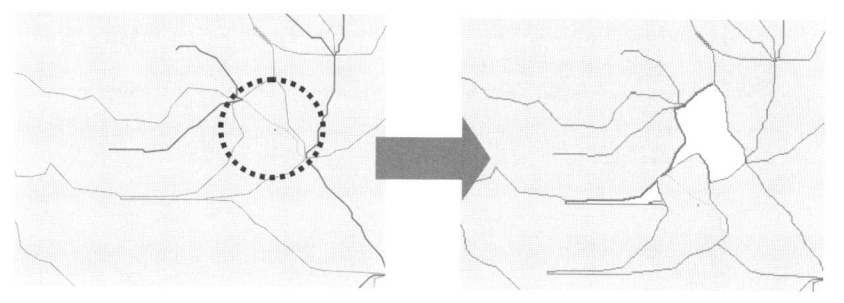

　「natural_river（自然河川）」は関連元データ（親オブジェクト）であるため、ドラッグにより関連先データ（子オブジェクト）の「watershed（集水域）」も同時にドラッグされることが確認できます。

3 「Delete」キーを押します。

　コンポジット リレーションシップの場合、関連先データ（子オブジェクト）は関連元データ（親オブジェクト）なしでは存在できないので、関連元データ（親オブジェクト）を削除した場合は、同時に関連先データ（子オブジェクト）も削除されます。
　関連先データでも同じ操作を行います。

4 [ブックマーク] ツールバー → [Step 4（その2）] をクリックします。

5 下図の「watershed（集水域）」をクリックしてドラッグします。

「natural_river（自然河川）」がドラッグされていないことを確認できます。

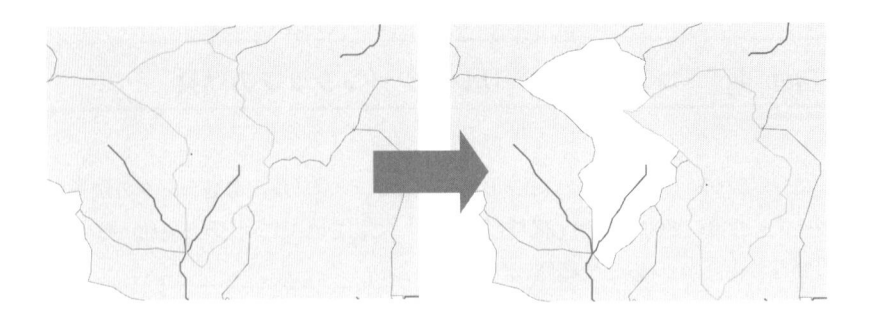

6 「Delete」キーを押します。

関連元データ（親オブジェクト）は関連先データ（子オブジェクト）なしでも存在できるので削除されずに残ります。

7 編集は上書き保存せず終了し、ArcMap を終了します。

以上で演習は終了です。

Tips: リレーションシップ クラスのルール

リレーションシップ クラスのプロパティのルールタブで、フィーチャクラスやテーブル同士のリレーションシップの基数を設定できます。また、フィーチャクラスやテーブルだけでなく、サブタイプにおいてもリレーションシップのルールを設定できます。

なお、リレーションシップ ルールで設定した基数の整合性は、ArcMap の [エディタ] ツールバーにある [フィーチャの整合チェック] ボタンでルールに合致しているかを確認できます。

第7章 ジオメトリック ネットワーク

演習7 ジオメトリック ネットワークを構築しよう！

この章では、ジオメトリック ネットワークについて学びます。演習を通じて、人の動きや交通網、電気、ガス、水道、通信といった資源や情報などのネットワークをモデル化し、それらのフィーチャ間やレイヤ間で、ネットワークの位置や接続性、流れを使った解析を行う方法を習得します。

【Introduction】

　ジオメトリック ネットワークでは、電気、ガス、水道、通信といった資源や情報などの位置や接続性、流れをもつネットワークをモデル化できます。この演習では、ジオデータベースの中にデータをインポートしてジオメトリック ネットワークを構築する方法と、ジオメトリック ネットワークに参加するレイヤ間の接続性と流れを使った解析を扱います。

　ジオメトリック ネットワークは、エッジ（線分）とジャンクション（頂点）からなるフィーチャの集合であり、線形の接続システムを形成するものです。その接続性はジオメトリの一致に基づいているため、ジオメトリック ネットワークと呼ばれます。

　エッジはネットワークを構成する線分であり、両方の端点にジャンクションをもち、他のエッジとの接続にはジャンクションを介して接続される必要があります。例えば、道路、水道管、河川などがエッジとなります。ジャンクションはネットワークを構成する頂点であり、エッジの端点に配置されます。一つのジャンクションには任意の数のエッジを接続できます。例えば、道路の交差点、給水栓、河川の合流地点などがジャンクションとなります。ネットワーク内のエッジとジャンクションを表すフィーチャは、ネットワーク フィーチャと呼ばれます。ジオメトリック ネットワークに参加できるのは、このネットワーク フィーチャ（エッジ フィーチャとジャンクション フィーチャ）だけです。

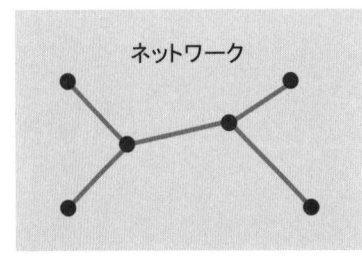

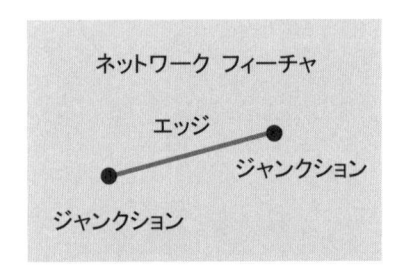

　ジオメトリック ネットワークは対応する論理ネットワークと関連付けられています。ジオメトリック ネットワークはネットワークを構成している実際のフィーチャクラス群です。論理ネットワークも接続されたエッジとジャンクションの集合ですが、座標値も図形情報も持たず、直接見ることはできません。その要素もフィーチャではなくエレメントと呼ばれます。論理ネットワークの主な目的は、テーブル内にある特定の属性とともにネットワークの接続性情報を格納することです。ジオメトリック ネットワーク内のフィーチャと論理ネットワーク内のネットワーク エレメントとの間には、1 対 1 または 1 対多の関係が作られます。

　ジオメトリック ネットワークはネットワーク フィーチャの高度な編集機能も有していますが、この演習ではその構築から解析までを扱います。

第7章 ジオメトリック ネットワーク

【Goals】

この演習が終わるまでに以下のことが習得できます。

- ◆ ジオメトリック ネットワークの構築方法
- ◆ ジオメトリック ネットワークのフロー設定
- ◆ ジオメトリック ネットワークのトレース解析

【License】

この演習は以下の製品で実行できます。

ArcGIS for Desktop Standard / Advanced

【Data】

この演習では次のデータを使用します。

主題	図形タイプ	データ ソース
自然河川	ポリライン	ex07¥RiverLine.shp
水道の送水管	ポリライン	ex07¥WaterworksLine.shp
線分の端点	ポイント	ex07¥WaterLinesJunc.shp
行政界	ポリゴン	ex07¥other_data¥japan_ver61¥japan_ver61.shp
水質調査点	ポリゴン	ex07¥other_data¥WaterQualityPoint.shp

【Course Schedule】

Step	項目	おおよその必要時間 1回目	2回目	3回目
Step 1	演習データの確認	5 分	(　)分	(　)分
Step 2	ジオデータベースとフィーチャ データセットの作成	10 分	(　)分	(　)分
Step 3	ジオメトリック ネットワークの構築	10 分	(　)分	(　)分
Step 4	ジオメトリック ネットワークの表示と解析の準備	5 分	(　)分	(　)分
Step 5	ジオメトリック ネットワークのフローの設定	10 分	(　)分	(　)分
Step 6	トレース解析1	12 分	(　)分	(　)分
Step 7	エッジのデジタイズ方向に基づくフローの設定	5 分	(　)分	(　)分
Step 8	トレース解析2	15 分	(　)分	(　)分
Step 9	トレース解析への有効/無効の設定	15 分	(　)分	(　)分
Step 10	フィーチャの選択方法を利用したトレース解析	15 分	(　)分	(　)分

Step 1　演習データの確認

Step1 では、ジオメトリック ネットワークに参加させる演習データの確認を行います。

1 データのダウンロードを行い、読み取り専用をサブフォルダも含めて解除します。以降では、ダウンロードされたデータが「D:¥gis03」フォルダにコピーされているものとして説明します。

2 ArcCatalog を起動します。

3 ArcCatalog の [カタログ ツリー] ウィンドウで、保存した「D:¥gis03¥ex07」フォルダを展開してデータを表示します。

4 「D:¥gis03¥ex07¥ex07_map.mxd」 を起動します。

5 下図のように ArcCatalog から、ArcMap の地図画面へ「RiverLine.shp」、「WaterLinesJunc.shp」、「WaterworksLine.shp」の 3 つのシェープファイルをドラッグ & ドロップし、表示します。

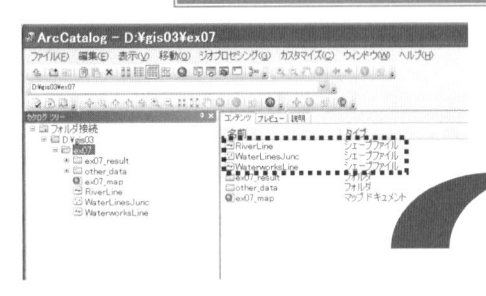

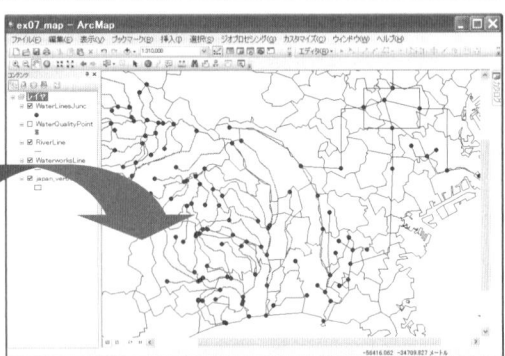

河川「RiverLine.shp」と上水道の送水管「WaterworksLine.shp」のライン フィーチャおよびそれらのラインの端点に位置するポイント フィーチャ「WaterLinesJunc.shp」を確認します。この 3 つのシェープファイルを元にジオメトリック ネットワークを構築します。

第7章 ジオメトリック ネットワーク

- ◆ RiverLine.shp ： 河川のライン フィーチャクラス
- ◆ WaterLinesJunc.shp ： 「RiverLine.shp」と「WaterworksLine.shp」の
  ライン フィーチャの端点のポイント フィーチャクラス
- ◆ WaterworksLine.shp ： 上水道の送水管のライン フィーチャクラス

注）後述しますが、「RiverLine.shp」には（意図的な）不備があります。

6 マップ ドキュメントの変更を保存せずに、ArcMap を終了します。

7 ArcCatalog で「RiverLine.shp」を右クリック → [プロパティ] をクリックします。[シェープファイル プロパティ] ダイアログで [XY 座標系] タブをクリックし、表示される座標系を確認します。確認が完了したら [OK] をクリックして [シェープファイル プロパティ] ダイアログを閉じます。

同様に、「WaterLineJunc.shp」と「WaterworksLine.shp」の座標系を確認します。いずれも以下の空間参照が定義されています。この章の演習データはすべてこの座標系を使用します。

- ◆ 投影座標系 ： JGD_2000_Japan_Zone_9
- ◆ 地理座標系 ： GCS_JGD_2000

> **8** 「RiverLine.shp」を右クリックして、[プロパティ] をクリックし、[シェープファイル プロパティ] ダイアログで、[フィールド] タブを選択し、属性フィールドとそのデータ タイプを確認します。

シェープファイル プロパティ

フィールド名	データ タイプ
FID	Object ID
Shape	Geometry
ID	Short Integer
RiverJD	Short Integer

一般 / XY 座標系 / フィールド / インデックス / フィーチャの範囲

　属性の確認は、ジオメトリック ネットワークの作成時にウェイトとして使う属性の決定およびその属性のデータ タイプの把握のために必要となります。

　ジオメトリック ネットワークの作成、ウェイトの設定、確認しておく属性の詳細については、Step3 のジオメトリック ネットワークの構築やその中の Tips「ネットワークのウェイト」を参照してください。

> **9** 確認したら、[OK] ボタンをクリックしてダイアログを閉じます。

> **10** 「WaterLineJunc.shp」、「WaterworksLine.shp」についても同様に属性フィールドとデータ タイプを確認します。

第7章 ジオメトリック ネットワーク

Step 2　ジオデータベースとフィーチャ データセットの作成

Step 2 では、ジオデータベースおよびその中のフィーチャ データセットを作成し、そこにジオメトリック ネットワークに参加させるフィーチャクラスをインポートします。ジオデータベースおよびフィーチャ データセットの作成に関する詳細は、第2章を参照して下さい。

1 ArcCatalog で「D:¥gis03¥ex07」フォルダを右クリックし、[コンテンツ] タブをクリックします。[新規作成] → [ファイルジオデータベース] をクリックし、作成された「New File Geodatabase」を右クリックし、[名前の変更] をクリックしてデータ名称を「WaterGDB」に変更します。

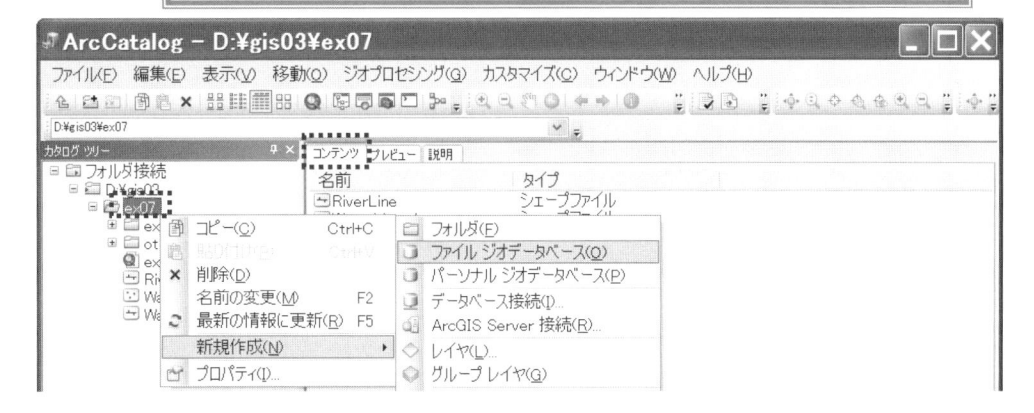

2 作成した「WaterGDB.gdb」を右クリックし、[新規作成] → [フィーチャ データセット] をクリックします。

3 表示される [新規フィーチャ データセット] ダイアログで、「名前」の欄に「WaterSet」と入力し、[次へ] をクリックします。

4 [このデータの XY 座標値に使用される座標系を選択してください。] と表示されるので、[座標系の追加] から [インポート] をクリックし、[データセットまたは座標系の参照] ダイアログで「D:¥gis03¥ex07¥RiverLine.shp」を選択し、[追加] をクリックします。

お気に入りフォルダに [JGD_2000_Japan_Zone9] が追加されたことを確認し、[次へ] をクリックします。

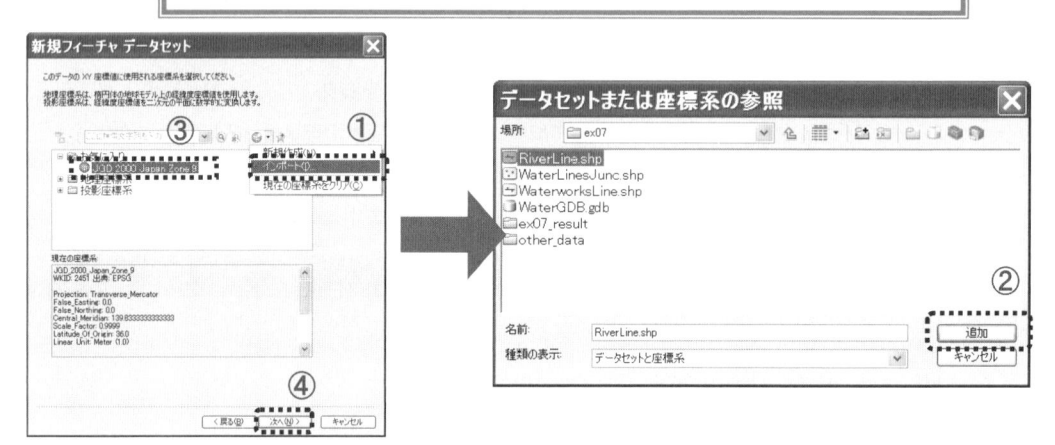

5 次の図(左下図)のように、[このデータの Z 座標値に使用する座標系を選択してください。] で、[鉛直座標系] を展開して[アジア] → [Japanese Standard Levelling Datum 1949] を選択し、[次へ] をクリックします。

6 右下図のように、許容値の設定は変更せずに [完了] をクリックします。

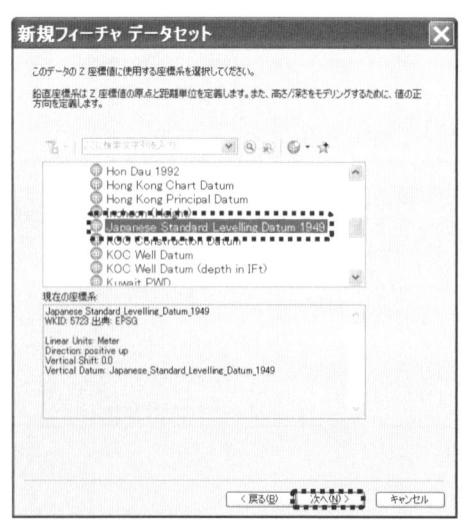

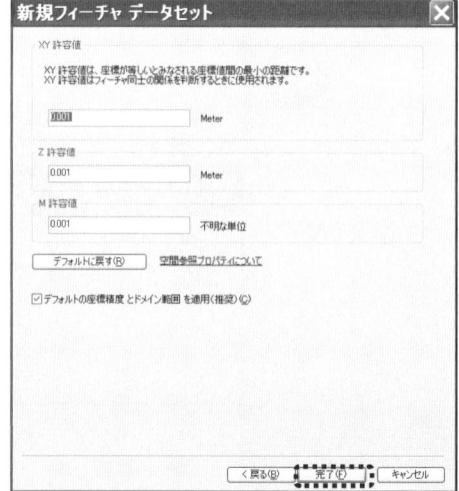

第7章 ジオメトリック ネットワーク

7 「WaterSet」フィーチャ データセットを右クリックして、[インポート] → [フィーチャクラス(シングル)] をクリックします。

8 [入力フィーチャ]の欄に「RiverLine.shp」をドラッグ&ドロップして入力し、[出力フィーチャクラス]の欄に「RiverLine_imp」と入力し[OK]をクリックします。

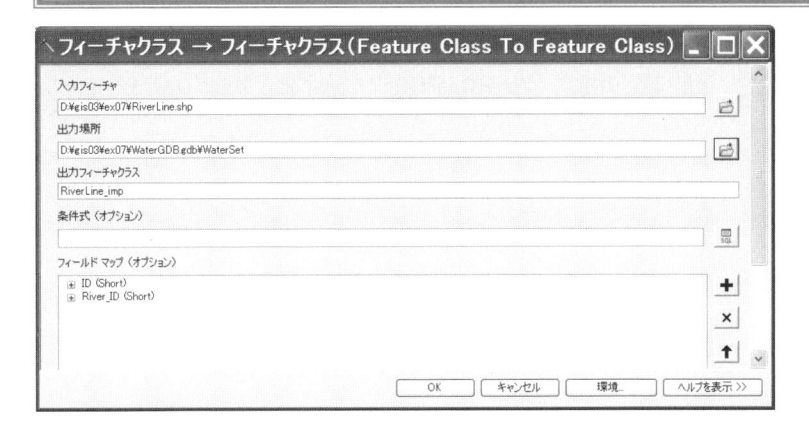

9 インポートが終了しても、[フィーチャクラス → フィーチャクラス(Feature Class To Feature Class)] ダイアログが閉じない設定になっている場合は、[閉じる]をクリックして閉じます。

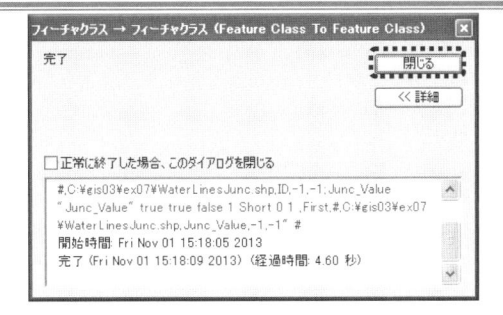

10 「RiverLine.shp」と同様に、
「WaterLinesJunc.shp」を「WaterLinesJunc_imp」、
「WaterworksLine.shp」を「WaterworksLine_imp」
という名称でインポートします。

97

11 [WaterGDB] を右クリックして、［インポート］→ ［フィーチャクラス（シングル）］をクリックします。

12 ［カタログ ツリー］ウィンドウで「other_data」フォルダを展開し、「WaterQualitypoint.shp」を［フィーチャクラス→フィーチャクラス］ダイアログの［入力フィーチャ］の欄にドラッグ ＆ ドロップして入力し、［出力フィーチャクラス］の欄に「WaterQualityPoint_imp」と入力し、［OK］をクリックします。

第7章 ジオメトリック ネットワーク

Step 3　ジオメトリック ネットワークの構築

　Step 2 で「WaterGDB.gdb」の「WaterSet」フィーチャ データセットにインポートした 3 つのフィーチャクラスを使用して、Step 3 では、「WaterSet」フィーチャ データセットの中にジオメトリック ネットワークを構築します。

1　「WaterSet」フィーチャ データセットを右クリックし、[新規作成] → [ジオメトリック ネットワーク] をクリックし、表示される [新規ジオメトリック ネットワーク] ダイアログで、[次へ] をクリックします。

2　ジオメトリ ネットワーク名とスナップは変更せずにそのまま [次へ] をクリックします。

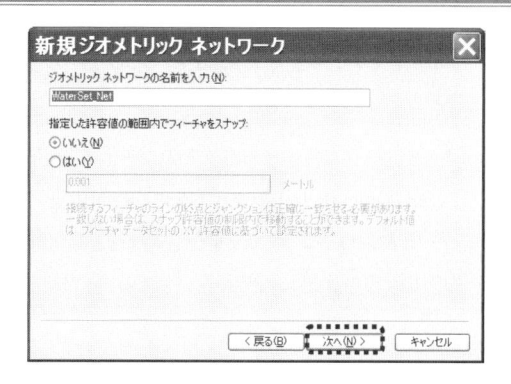

◆「指定した許容値の範囲内でフィーチャをスナップ」について

ジオメトリック ネットワークでは接続されるすべてのフィーチャのジオメトリの一致が必要です。つまり、オーバー シュート(スナップして接続するのにエッジが長すぎて突き抜けてしまうこと)やアンダー シュート(スナップして接続するのに長さが足りなくてエッジが届かないこと)が発生してはいけません。

接続されるフィーチャのジオメトリが一致しない場合には、ネットワーク構築時の設定でフィーチャをスナップできます。スナップ許容値が大きすぎると予期しない位置にフィーチャが移動しかねませんので、スナップさせる場合には、データをよく検証して適切なスナップ許容値を設定してください。

スナップによるジオメトリの変更を取り消すことや、デフォルトより小さいスナップ許容値の設定はできません。

この章のすべてのフィーチャはジオメトリを一致させてあるので、スナップは必要ありません。

3 [ネットワークを構築するフィーチャクラスを選択] で、「RiverLine_imp」、「WaterLinesJunc_imp」、「WaterworksLine_imp」にチェックを入れて、[次へ] をクリックします。

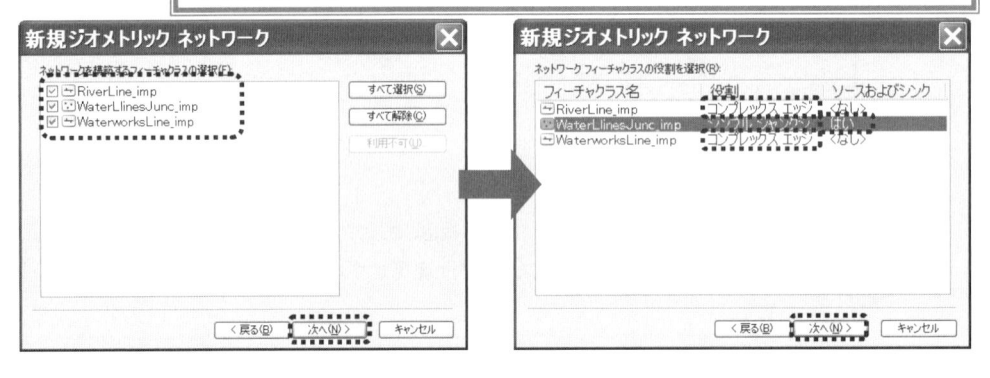

ここで指定したフィーチャクラスを使ってジオメトリック ネットワークが構築されます。

4 [ネットワーク フィーチャクラスのロールを選択] で [役割] の列で [RiverLine_imp] と [WaterworksLine_imp] を [コンプレックスエッジ]、[ソースおよびシンク] の列で [WaterLinesJunc_imp] を [はい] にして、右上の図のような状態にしてから、[次へ] をクリックします。

◆「ソースおよびシンク」について
Step5 の Tips「Ancillary Role(補助役割)フィールド」を参照して下さい。

第7章 ジオメトリック ネットワーク

> **Tips: ネットワーク フィーチャの種類（役割）**
>
> ジオメトリック ネットワークに参加するフィーチャには、エッジ（線分）とジャンクション（点）がありますが、エッジにもジャンクションにもそれぞれシンプルおよびコンプレックスという2つの種類があり、そのいずかが適用されます。
>
> ◇ **シンプル エッジ**：常にエッジの両端でそれぞれ 1 つのジャンクションに接続されます。エッジの線分上に新規のジャンクションがスナップされる場合、シンプル エッジは物理的に 2 つの新規フィーチャに分割されます。
>
> ◇ **コンプレックス エッジ**：常に両端に 1 つずつジャンクションに接続されますが、エッジの線分上にスナップして、ジャンクションおよびそのジャンクションに接続するエッジを接続できます。エッジの線分の途中でジャンクションにスナップした場合でも、シンプル エッジと違ってコンプレックス エッジは物理的に 1 つのフィーチャです。ただし、物理的には分割されませんが、論理ネットワーク内では分割されます。

> **Tips: ジオメトリック ネットワーク フィーチャと論理ネットワーク エレメントの関係**
>
> ✦ **シンプル エッジフィーチャ**：1 つのネットワーク フィーチャが、論理ネットワーク内の 1 つのエッジ エレメントと関連付けられる。
>
> ✦ **コンプレックス エッジフィーチャ**：エッジがチェーンのように構成されていて、1 つのネットワーク フィーチャが論理ネットワーク内の複数のエッジ エレメントと対応づけられる。
>
> ✦ **シンプル ジャンクションフィーチャ**：1 つのジャンクション フィーチャが、論理ネットワーク内の 1 つのジャンクション エレメントと関連付けられる。
>
> ✦ **コンプレックス ジャンクションフィーチャ**：1 つのジャンクション フィーチャが、論理ネットワーク内の複数のエッジ エレメントおよびジャンクション エレメントと関連付けられる。

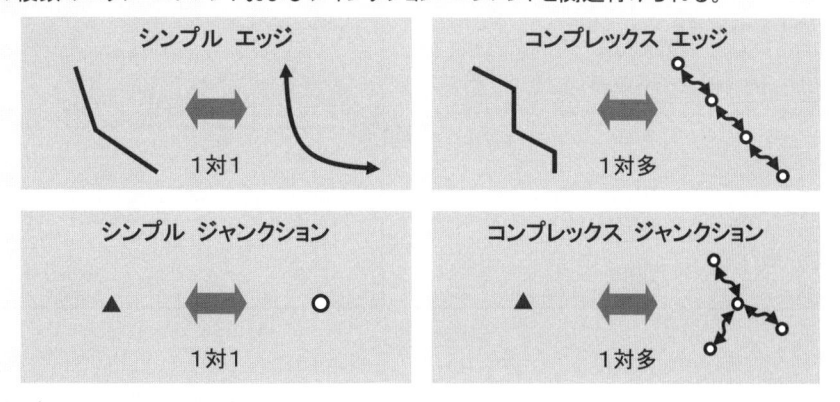

注）それぞれの図中で、左はジオメトリック ネットワーク フィーチャ、右は論理ネットワーク内のネットワーク エレメントを表す

5

[ネットワークにウェイトを追加]で[新規作成]をクリックします。[新規ウェイトの追加]で[名前]に[Length]と入力し、[タイプ]で[Double]と入力し、[OK]をクリックして閉じます。
同様に、[新規作成]をクリックし、[名前]に[Point]、[タイプ]に[Integer]を入力してウェイトを追加して下図の状態にします。

6

左下図のように上の欄で[Length]を選択した状態で、下の欄の[選択ウェイトと関連するフィールド]の「RiverLine_imp」の[フィールド名]をクリックして選択リストから「Shape_Length」を、「WaterworksLine_imp」の[フィールド名]の選択リストから「Shape_Length」を選択します。
また、右下図のように、上の欄で[Point]を選択した状態で下の欄の「WaterLinesJunc_imp」の[フィールド名]をクリックし、選択リストから「Junc_Value」を選択します。設定が完了したら[次へ]をクリックします。

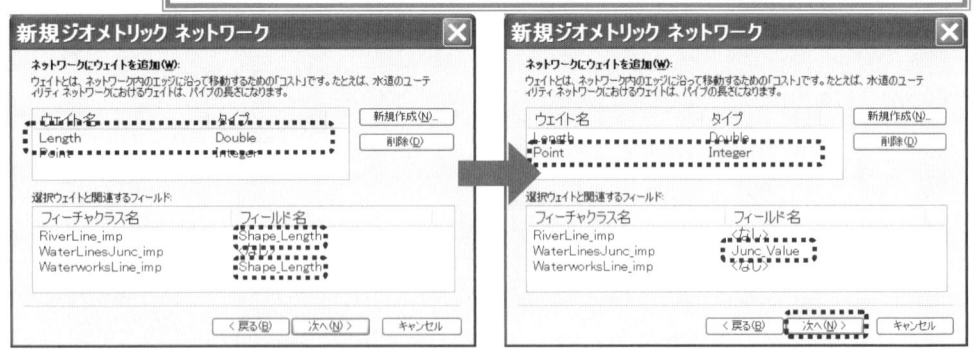

演習7 ジオメトリック ネットワークを構築しよう！

第7章 ジオメトリック ネットワーク

Tips: ネットワークのウェイト

ネットワークにはウェイト（Weight）の関連付けができます。ウェイトを使用すると、ネットワーク解析の際に、ネットワークを移動するためのコストを考慮できます。例えば、水道管ネットワークの場合、水が送水管を移動する際、水道管との表面抵抗によりその送水管の長さ分だけ一定の水圧が失われます。送水管の長さをウェイトとして使用すれば、水が送水管を移動するルートごとのコストを解析できます。送水管の長さの他にもエッジに格納された傾斜値、水道管の太さなどがウェイトに使用できます。

本演習では、[ネットワークにウェイトを追加]の「Length」ウェイトは Double（実数型）、「Point」ウェイトは Integer（整数型）に設定しています。[選択ウェイトと関連するフィールド]には、「RiverLine_imp」などのフィーチャクラスがそれぞれもつ属性フィールドの中から[フィールド名]欄に選択しているデータ タイプに一致するものを選択できます。

「Step 1 演習データの確認」のマウス記号 8 で、シェープファイルのプロパティを確認したのは、本 Step のマウス記号 5 でウェイトを設定する属性と、その属性のデータ タイプを設定する必要があるからです。インポートしたデータがジオメトリック ネットワーク構築のために不備があれば、元データもしくはインポートしたデータの編集が必要です。

同様に、「RiverLine_imp」と「WaterworksLine_imp」のフィーチャクラスの「Shape_Length」フィールドのデータ型は Double なので、これらをウェイトとして使用するために、同じ Double のデータ タイプのウェイトを「Length」という名称で用意しました。「Shape_Length」フィールドは、ジオデータベース内での新規フィーチャクラスの作成時に、ライン フィーチャクラスに自動的に追加される属性フィールドで、ジオメトリの長さが保存されており、データ タイプは Double（実数型）です。

このように、各フィーチャのウェイトは、そのフィーチャの属性によって決定されます。ウェイトは演習の中の「Point」ウェイトのように1つのフィーチャクラスの属性にのみ関連付けることも、「Length」ウェイトのように複数のフィーチャクラスの属性への関連付けもできます。
ネットワークに関連付けできるウェイト数には制限がありませんが、ジオメトリック ネットワーク構築後はウェイトの追加または削除はできません。

7 [入力内容のサマリ]で入力内容が正しいことを確認し、[完了]をクリックします。

新規ジオメトリック ネットワーク

入力内容のサマリ:

名前: WaterSet_Net
フィーチャをスナップ: いいえ

フィーチャクラス:
　RiverLine_imp
　WaterLlinesJunc_imp
　WaterworksLine_imp

フィーチャクラスの役割:
　シンプル ジャンクション:
　　WaterLlinesJunc_imp
　コンプレックス エッジ:
　　RiverLine_imp
　　WaterworksLine_imp

ソースまたはシンクを含むフィーチャクラス:
　WaterLlinesJunc_imp

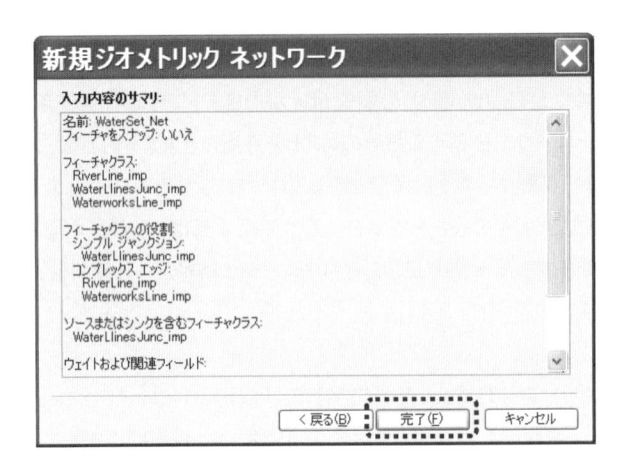

ウェイトおよび関連フィールド:

［＜戻る(B)］　［**完了(F)**］　［キャンセル］

完了をクリックすると、ジオメトリック ネットワークが作成されます。

> 🖱️8　ArcCatalog で「WaterSet」フィーチャ データセットを展開して、作成したジオメトリック ネットワークを確認します。

```
□ 🗂 WaterGDB             ……………………… ジオデータベース
  □ 🗂 WaterSet            ……………………… フィーチャデータセット
      RiverLine_imp
      WaterLlinesJunc_imp
      WaterSet_Net         ……………………… ジオメトリック ネットワーク
      WaterSet_Net_Junctions …………… 孤立ジャンクション フィーチャクラス
      WaterworksLine_imp
```

「WaterSet_Net」がジオメトリック ネットワークです。本 Step のマウス記号 🖱️2 [ネットワーク名を入力] 欄をデフォルトにしているので、「WaterSet」というフィーチャ データセットの名称に「_Net」がついた「WaterSet_Net」になります。

「WaterSet_Net_Junctions」は、ジオメトリック ネットワーク作成時に、エッジフィーチャの端点に自動的に作成されるシンプルジャンクション フィーチャクラスで、孤立ジャンクション フィーチャクラスと呼ばれます。孤立ジャンクション フィーチャクラスの名称は、ジオメトリック ネットワークの名称の末尾に「_Junctions」が追加されたものになります。孤立ジャンクション フィーチャクラスについては、Step 6 の Tips「孤立ジャンクション フィーチャクラス」を参照してください。

第7章 ジオメトリック ネットワーク

Step 4　ジオメトリック ネットワークの表示と解析の準備

Step 4 では、作成したジオメトリック ネットワークの表示、および [ユーティリティネットワーク解析] ツールバーを使用して、ジオメトリック ネットワークを使った解析の準備をします。

1. ArcMap を起動します。

2. ArcCatalog から、ArcMap の地図画面へ「WaterQualitypoint_imp」と、「WaterSet_Net」ジオメトリック ネットワークをドラッグ&ドロップして表示します。

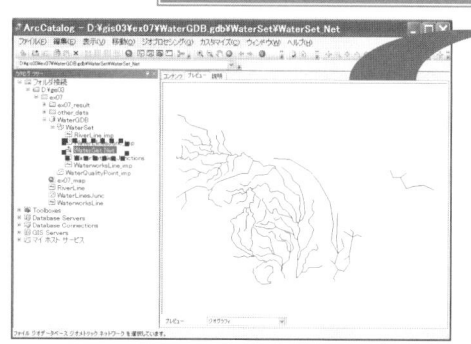

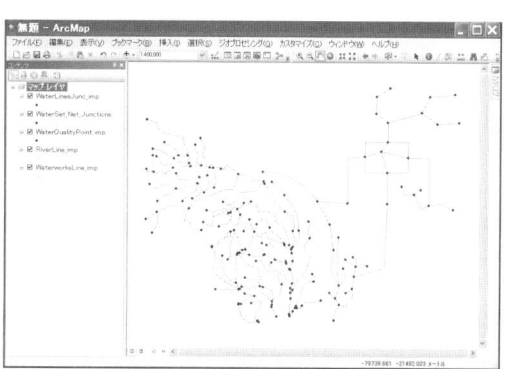

3. ArcMap の [コンテンツ] ウィンドウで、追加されたフィーチャのシンボルをクリックして、[シンボル選択] ダイアログの中の [現在のシンボル] 欄で、次の図のように色を変更します。

- WaterLinesJunc_imp …… ピンク
- WaterSet_Net_Junctions …… 緑
- WaterQualityPoint_imp …… 赤
- RiverLine_imp …… 青
- WaterworksLine_imp …… 黒

それぞれ、クリックして編集

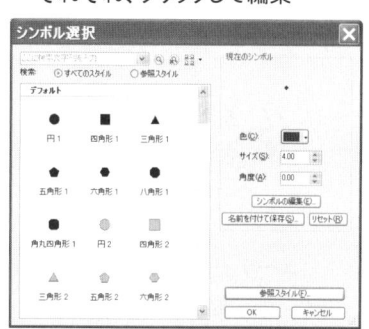

105

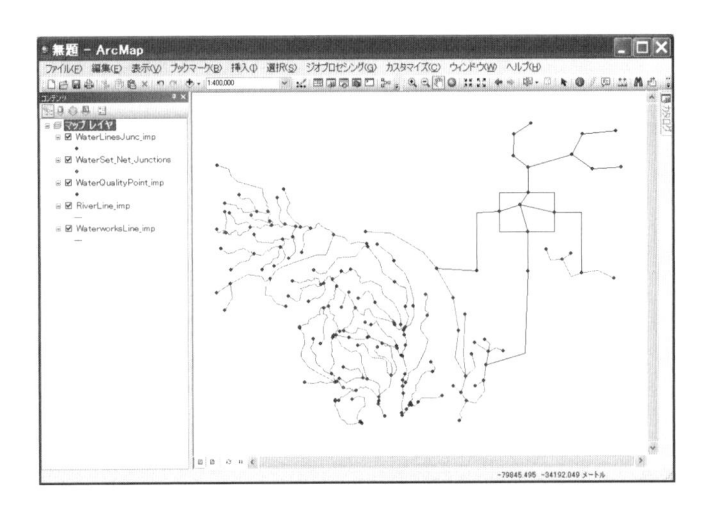

次のデータが表示されます。

- 「RiverLine_imp」　　　　　　　　：河川のエッジ
- 「WaterworksLine_imp」　　　　　：上水道の送水管のエッジ
- 「WaterLinesJunc_imp」　　　　　：「RiverLine_imp」と「WaterworksLine_imp」の
　　　　　　　　　　　　　　　　　　エッジ フィーチャの端点のポイント
- 「WaterSet_Net_Junctions」　　　：「WaterSet_Net」ジオメトリック ネットワーク作成
　　　　　　　　　　　　　　　　　　時に、自動的に作成された孤立ジャンクション
　　　　　　　　　　　　　　　　　　フィーチャクラス

Step 1と同様に、河川「RiverLine_imp」と上水道の送水管「WaterworksLine_imp」のエッジおよびそれらのジャンクション フィーチャ「WaterLinesJunc_imp」が確認できます。

「WaterSet_Net」ジオメトリック ネットワークは地図画面上にも［コンテンツ］ウィンドウにも表示されません。

> **4** ArcMapで、［カスタマイズ］→［ツールバー］→［ユーティリティ ネットワーク解析］をクリックします。

> **5** ［ユーティリティ ネットワーク解析ツールバー］の［ネットワーク］の欄が「WaterSet_Net」になっていることを確認します。

［ユーティリティ ネットワーク解析］ツールバーの［ネットワーク］の欄にあるジオメトリック ネットワークが解析の対象となります。

第7章 ジオメトリック ネットワーク

6. [ユーティリティ ネットワーク解析ツールバー]で、[フロー]→[プロパティ]とクリックします。表示される[フロー表示プロパティ]ダイアログの[フローカテゴリ]欄で、フローの種類をそれぞれ選択し、右側のシンボルの設定をするボタンをクリックします。以下のような表示設定を行い、[OK]をクリックします。

▶	定義フロー	色 : 黒、サイズ : 10
★	不定フロー	色 : 黒、サイズ : 20
●	未定フロー	色 : 黒、サイズ : 10

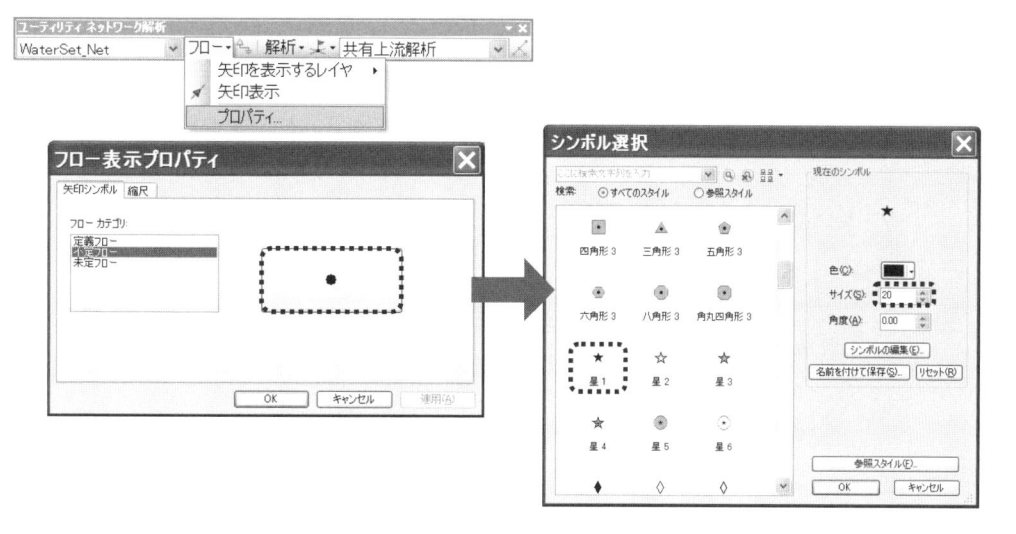

7. ArcMap の[ファイル]メニュー →[名前を付けて保存]で、[保存する場所]を「D:¥gis03¥ex07」にして、[ファイル名]を「ex07_map2.mxd」として保存します。

| Step 5 | ジオメトリック ネットワークのフローの設定 |

Step 5 では、ジオメトリック ネットワークへのフロー（流れ）方向の設定をします。

🖱 1　Step 4 で演習を中断し、再開した場合は「D:¥gis03¥ex07¥ex07_map2.mxd」を開き、Step 4 のマウス記号 🖱 4、5、6 を実行します。

Tips： フローのシンボル

[ユーティリティ ネットワーク解析] ツールバーのフローの表示設定は、マップ ドキュメント ファイルには保存されません。マップ ドキュメント ファイルを開くたびに設定する必要があります。

🖱 2　[ユーティリティ ネットワーク解析] ツールバーで、[フロー] → [矢印表示] ✒ をクリックします。

▶ 定義フロー
★ 不定フロー
● 未定フロー

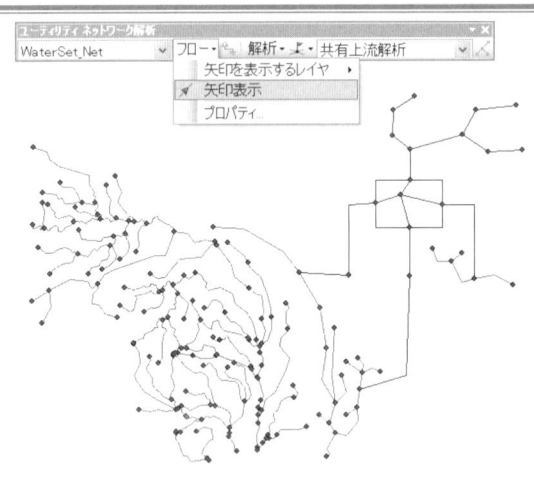

まだ、フロー方向が設定されていないので、エッジ上には未定フローの凡例として設定した ● が表示されます。フローを使った解析をするためには、このジオメトリック ネットワークに参加しているフィーチャクラスを編集して、フロー方向を設定する必要があります。

🖱 3　[エディタ] ツールバーが表示されていない場合は、[カスタマイズ] メニュー → [ツールバー] → [エディタ] とクリックして表示します。

ジオメトリック ネットワークに参加しているフィーチャクラスにフローの方向を設定するには、そのフィーチャクラスのデータ自体を編集する必要があるので、[エディタ] ツールバーが必要です。

第7章 ジオメトリック ネットワーク

4 [エディタ] ツールバー → [エディタ] → [編集の開始] をクリックします。

編集を開始すると、[ユーティリティ ネットワーク解析] ツールバーの [フロー方向の設定] ボタン などが使用できるようになります。

5 [コンテンツ] ウィンドウで、[選択状態別にリスト] をクリックします。
選択状態 ☑(クリックして選択状態を切り替えます)のボタンをクリックし、
「WaterLinesJunc_imp」以外のレイヤを非選択状態 にします。

6 [エディタ] ツールバーで、[編集ツール] ボタン ▶ をクリックして選択した状態で、「WaterLinesJunc_imp」のポイントのうち、次の図に示したポイントをクリックして選択し、[エディタ] ツールバーの [属性] ボタンをクリックします。
表示された [属性] ダイアログの右側の枠内で、[プロパティ] が [Ancillary Role] である [値] をクリックし、出てくる選択肢から [Sink] を選びます。

109

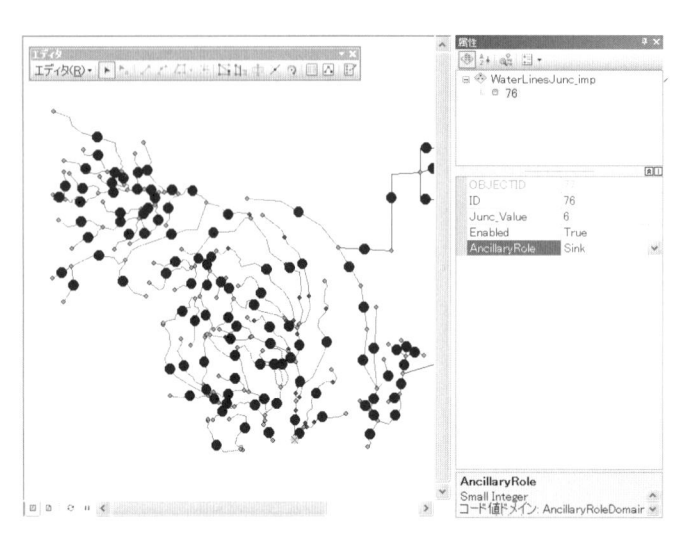

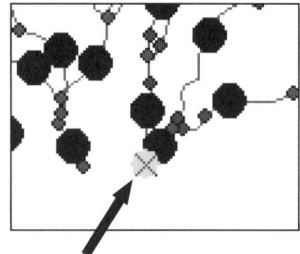

▶ 定義フロー
★ 不定フロー
● 未定フロー

Tips: Ancillary Role（補助役割）フィールド

「Ancillary Role（補助役割）」フィールドは、ジオメトリック ネットワークを構築する際に、「ネットワークはソースまたはシンクを持ちますか？」の項目で [Yes] を選択した場合に、ジャンクションフィーチャクラスに対して自動的に追加される属性フィールドです。これにより、ジオメトリック ネットワーク内のジャンクション フィーチャは、ソース（フローの始点）またはシンク（フローの終点）の役割を持つことになります（どちらの役割を持たないこともできます）。[AncillaryRole] の設定はエディタでのフィーチャの編集時に行います。

7. [ユーティリティ ネットワーク解析] ツールバーで、[フロー方向の設定] ボタンをクリックします。

Sink に設定されたジャンクションに接続されているエッジにフローの方向が設定されます。

8. 同様に、下図に ⋮ で示してある他の河口部にある「WaterLinesJunc_imp」も「Sink」に設定し、再度、[ユーティリティ ネットワーク解析] ツールバーで、[フロー方向の設定] ボタンをクリックします。

演習 7　ジオメトリック ネットワークを構築しよう！

第7章 ジオメトリック ネットワーク

▶ 定義フロー
★ 不定フロー
● 未定フロー

▶ 定義フロー
★ 不定フロー
● 未定フロー

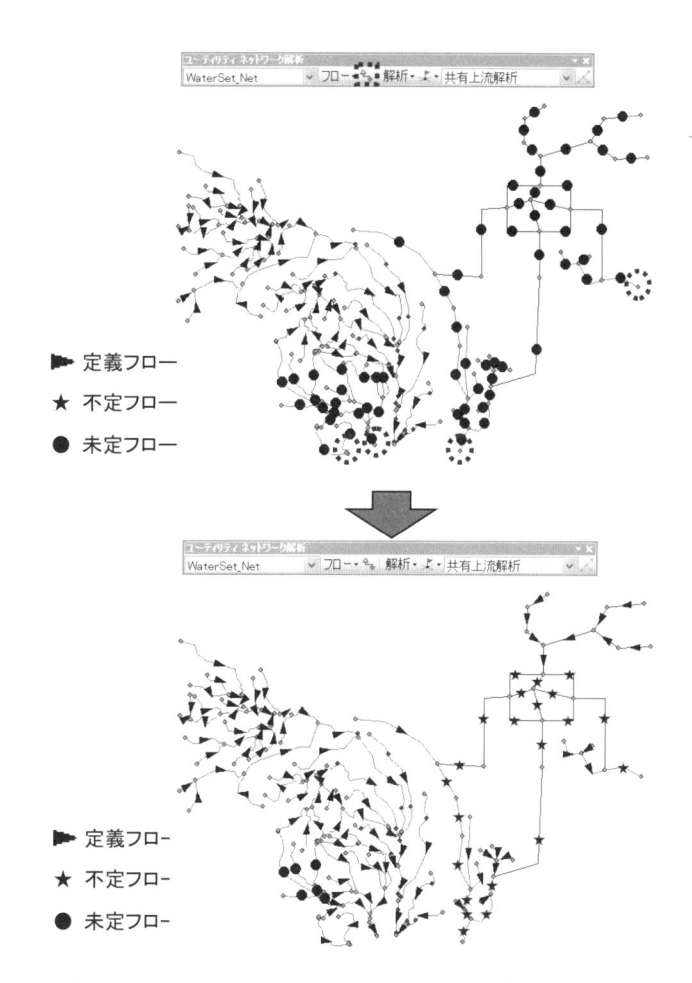

　フローの設定をすると、エッジは「フロー方向が設定された定義フロー ▶ 」の他に、「フロー方向が設定されていない不定フロー ★」と「未定フロー ● 」のいずれかになります。定義フロー、不定フロー、未定フローについては Tips「ネットワークのフロー」にて後述します。

9 ［コンテンツ］ウィンドウで、［選択状態別にリスト］をクリックします。
選択状態 ☒（クリックして選択状態を切り替えます）のボタンをクリックし、すべてのレイヤを選択状態 ☒ にします。

10 ［エディタ］ツールバーで、［エディタ］→［編集の保存］→［編集の終了］をクリックします。

ここで設定したジオメトリック ネットワークのフローが保存されました。

11 マップ ドキュメント ファイルを［上書き保存］します。

Tips: ネットワークのフローの設定

エッジは定義フロー、不定フロー、未定フローのいずれかを持ちます。

■ 定義フロー

定義フローはフロー方向が設定された状態です。エッジのフロー方向がネットワークの接続、ソースとシンクの位置、フィーチャの有効／無効状態から一意に決まる場合に設定されます。

■ 不定フロー

不定フローは、フロー方向が設定されていない状態です。フロー方向がネットワークの接続、ソースとシンクの位置、フィーチャの有効／無効状態から一意に決まらない場合に設定されます。

一般に、不定フローはループまたは閉じたサーキット部分を形成するエッジで発生します。また、不定フローは、1 つのソース（またはシンク）がフローを 1 方向に流すが、別のソース（またはシンク）がフローを別の方向に流すような場合、すなわち複数のソースおよびシンクによってフローが設定されるエッジにおいても発生します。

たとえば、下図のように配置されたソースとシンクを持つジオメトリック ネットワークを考えます。この場合、エッジ 1 と 2 は定義フローですが、エッジ 3 は不定フローを持ちます。

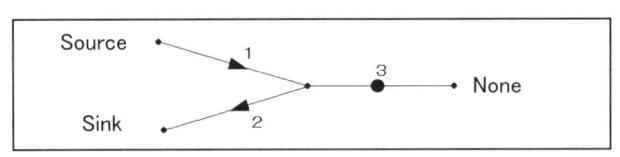

エッジ 3 が不定フローを持つ理由の理解のために、下図のようにソースだけが存在する場合を考えます。ソースからフローが流れ出すような流れが設定されます。この場合、エッジ 3 のフローは不定フローではなく、右向きの定義フローになります。

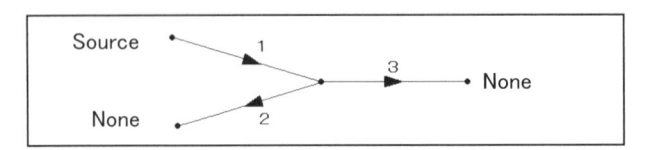

今度は、次ページの図のようにシンクだけが存在する場合を考えます。シンクにフローが流れ込むようなフローが設定されます。この場合もエッジ 3 は不定フローではなく定義フローになりますが、先ほどと違って、右向きではなく左向きです。

第7章 ジオメトリック ネットワーク

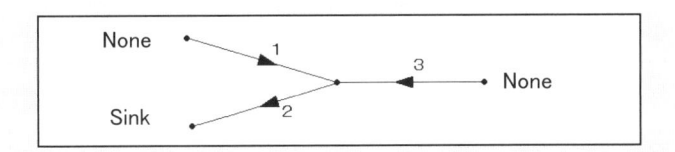

```
None •────▶──•────▶──• None
         1    \  3
               \
Sink •────▶──•
         2
```

　以上のように、エッジ 1 とエッジ 2 はソースだけの場合とシンクだけの場合のいずれでも、エッジに同じフロー方向が設定されます。このような場合は、それらのソースとシンクが混在しても、エッジは定義フローとなります。しかし、エッジ 3 のように、ソースだけの場合とシンクだけの場合を比較した時にフロー方向が不一致となるネットワークで、ソースとシンクが混在すると、エッジのフローには右向きと左向きの 2 つの可能性があるため、フローは不定フローになります。

■ 未定フロー

　未定フローはフロー方向が設定されてない状態です。ネットワーク中のソースやシンクに接続しておらず、ネットワークのフローをもつ部分から切断され、フローから孤立しているエッジで発生します。ネットワーク中のソースとシンクとエッジで接続していても、その途中に無効化されたフィーチャがあるエッジのみで接続されており孤立しているエッジは未定フローとなります。

| Step 6 | トレース解析 1 |

　Step 6 では、Step 5 でフロー方向を設定したジオメトリック ネットワークを対象に、[ユーティリティ ネットワーク解析] ツールバーを使用したトレース解析を行います。

　ネットワークのトレース解析は、指定した条件によって、例えば川のネットワークの特定のポイントの上流にあるすべてのネットワーク フィーチャを検索したい(上流解析)ときに有効です。ネットワークのトレース解析では、接続性が問題となります。ネットワーク フィーチャは、トレース解析の結果に含まれるフィーチャと接続されていない限り、トレース解析の結果には含まれません。

> Step 5 で演習を中断していて、「ArcMap」を起動して再開する場合、フローの表示設定がされていないので、Step 4 のマウス記号 4,5,6 を実行してフローの表示設定を行います。また、Step 5 のマウス記号 7 を行いフローの設定を行います。

① 接続解析

> [ユーティリティネット ワーク解析] ツールバーの [ジャンクション フラグ追加] ボタン をクリックした状態で、下図の河口部にある「WaterLinesJunc_imp」のポイントをクリックしてジャンクション フラグを追加します。

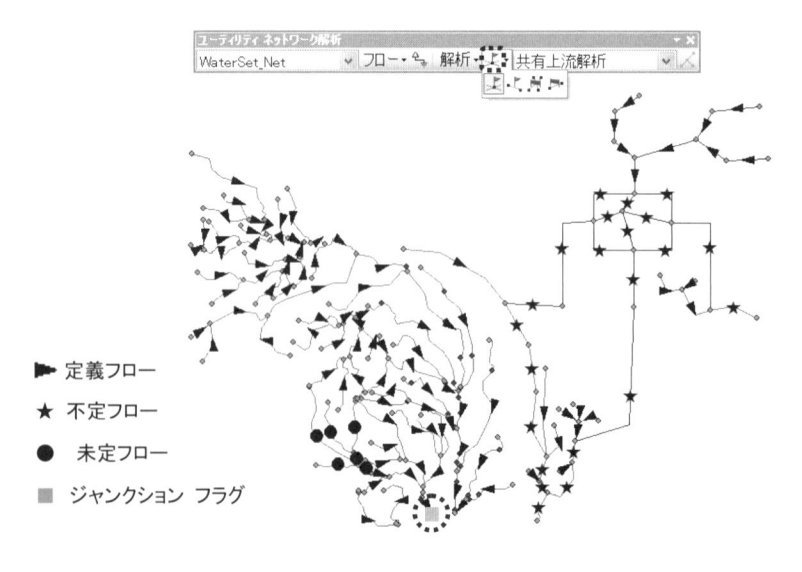

[ジャンクション フラグ追加] ボタンをクリックするとマウスカーソルは旗の形 に変化します。

第7章 ジオメトリック ネットワーク

🖱2　[ユーティリティ ネットワーク解析] ツールバーの [トレースタスクの選択] 欄のプルダウンメニューから [接続解析] を選択し、[解析] ボタンをクリックします。

　ジャンクション フラグを始点にして接続されているフィーチャが解析結果として表示されます。それ以外の部分はジャンクション フラグを設置したポイントとは接続されていない部分です。

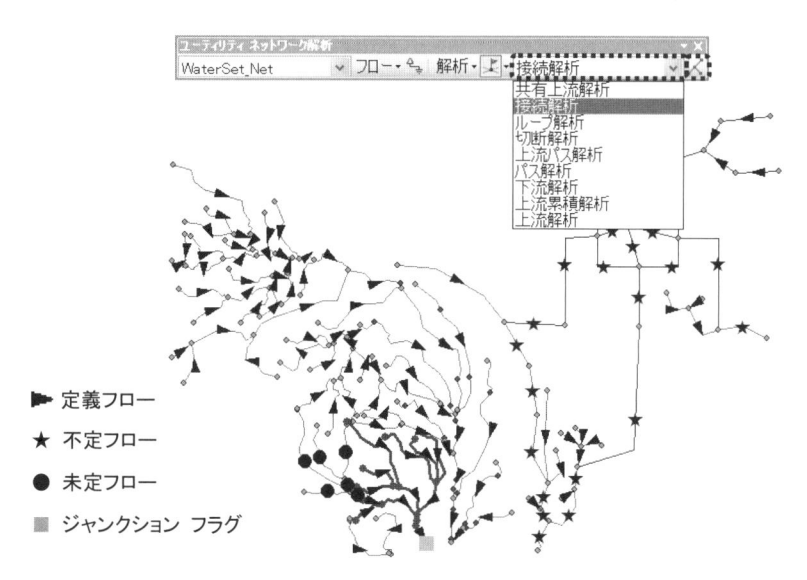

▶ 定義フロー
★ 不定フロー
● 未定フロー
■ ジャンクション フラグ

Tips: フラグ

　フラグはトレース解析の開始点を定義し、フラグが設置された位置を開始点として、トレース解析が行われます。フラグはエッジまたはジャンクション上の任意の位置に置けます。Step 6-①では、フラグを使って接続解析の開始点を指定します。フラグにはエッジに設置するエッジ フラグとジャンクションに設置するジャンクション フラグがあり、それぞれ 1 つまたは複数のエッジとジャンクションに設置できます。これらのフラグが設置されたエッジまたはジャンクションと接続されているネットワーク フィーチャがトレース解析の対象となります。

② 切断解析

🖱1　追加したジャンクション フラグをそのままにしておき、[ユーティリティ ネットワーク解析] ツールバーの [トレースタスクの選択] 欄のプルダウンメニューから [切断解析] を選択し、[解析] ボタンをクリックします。

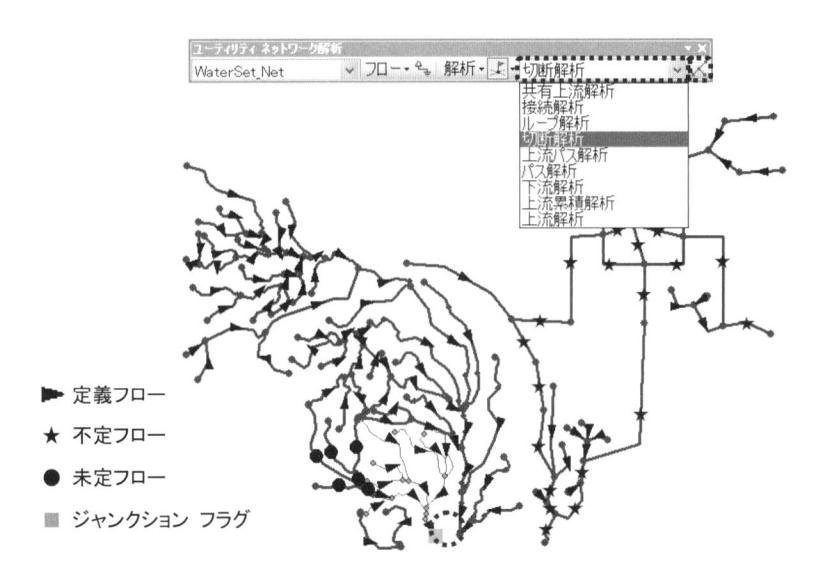

▶ 定義フロー
★ 不定フロー
● 未定フロー
■ ジャンクション フラグ

　前の解析の結果が消去され、ジオメトリック ネットワークに参加しているフィーチャのうち、ジャンクション フラグを始点にして接続されず、切断されているフィーチャが解析結果として表示されます。そのほかのフィーチャはすべて接続されていることになります。

> **Tips: 孤立ジャンクション フィーチャクラス**
>
> 　①の接続解析の結果と比べると、河川の接続が途中で途切れている位置があるので、[拡大] ツールを使って図の位置を拡大するとエッジが途切れていることが確認できます。そのエッジの切断部には「WaterSet_Net_Junctions」のポイントが 2 つあります。
>
> 　「WaterSet_Net_Junctions」は、ジオメトリック ネットワーク作成時に、エッジ フィーチャの端点に自動的に作成されるシンプル ジャンクション フィーチャクラスで、孤立ジャンクション フィーチャクラスと呼ばれます。ファイル名はジオメトリック ネットワークの名前の末尾に「_Junctions」が追加されます。(Step 3 のマウス記号 8)

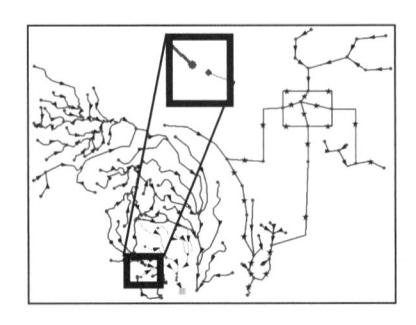

　ジオメトリック ネットワークの全エッジは、開始点と終点にジャンクションの接続が必要です。孤立ジャンクション フィーチャは、ジオメトリック ネットワーク構築の際、ジオメトリの一致するポイ

第7章 ジオメトリック ネットワーク

ントを持たないすべてのエッジに挿入され、ネットワークの整合性の維持に使用されます。

孤立ジャンクション フィーチャは、他のジャンクション フィーチャと置き換えることにより削除できます。今回は「RiverLine_imp」と「WaterworksLine_imp」のエッジ フィーチャの端点のポイントである「WaterLinesJunc_imp」がジオメトリック ネットワークに参加しているので、「WaterSet_Net_Junctions」フィーチャは空のフィーチャクラスになるはずですが、2つのポイントが残っています。

これは、「RiverLine_imp」と「WaterworksLine_imp」のラインに断続部分が発生して端点が増えたか、「WaterLinesJunc_imp」に足りないポイントがあるか、のいずれかの理由が考えられます。今回の場合、現実の河川では接続されているはずの地点で「RiverLine_imp」が切れています。ラインが切れていることにより、ラインデータの端点が本来の河川の端点よりも2点増え、その増えた端点の位置に一致するポイントがなかったので、2点の孤立ジャンクション フィーチャが残ったことになります。このラインが断絶した流域の解析を正しく行いたい場合、データの修正が必要です。

このラインに切断されている部分があること、およびそのためエッジの端点が2つ余計に存在し、孤立ジャンクション フィーチャが2つ残ることが Step1 のマウス記号 🖱 5の注で述べた本演習の「RiverLine.shp」の意図的な不備です。

ジオメトリック ネットワークが削除されても、フィーチャ データセットにインポートされたフィーチャクラスは削除されませんが、孤立ジャンクション フィーチャクラスは削除されます。

> **🖱 2**　[ユーティリティネットワーク解析] ツールバーで、[解析] → [解析結果消去] をクリックします。

> **🖱 3**　[ユーティリティネットワーク解析] ツールバーで、[解析] → [フラグ消去] をクリックします。

③ 下流解析

> **🖱 1**　[ユーティリティネットワーク解析] ツールバーで、[ジャンクションフラグ追加] ボタンをクリックして、[WaterLinesJunc_imp] の一番左上のポイントをクリックします。
> [ユーティリティ ネットワーク解析] ツールバーの [トレースタスクの選択] 欄をクリックし、[下流解析] を選択して、[解析] ボタンをクリックします。

▶ 定義フロー
★ 不定フロー
● 未定フロー
■ ジャンクション フラグ

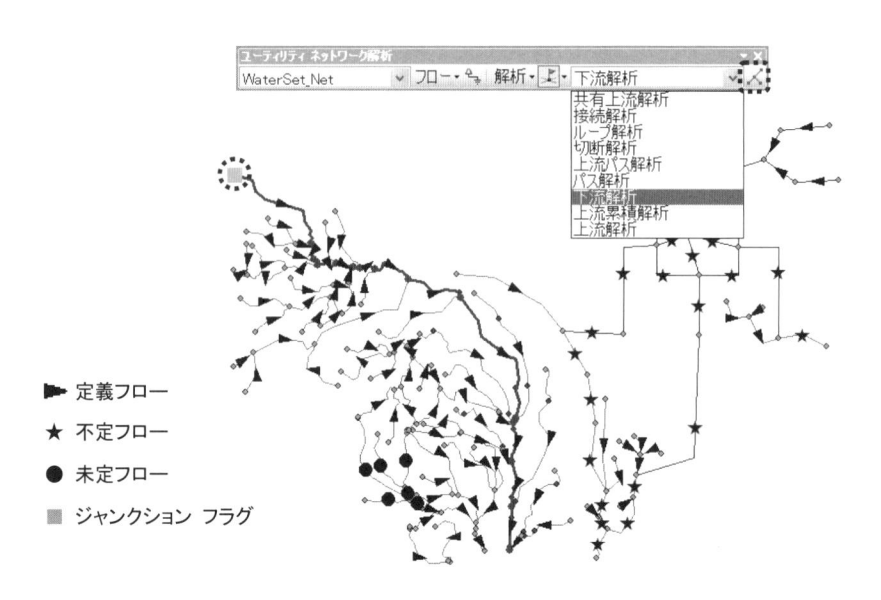

ジャンクション フラグを追加したポイントから下流のフィーチャ、すなわち、ジャンクション フラグを追加したポイントからフローが流れる経路にあるフィーチャが解析結果として描画されます。

④ 解析オプションを利用したグラフ作成

1. [ユーティリティ ネットワーク解析] ツールバーで、[解析] → [オプション] をクリックします。そして、[解析オプション] ダイアログで、[解析結果] タブをクリックし、[解析結果表示形式] の欄で、[フィーチャの選択] を選択して、[OK] をクリックします。

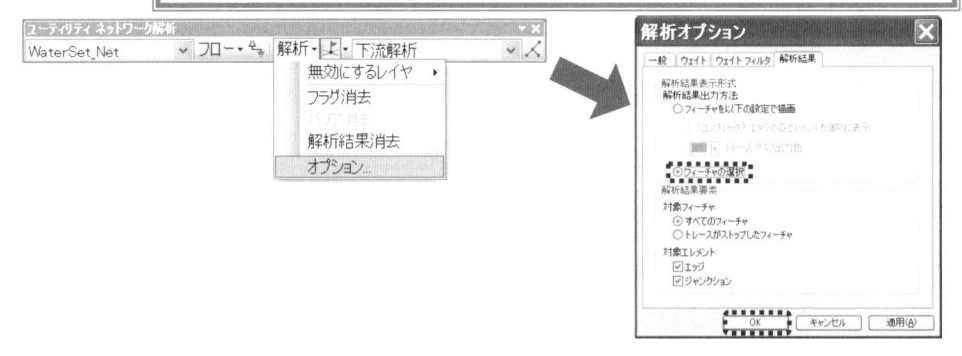

2. [ユーティリティネットワーク解析] ツールバーで [解析] ボタンをクリックします。

第7章 ジオメトリック ネットワーク

- ▶ 定義フロー
- ★ 不定フロー
- ● 未定フロー
- ■ ジャンクション フラグ

　先ほどの解析結果では、ジャンクション フラグから下流のフィーチャが解析結果として「ハイライト」されますが、今度は当該部分が「選択」されます。このフィーチャ選択による解析結果を利用して、それらのフィーチャの属性情報を確認したり、選択されたフィーチャと関係のある他のフィーチャを閲覧できます。

　解析結果のフィーチャを選択状態にするためには、[コンテンツ] ウィンドウの [選択状態別にリスト] で、チェックが外れたレイヤは解析結果から外れるので注意が必要です（注：Step 5 の 🖱 9）。

> **🖱 3**
> ArcMap の [選択] メニュー → [統計情報] とクリックし、表示される [選択フィーチャの統計情報] ダイアログで、[レイヤ] 欄から「RiverLine_imp」を選択し、[フィールド] の欄から「Shape_Length」フィールドを選択します。

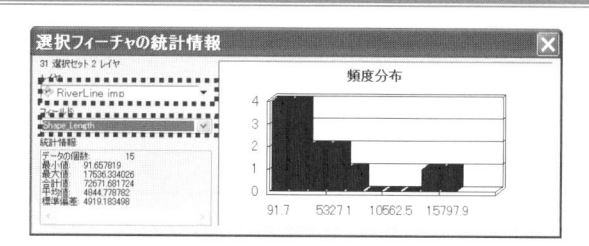

　この例では、「RiverLine_imp」のエッジの長さの属性フィールドである「Shape_Length」に関する統計情報がわかります。

> **🖱 4**
> [選択フィーチャの統計情報] ダイアログを閉じます。

> **🖱 5**
> ArcMap 画面左側の [コンテンツ] ウィンドウで、[WaterQualityPoint_imp] が表示されていることを確認します。

[WaterQualityPoint_imp] は、水質調査地点のポイントです。「RiverLine_imp」のエッジ上にスナップしていますが、ジオメトリック ネットワークには参加していません。

> **6** [選択] メニュー → [空間検索] とクリックし、表示される [空間検索] ダイアログで、[ターゲットレイヤ] の欄にある「WaterQualityPoint_imp」のチェックボックスにチェックをつけます。[ソースレイヤ] の欄から「RiverLine_imp」を選択し、[選択フィーチャを使用] にチェックをします。[ターゲット レイヤ フィーチャの空間選択方法] の欄から [ソース レイヤ フィーチャと交差する] を選択し、[OK] をクリックします。

これにより、「RiverLine_imp」の選択フィーチャ上にある「WaterQualityPoint_imp」が選択されます。注）結果が分かりにくい場合は、他のレイヤを非表示にします。

> **7** ArcMap → [表示] メニュー → [グラフ] → [グラフの作成] をクリックします。「グラフ作成ウィザード」ダイアログで以下の設定をし、[次へ] をクリックします。

- [グラフタイプ]　　　　：縦棒
- [レイヤ/テーブル]　　：WaterQualityPoint_imp
- [値フィールド]　　　　：BOD_MG／L
- X フィールド：Point_ID、昇順
- X ラベルフィールド：Point_ID
- 凡例を追加のチェック：オフ
- バーのサイズ　　　　：10

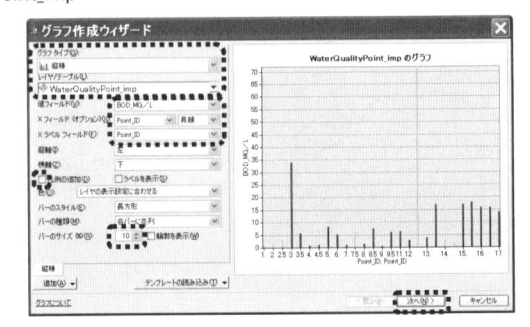

演習7 ジオメトリック ネットワークを構築しよう！

第7章 ジオメトリック ネットワーク

8 [選択フィーチャ / レコードのみをグラフ上に表示] を選択し、[完了] をクリックします。

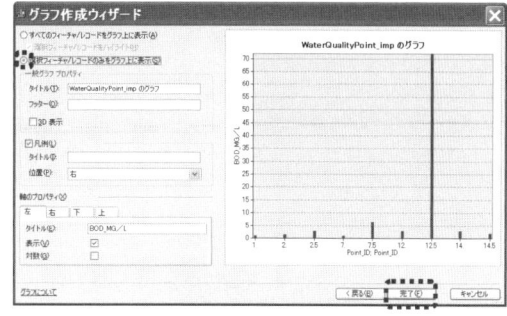

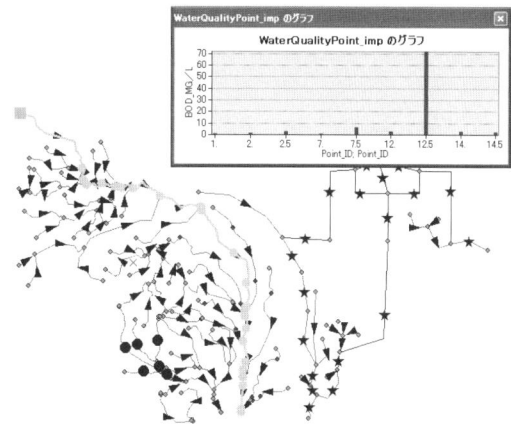

- ▶ 定義フロー
- ★ 不定フロー
- ● 未定フロー
- ■ ジャンクション フラグ

「WaterQualityPoint_imp」の選択されたフィーチャについてのグラフが作成されます。

なお、ここで「WaterQualityPoint_imp」の「Point_ID」フィールドは、実数型で「ab.c」となっており、ab：河川の個別 ID、c：その河川の中での地点 ID（0：上流、5：下流）となっており、任意の地点からの下流解析では下流にあるほど数字が大きくなるフィールドになっています。

これにより水質測定地点のうち、ある地点から下流のライン上を通るポイントと、その値の変化がわかります。この例では、どのような地点を経由して到達している水なのかを考慮に入れて、水質を見ることができます。

注）このグラフは表示したままにします。

9 [ユーティリティネットワーク解析] ツールバーで、[解析] → [フラグ消去] をクリックします。

10 下図に示す位置（点線で囲まれた丸）にジャンクション フラグを追加して、下流解析を実行し、先ほどと同じ条件で空間検索を行います。

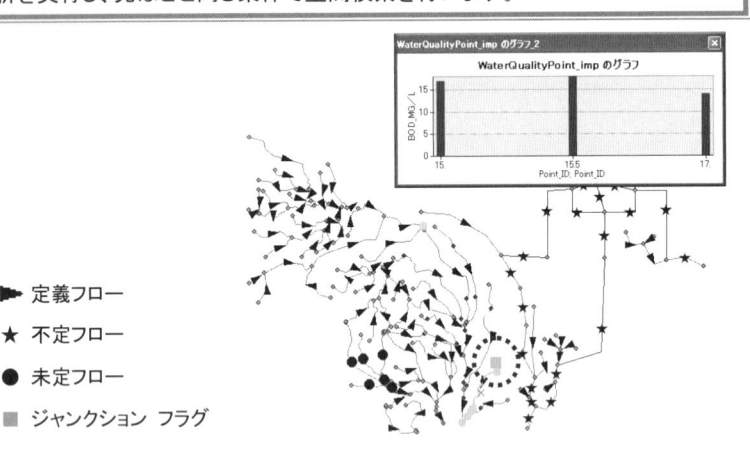

▶ 定義フロー
★ 不定フロー
● 未定フロー
■ ジャンクション フラグ

「WaterQualityPoint」の選択セットを別の選択セットに切り替えると、それに合わせてグラフが変化します。これを使って、選択セット間を比較できます。

11 作成した「WaterQualityPoint_imp のグラフ」ダイアログを閉じます。

12 [ArcMap] のメニューで、[選択] → [選択解除] をクリックします。

解析オプションの変更により、解析結果はフィーチャの選択となっているので、[ユーティリティ ネットワーク解析] ツールバーの [解析結果消去] では、解析結果を消去できません。

13 [ユーティリティ ネットワーク解析] ツールバーで、[解析] → [オプション] とクリックし、表示される [解析オプション] ダイアログで [解析結果] タブをクリックし、[解析結果表示形式] の欄で、[フィーチャを以下の設定で描画] を選択して、[適用] → [OK] をクリックします。

第7章 ジオメトリック ネットワーク

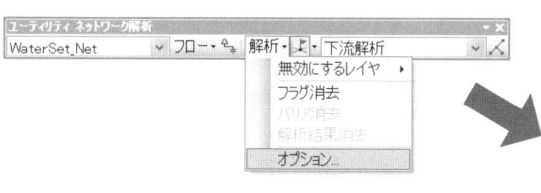

14 解析結果とフラグを消去します。

15 [コンテンツ] ウィンドウで、「WaterQualityPoint_imp」のチェックを外して、非表示にします。

⑤ ループ解析

1 ジャンクション フラグを次の図の位置に追加し、[ユーティリティ ネットワーク解析] ツールバーの [トレースタスクの選択] を [ループ解析] にし、[解析] を実行します。

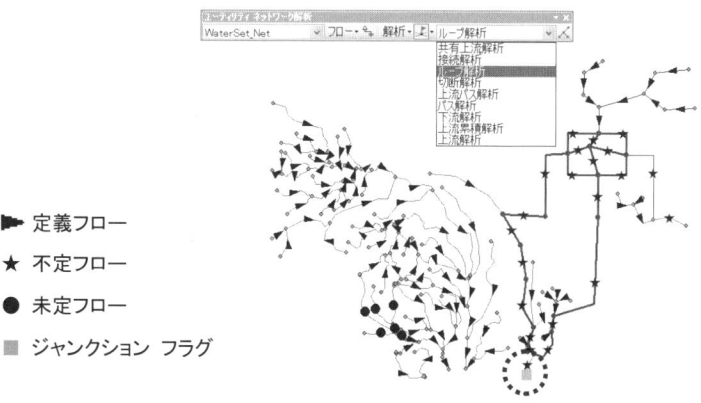

▶ 定義フロー
★ 不定フロー
● 未定フロー
■ ジャンクション フラグ

　ループ解析では、フラグを設置したフィーチャに接続されたネットワーク フィーチャの中から、ループする部分のフィーチャが解析結果となります。

123

2 ［ユーティリティ ネットワーク解析］ツールバーで、［解析］→［フラグ消去］を
クリックします。

3 ［ユーティリティ ネットワーク解析］ツールバーで、［解析］→［解析結果消去］
をクリックします。

4 マップ ドキュメント ファイルを［上書き保存］します。

第7章 ジオメトリック ネットワーク

Step 7　エッジのデジタイズ方向に基づくフローの設定

　Step 7 では、Esri 社が公開しているサンプル プログラムを ArcGIS Desktop に追加して、エッジ フィーチャのデジタイズ方向に基づいたフローの設定を行います。エッジ フィーチャがデジタイズされるとき、フィーチャのノードの順番が格納されており、この順番情報(デジタイズ方向)をもとにフローを設定します。

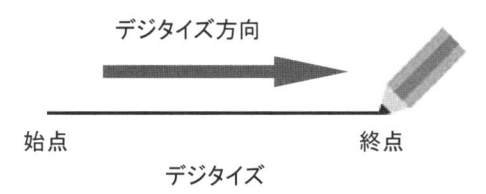

　　　　　　　　　　デジタイズ方向
　　　　　始点　　　　　　　　　　終点
　　　　　　　　　　デジタイズ

　ここで使用するサンプルプログラムは、下記 URL の Esri 社の Web サイトよりダウンロードした「Set Flow by Digitized Direction」ツールです。すでに、ダウンロードしたものが「D:¥gis03¥ex07¥other_data¥tool¥SetFlowByDigitizedDirection」のフォルダに格納されているので、この演習ではダウンロードする必要はありません。

　http://resources.esri.com/help/9.3/ArcGISDesktop/com/samples/networks/utility_network_analysis/flow_direction/flow_by_digitized_direction/53e1fbe9-af49-4941-8d9e-322c51d3c63c.htm

　※上記のサンプル プログラムを ArcGIS for Destkop に追加するには、Administrator 権限を持ったユーザである必要があります。さらに Windows Vista、Windows 7 では、ユーザアカウント制御[UAC]をオフに設定しておく必要があります。

　このツールでは、エッジ フィーチャがデジタイズされた方向に基づいて、フローを設定できます。この他にも、フィーチャのジオメトリに格納された Z 値(標高など)を利用して、フローを設定するツールや、エッジのフローを 1 本 1 本個別に設定するツールなど便利なサンプルプログラムが公開されています。

> Step 6 までで演習を中断していて、ArcMap を起動して再開する場合、フローの表示設定がされていないので、Step 4 のマウス記号 4,5,6 フローの表示設定を行います。また、Step 5 のマウス記号 7 を行いフローの設定を行います。

2 ArcMap の [カスタマイズ] メニュー → [カスタマイズモード] をクリックし、表示される [ユーザー設定] ダイアログで [コマンド] タブを選択し（下図①）、[ファイルから追加] ボタンをクリックします（②）。

3 [ファイルを開く] ダイアログで、「D:¥gis03¥ex07¥other_data¥tool¥SetFlowByDigitizedDirection¥MyFlowDirectionSolver.dll」を選択し（③）、[開く] をクリックします（④）。
[追加オブジェクト] ダイアログが表示されるので、[clsFDSolve] が表示されることを確認して [OK] をクリックします（⑤）。
[ユーザー設定] ダイアログの [コマンド] タブの [カテゴリ] 欄に、[Developer Samples] が追加され、[Developer Samples] カテゴリの [コマンド] 欄に「Set Flow by Digitized Direction」が追加されるます（⑥）。[ユーティリティネットワーク解析] ツールバーへと、ドラッグ＆ドロップしてボタンを追加します（⑦）。
[ユーザー設定] ダイアログを閉じます。

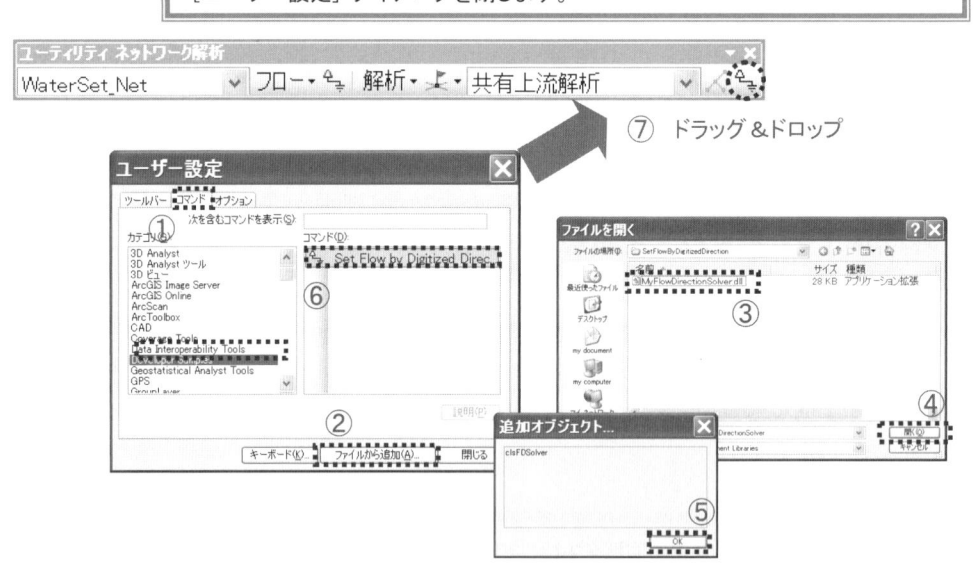

4 [エディタ] ツールバーで [エディタ] → [編集の開始] をクリックします。

第7章 ジオメトリック ネットワーク

5 [ユーティリティネットワーク解析] ツールバーで、[ネットワーク] 欄が [WaterSet_Net] になっていることを確認して、先ほど追加した [Set flow direction by digitized direction] ボタンをクリックします。

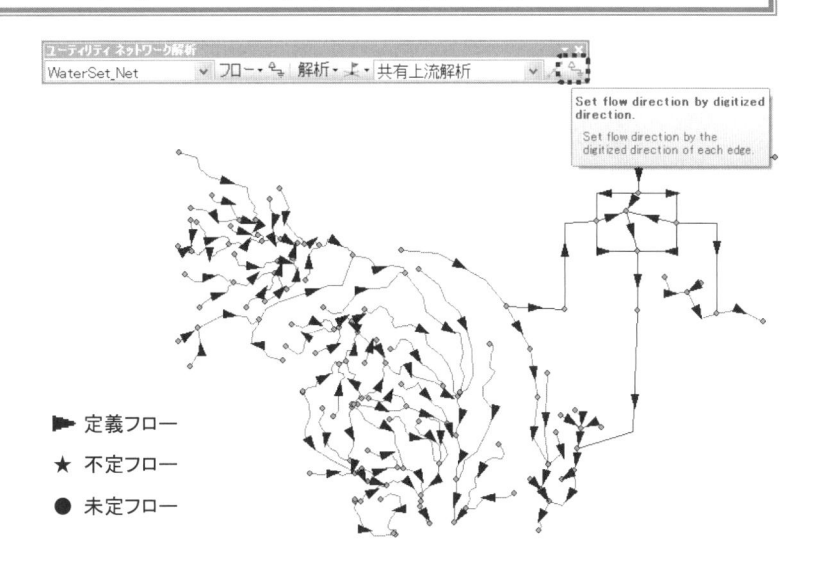

▶ 定義フロー
★ 不定フロー
● 未定フロー

[Set flow direction by digitized direction] ボタンにより、エッジのデジタイズ方向にもとづいてフローの方向が設定されます。

この機能の活用を想定して、ネットワーク データセット作成の際には、フロー方向にデジタイズすることを意識すると良いかもしれません。

6 [エディタ] ツールバーで、[エディタ] → [編集の保存] をクリックし、[エディタ] → [編集の終了] をクリックします。

これにより設定したジオメトリック ネットワークのフローが保存されます。

Step 8　トレース解析 2

① 上流解析

1 Step 7 までで演習を中断し、ArcMap を起動して再開する場合、Step 4 のマウス記号 4,5,6 を実行してフローの表示設定を行います。また、Step5 の 7 を行いフローの設定を行います。

2 [ユーティリティ ネットワーク解析] ツールバーの [ジャンクション フラグ追加] ボタンを選択した状態で、左下図の河口部をクリックします。

3 [ユーティリティネットワーク解析] ツールバーの [トレースタスクの選択] を [上流解析] にして、[解析] ボタンをクリックします（結果は左下図）。

4 前のジャンクション フラグをそのままにしておき、次の図（右）の位置にジャンクション フラグを追加し、再び上流解析を実行します（結果は右下図）。

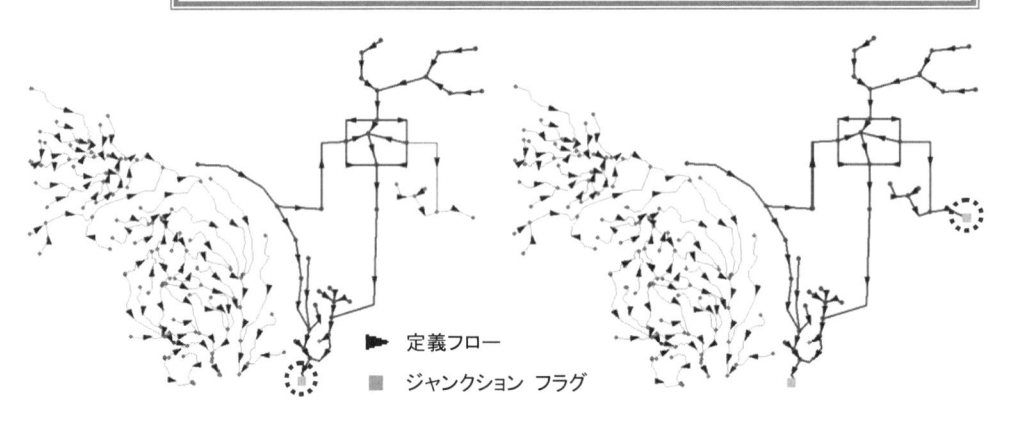

▶ 定義フロー
■ ジャンクション フラグ

　このように、上流解析ではジャンクション フラグを追加したポイントの上流にあるすべてのフィーチャが解析結果として表示されます。また、ジャンクション フラグは複数の位置に追加でき、それぞれのジャンクション フラグを終点としてフローが流入してくる経路にあるフィーチャのすべてが解析結果として表示されます。

第7章 ジオメトリック ネットワーク

② 共有上流解析

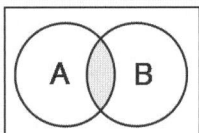

🖱 1　前のフラグ 2 つは残し、[ユーティリティ ネットワーク解析] ツールバーの [トレースタスクの選択] を [共有上流解析] にし、[解析] をクリックします（結果は左下図）。

🖱 2　さらに右下図の位置にもう 1 つジャンクション フラグを追加して、共有上流解析を実行します（結果は右下図）。

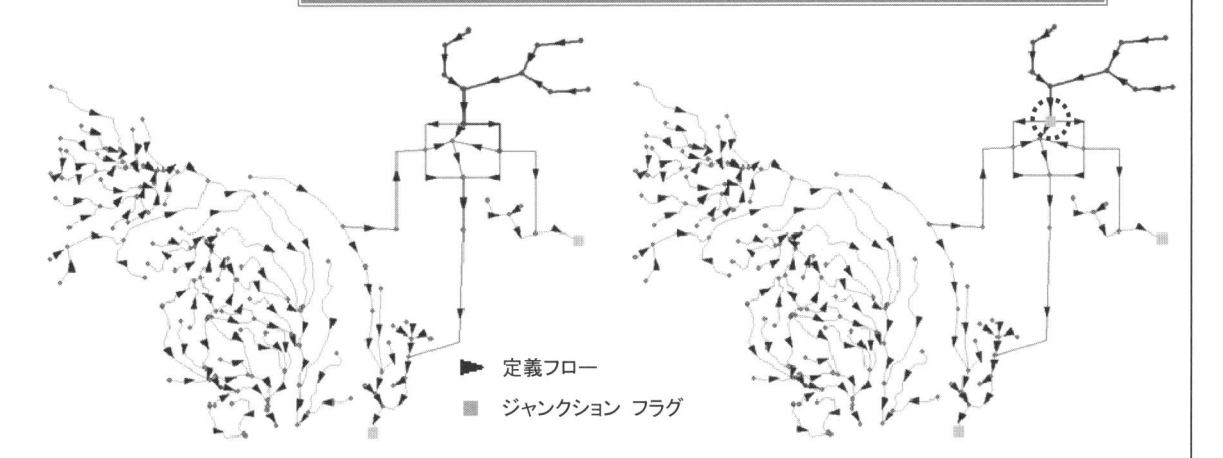

▶ 定義フロー
■ ジャンクション フラグ

共有上流解析は、2 つ以上のフラグを設置した場合に実行できます。設置したすべてのフラグに共通した上流にあるフィーチャが解析結果として表示されます。

Tips: 上流解析と共有上流解析

2 つのフラグを設置した場合、上流解析の結果と共有上流解析の結果を比べると、上流解析では、フラグを設置した地点のいずれかの上流に該当していれば解析結果となり、共有上流解析では、フラグを設置した地点のどちらにも共通した上流であるネットワーク フィーチャのみが解析対象となります。

本文中の上流解析の図（左）と共有上流解析の図（右）に共通の 2 つの解析開始点から上流の経路をそれぞれ経路 A、経路 B とすると、解析結果となる経路は数学の表現では以下のように表せます。

上流解析 ＝ A∪B （ A と B の和集合、A or B ）
共有上流解析 ＝ A∩B （ A と B の積集合、A and B ）

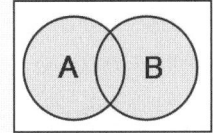

A∪B（上流解析）　　A∩B（共有上流解析）

🖱 **3** ［ユーティリティ ネットワーク解析］ツールバーで、［解析］→［フラグ消去］を
クリックします。

🖱 **4** ［ユーティリティ ネットワーク解析］ツールバーで、［解析］→［解析結果消去］
をクリックします。

③ 上流パス解析

🖱 **1** 左下図の位置にジャンクション フラグを追加し、［ユーティリティ ネットワーク
解析］ツールバーの［トレースタスクの選択］を［上流パス解析］にして
［解析］をします。

🖱 **2** 前のフラグはそのままにしておき、下図（右）の位置にジャンクション フラグ
を追加して、［ユーティリティ ネットワーク解析］ツールバーの［トレースタスク
の選択］を［上流パス解析］にしたまま、［解析］をします。

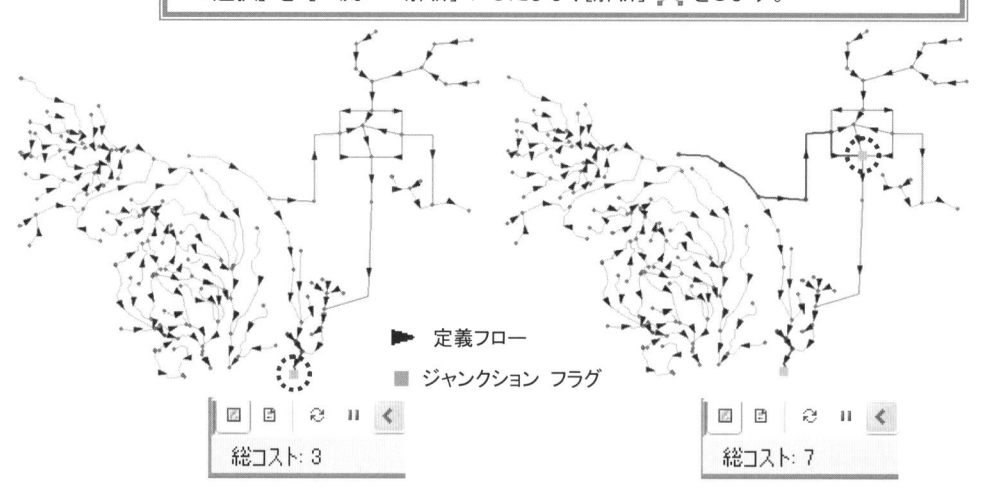

▶ 定義フロー
■ ジャンクション フラグ

総コスト: 3   総コスト: 7

　上流パス解析では、フラグが追加されたポイントを解析の開始点として、その上流に位置する
ソース（フローの流れ出す開始点）のうちコストが最小になるものまでの経路を解析結果として返し
ます。フラグは複数追加することもでき、それぞれのポイントからのそれぞれの上流パスが表示
され、ArcMap の画面の一番左下に、そのコストの総和が表示されます。この総コストは［解析］
ボタンの上からマウスカーソルを少しでも外すと消えます。

　コストとは、Step 3 の Tips「ネットワークのウェイト」のとおり、ネットワークを移動するための
コストです。フィーチャに設定されたウェイトを考慮した経路とその総コストを出せますが、デフォル
トではウェイトは使用せず、表示されるコストは解析結果に含まれるエッジ数となり、ジャンクション

第7章 ジオメトリック ネットワーク

については無視されます。

3 [ユーティリティ ネットワーク解析]ツールバーで、[解析]→[フラグ消去]をクリックします。

4 [ユーティリティ ネットワーク解析]ツールバーで、[解析]→[解析結果消去]をクリックします。

④ 上流累積解析

1 下図(左)の位置にジャンクション フラグを追加して、[ユーティリティ ネットワーク解析]ツールバーの[トレースタスクの選択]を[上流累積解析]にして、[解析] ボタンをクリックします。

2 前のジャンクション フラグはそのままにしておいて、右下図の位置にジャンクション フラグを追加して、再び上流累積解析を実行します。

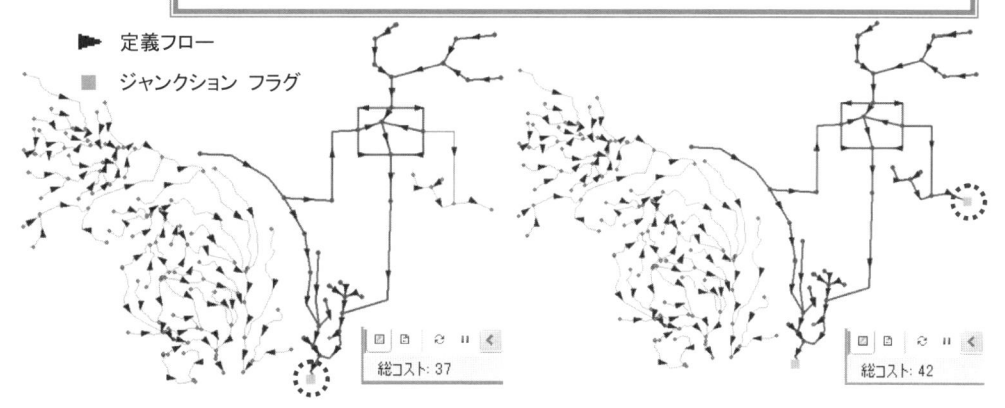

▶ 定義フロー
■ ジャンクション フラグ

総コスト: 37   総コスト: 42

　上流累積解析では、ジャンクション フラグを追加したポイントの上流にあるすべてのネットワークフィーチャが解析結果として表示され、その総コストが分かります。ジャンクション フラグを追加したポイントの上流のすべてのネットワーク フィーチャが解析の対象なので、解析結果の表示は上流解析と同じです。
　コストについては、上流パス解析と同じようにフィーチャに設定されたウェイトを考慮した総コストを出せますが、デフォルトではウェイトは使用せず、表示されるコストは解析結果に含まれるエッジ数となり、ジャンクションについては無視されます。

3 [ユーティリティ ネットワーク解析] ツールバーで、[解析] → [フラグ消去] を
クリックします。

4 [ユーティリティ ネットワーク解析] ツールバーで、[解析] → [解析結果消去]
をクリックします。

⑤ パス解析とウェイト

1 [ユーティリティ ネットワーク解析] ツールバーで、[解析] → [オプション] と
クリックします。下図のように [解析オプション] ダイアログで、[解析結果] タブ
をクリックし、[解析結果表示形式] 欄で、[フィーチャの選択] を選択して、[OK]
をクリックします。

2 下図の位置にジャンクション フラグを 2 つ追加し、[トレースタスク] を [パス
解析] にして、[解析] ボタン をクリックします。

　パス解析では、フラグを設置した複数のポイント間について、ウェイトを考慮したコストが最小と
なる経路とその総コストが解析結果として表示されます。ただし、上流パス解析、上流累積解析と
同様に、デフォルトではウェイトを使用せず、エッジの総数がコストとなります。
　パス解析をする際には、ネットワーク上に配置するフラグは、すべてがエッジ フラグであるか、
すべてがジャンクション フラグでなくてはならず、エッジ フラグとジャンクション フラグが混在した
状態では解析できません。
　なお、解析結果をフィーチャ選択にしているので、総コストと一緒に選択されているエッジ フィー
チャとジャンクション フィーチャの総数が表示されます。

第7章 ジオメトリック ネットワーク

3 [ユーティリティ ネットワーク解析] ツールバーで、[解析] → [オプション] をクリックします。表示される [解析オプション] ダイアログで、[ウェイト] タブを選択し、[ジャンクション ウェイト] 欄から [Point] を選択し、[OK] をクリックします。

4 ArcMap の [コンテンツ] ウィンドウで、「WaterLinesJunc_imp」を右クリックし、[プロパティ] をクリックします。表示される [レイヤプロパティ] ダイアログで、[ラベル] タブを選択し、[このレイヤのラベルを表示] にチェックをし、[ラベル フィールド] から「Junc_Value」を選択し、[OK] をクリックします。

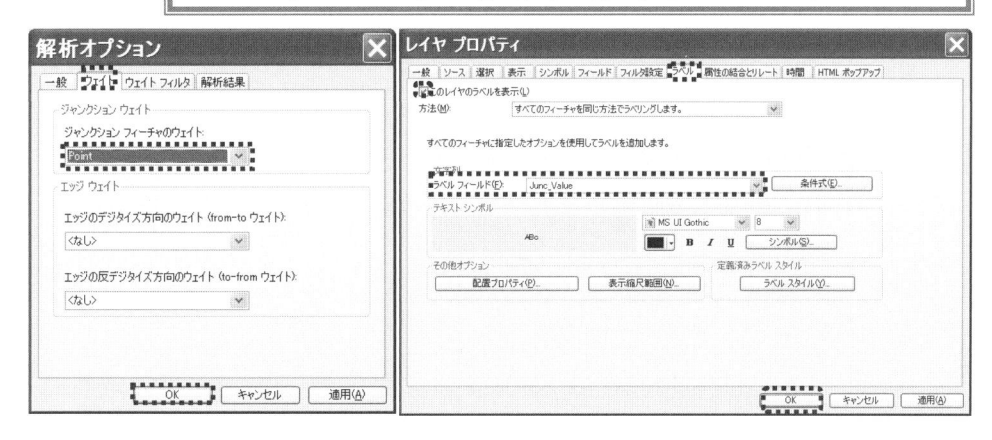

5 前のジャンクション フラグをそのままにしておいて、[トレースタスク] を [パス解析] にして、[解析] ボタン をクリックします。

右図のように、パス解析の結果が先ほどとは違う経路になります。コスト（ジャンクションウェイトのフィールドの値の総和）が最小となる経路とその総コストが解析結果として表示されます。

総コストは解析結果の経路上にある「WaterLinesJunc_inp」の「Junc_Value」フィールドの値（ジャンクションウェイトに設定）の総和となります。

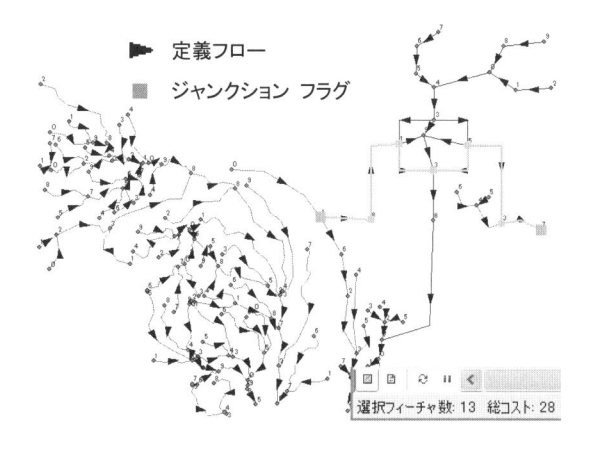

▶ 定義フロー
■ ジャンクション フラグ

選択フィーチャ数: 13 総コスト: 28

6. [ユーティリティ ネットワーク解析] ツールバーで、[解析] → [オプション] とクリックし、下図のように [解析オプション] ダイアログで、[ウェイト] タブを選択します。[ジャンクションのウェイト] 欄の [なし] を選択し、[エッジのデジタイズ方向のウェイト（from-to ウェイト）] 欄の「Length」を選択して、[OK] をクリックします。

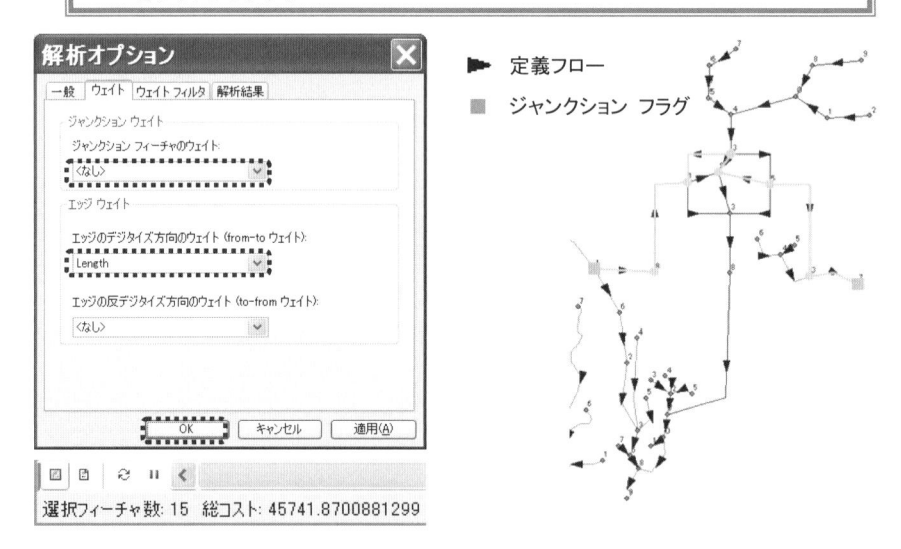

7. 前のフラグを残しておき、[トレースタスク] を [パス解析] にし、[解析] ボタン をクリックします。

また、先ほどとは違う経路の解析結果になります。コストが最小となる経路とその総コストが解析結果として表示されます。総コストはエッジウェイトとして使用されている「Shape_Length」フィールドのうち解析結果の経路を通り、なおかつエッジのデジタイズ方向がトレース解析の方向に沿うものの値の総和となります。その結果、トレース解析の方向に沿うエッジの長さが最小のものが選択されており、距離を考慮した最短経路が解析結果となります。

他にも [from-to ウェイト] を [なし] にして、[to-from ウェイト] を [Length] にすれば、トレース解析の方向とデジタイズ方向が反対のエッジのウェイトが最小となる経路と総コストが解析結果となります。[from-to ウェイト] と [to-from ウェイト] の両方を [Length] にすれば、エッジのデジタイズ方向は考慮せず、エッジの長さの総和が最小となる経路と総コストが解析結果となります。ジャンクションウェイトとエッジウェイトを組み合わせて、総コストが最小となる経路解析もできます。

第7章 ジオメトリック ネットワーク

8 [ユーティリティ ネットワーク解析] ツールバーで、[解析] → [オプション] をクリックします。

9 表示される [解析結果オプション] ダイアログの [解析結果] タブをクリックし、[解析結果表示形式] の欄で、[フィーチャを以下の設定で描画] を選択します。[ウェイト] タブをクリックし、選択肢をすべて [なし] に設定し、[OK] をクリックします。

10 ArcMap の [選択] メニュー → [選択解除] をクリックします。

11 [ユーティリティ ネットワーク解析] ツールバーで、[解析] → [フラグ消去] をクリックします。

12 マップ ドキュメント ファイルを [上書き保存] します。

Step 9　トレース解析への有効/無効の設定

Step 9 では、フィーチャの有効/無効の設定を切り替えて、トレース解析を行います。

> **1**　Step 8 までで演習を中断していて、[ArcMap] を起動して再開する場合、フローの表示設定がされていないので、Step 4 のマウス記号 4,5,6 を実行して、フローの表示設定を行います。また、Step 5 のマウス記号 7 を行いフローの設定を行います。
> 「WaterLinesJunc_imp」の数値のラベルが地図画面上に表示されていない場合、Step 8 の⑤パス解析とウェイトのマウス記号 4 を実行し、ラベルを表示します。

① ウェイトフィルタ

> **1**　[ユーティリティネットワーク解析] ツールバーの [ジャンクションフラグ追加] ボタン を選択した状態で、次の図に示す河口部をクリックし、[上流解析] を実行します。

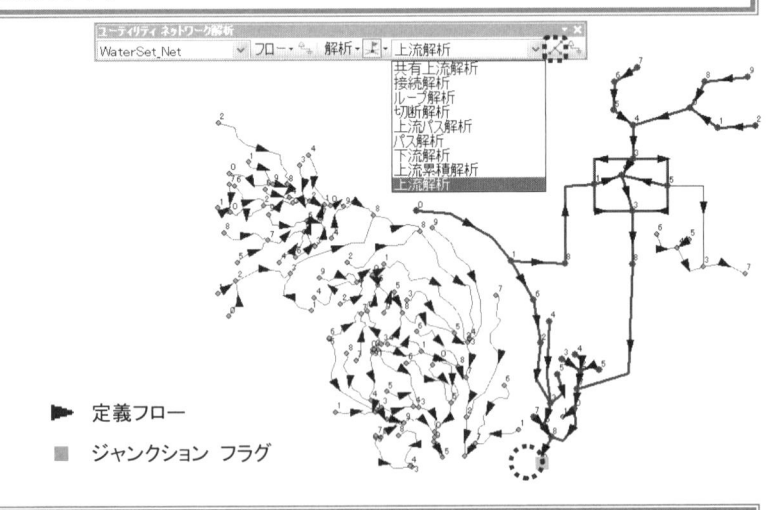

▶ 定義フロー
■ ジャンクション フラグ

> **2**　[ユーティリティ ネットワーク解析] ツールバーで、[解析] → [オプション] とクリックします。[解析オプション] ダイアログの [ウェイトフィルタ] タブを選択して、[ジャンクションウェイト] に [Point] を選択して、[ウェイト範囲] に「2-3,6-9」と入力し、[確認] ボタンをクリックして、構文を確認し、[OK] をクリックします。

第7章 ジオメトリック ネットワーク

[解析オプション ダイアログ: ウェイトフィルタタブ、ジャンクションウェイト=Point、ウェイト範囲=2-3,6-9]

3 前のフラグを残したまま、[上流解析]を実行します。

► 定義フロー
■ ジャンクション フラグ

ジャンクションウェイトがジャンクションウェイトフィルタで指定された値の範囲内である部分だけについて、上流解析の解析結果が表示されます。

4 マウス記号 ✎ 2 の[ウェイトフィルタ]タブで、[ジャンクションウェイト]は[Point]のまま、[ウェイト範囲]を「1」に変更し、[指定ウェイト範囲の除外]のチェックボックスにチェックをして、[OK]をクリックします。

5 前のフラグを残したままにしておき、[上流解析]を実行します。

137

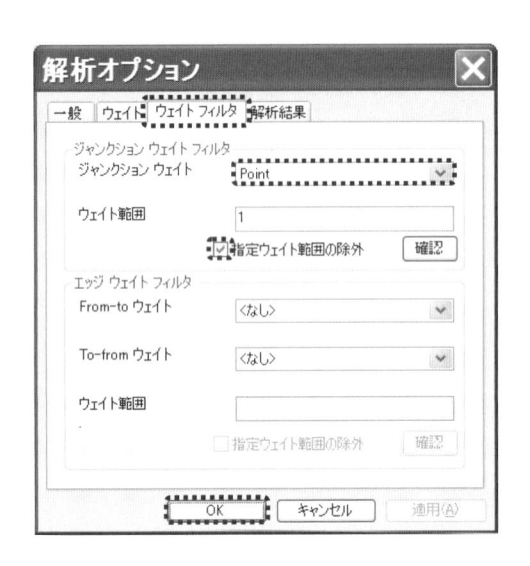

先ほどとは解析結果が変わり、ジャンクションウェイトフィルタで指定された範囲のジャンクションウェイトを除外した、上流解析の解析結果が表示されます。

> **6** [ユーティリティ ネットワーク解析]ツールバーで、[解析] → [オプション] をクリックし、表示される [解析オプション] ダイアログで、[ウェイトフィルタ] タブをクリックし、選択肢をすべて [なし] に設定し、[OK] をクリックします。

> **7** ArcMap の [コンテンツ] ウィンドウで、「Water LinesJunc_imp」を右クリックして、[ラベリング] をクリックし、ラベルを非表示にします。

Tips: ウェイトフィルタ

ウェイトフィルタを使用することにより、ウェイト値の有効な範囲または無効な範囲を指定して、トレース可能なネットワーク フィーチャを制限できます。

ウェイトフィルタのための範囲式は、正しい構文で作成する必要があります。ウェイトを使って、複数の有効または無効範囲を指定できます。個々の範囲はカンマで区切り、その個々の範囲は、1 つの値または値の範囲を指定します。値の範囲は、範囲の下限と上限の間にハイフンを入力して、指定します。(例：「1-5,10-22.2,27」など)

② バリア

> **1** 前のフラグを残したままにしておき、[上流解析] を実行します。

[ArcMap] の地図画面は、Step 9-① の最初の図のようになります。

第7章 ジオメトリック ネットワーク

2 ［ユーティリティ ネットワーク解析］ツールバーで、［ジャンクション バリア追加］ボタン を選択し、下図の位置をクリックして、ジャンクション バリアを追加します。

3 再び上流解析を実行します。

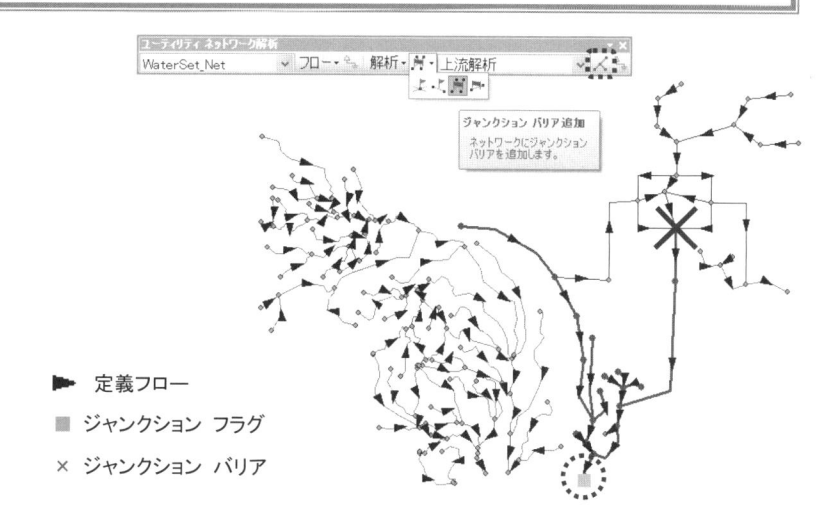

▶ 定義フロー
■ ジャンクション フラグ
× ジャンクション バリア

バリアを追加した地点で、上流解析がストップしました。

4 ［ユーティリティ ネットワーク解析］ツールバーで［解析］→［バリア消去］をクリックします。

Tips: バリア

　バリアは、ネットワーク中において、トレース解析が越えることができない位置を設定します。フラグと同様に、バリアには、エッジ バリアとジャンクション バリアがあり、それぞれエッジおよびジャンクション上の任意の位置に任意の個数を置けます。ネットワークの特定の部分だけのトレース解析を行う場合は、バリアを使って、ネットワークの解析から外したい部分を孤立させることができます。トレース解析を行うとき、バリアの下のネットワーク フィーチャは無効化されているかのように扱われ、トレース解析がこれらのフィーチャを越えることはできません。

　バリアを使うと、無効な論理ネットワーク エレメントを設定し、エレメントの有効／無効状態を無効状態に設定できます。バリアは論理ネットワークに格納されない一時的なもので、フィーチャの編集中でなくてもフィーチャを無効にできます。フィーチャの無効状態を保存にするには、後述するフィーチャの無効化の設定をしますが、その際にはフィーチャの編集中である必要があります。

③ フィーチャの有効化と無効化

1 前のフラグを残したままにしておき、[上流解析] を実行します。

ArcMap の地図画面は、Step 9-① の最初の図のようになります。

2 ArcMap で[カスタマイズ]メニュー → [ツールバー] → [エディタ] をクリックし [エディタ] ツールバーを表示します。

3 [エディタ] ツールバーで [エディタ] → [編集の開始] とクリックします。

4 [エディタ] ツールバー の [編集ツール] ボタン をクリックし、次の図の で囲まれたラインをクリックします。[エディタ] ツールバーの [属性] ボタンをクリックし、[属性] ダイアログで、[Enabled] の値から、[False]を選択します。
ArcMap の [選択] メニュー → [選択解除] をクリックし、選択解除します。

5 ジャンクション フラグをそのままにしておき、[上流解析] 実行します。

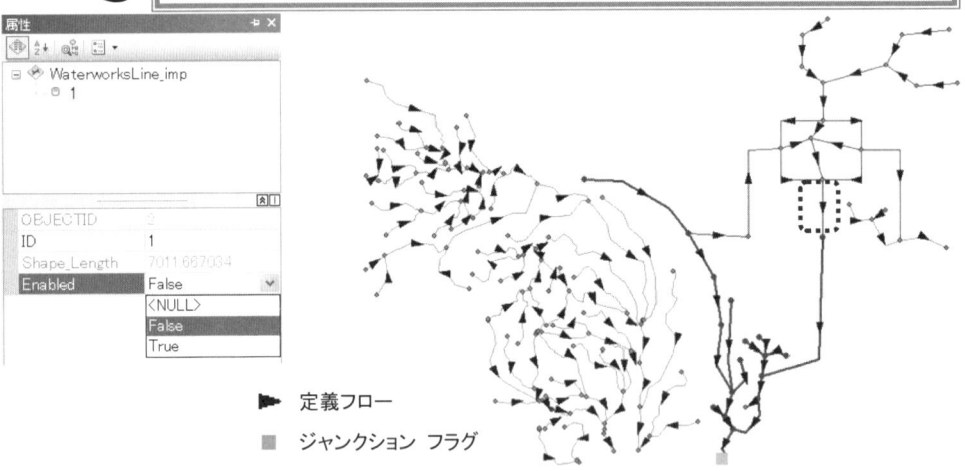

▶ 定義フロー
■ ジャンクション フラグ

[Enabled] のプロパティを [False] にしたフィーチャで上流解析がストップします。

第7章 ジオメトリック ネットワーク

> **6** [エディタ]ツールバーで、[編集]→[編集の終了]とクリックし、「編集を保存しますか？」と聞かれるので、[いいえ]をクリックします。

この設定を保存すると、永続的にそのフィーチャをバリアとして使用できます。

Tips: フィーチャの有効化と無効化

ジオメトリック ネットワーク内のすべてのネットワーク フィーチャ、つまりエッジ フィーチャまたはジャンクション フィーチャは、論理ネットワーク内で有効または無効のどちらかになっています。特定の位置の無効なネットワーク フィーチャはネットワーク フローに参加せず、そのフィーチャを通る流れはないものとなっており、永続的なバリア（ネットワーク中のトレース解析が越えられない位置）として機能します。フローは有効なフィーチャを通れますが、無効なフィーチャは通れません。ネットワークのトレース解析時、無効なフィーチャなど、ネットワーク内のバリアに遭遇するとトレース解析は停止します。このように、ネットワーク フィーチャの有効／無効状態はネットワーク内でのフローの設定に影響を与えます。

たとえば、水道ネットワークで、道路建設プロジェクトのために給水管が閉ざされた場合、水は給水管のこの区域を通って流れることができません。このことは、水道ネットワークに対してトレース解析を行う場合、考慮されなければなりません。水が流れることのできない区域の給水管を表すネットワーク フィーチャを無効化することによって、トレース解析をそのフィーチャでストップさせ、それ以外の場所だけを対象としてトレース解析ができます。

ネットワーク フィーチャの有効／無効状態は、「Enabled（有効）」属性フィールドによって維持管理されます。このフィールドには「true」と「false」のどちらかを指定します。「Enabled（有効）」属性フィールドはシンプル フィーチャクラスからジオメトリック ネットワークを構築する際に自動的に追加されます。

---

④ レイヤの無効化とトレース解析がストップしたフィーチャの選択

> **1** フラグを Step 9-① の状態にしておき、[上流解析]を実行します。

ArcMap の地図画面は、Step 9-① の最初の図のようになります。

> **2** [ユーティリティ ネットワーク解析]ツールバーで、[解析]→[無効にするレイヤ]とクリックし、「WaterworksLine_imp」のチェックボックスにチェックを入れます。

> 3 ジャンクション フラグをそのままにしておき、[上流解析] を実行します。

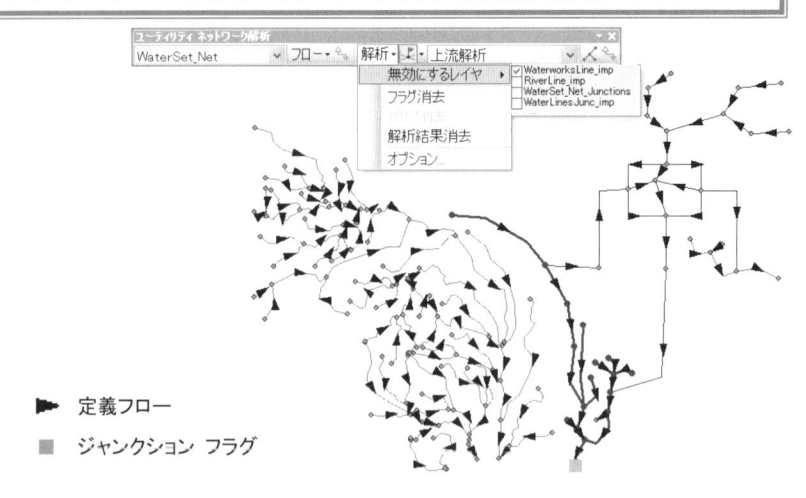

▶ 定義フロー
■ ジャンクション フラグ

無効にされた「WaterworksLine_inp」のレイヤで上流解析がストップします。

Tips: レイヤの無効化

Step 9-③ では、レイヤ内の特定のフィーチャを無効化しましたが、Step 9-④ のようにレイヤ全体の無効化もできます。例えば、送電線ネットワークのスイッチレイヤを無効化した状態で、ネットワーク中のどこかのポイントからトレース解析を行えば、その解析の始点にしたポイントを送電線ネットワークから孤立させるために切る必要があるスイッチ(トレースが停止したフィーチャ)を発見できます。そのスイッチを切る(その特定のフィーチャを無効にする)ことにより、送電線ネットワークからトレース解析の開始点を孤立させ、電力の供給を遮断できます。

第7章 ジオメトリック ネットワーク

| Step 10 | フィーチャの選択方法を利用したトレース解析 |

トレース解析のオプションで、解析結果をフィーチャの選択状態にできますが、その設定の場合、ArcMap の選択セットやフィーチャの選択方法を利用することにより、複合的なトレース解析を実行できます。ここでは、そのための基本的な操作を扱います。

Tips: 選択方法の設定によるトレース解析の解析設定

トレース解析の際に利用できるフィーチャの選択方法の設定には、主に3種類あります。

① [ユーティリティ ネットワーク解析] ツールバーの [解析オプション] で、解析の対象をすべてのフィーチャにするのか、解析の対象を選択されているフィーチャに限定するのか、解析の対象を選択されていないフィーチャに限定するのかを設定
② ArcMap の [選択] メニューにある [選択可能レイヤの設定] で、解析結果に含まれるレイヤを設定
③ ArcMap の [選択] メニューにある [選択方法] で、解析の結果を新規の選択セットとするのか、選択されているフィーチャに追加するのか、選択されているフィーチャから解析結果を削除するのか、選択されているフィーチャを解析結果により絞り込むのかを設定

> **1** Step 9 までで演習を中断していて、ArcMap を起動して再開する場合、フローの表示設定がされていないので、Step 4 のマウス記号 4,5,6 を実行して、フローの表示設定を行います。また、Step 5 のマウス記号 7 を行いフローの設定を行います。
> また、Step 9-④ のマウス記号 4 を実行して、「WaterworksLine_imp」のレイヤを無効化します。

① トレース解析がストップしたフィーチャ

> **1** [ユーティリティ ネットワーク解析] ツールバーで、[解析] → [オプション] とクリックして、[解析オプション] ダイアログで [解析結果] タブを選択し、[解析結果要素] 欄で、[トレースがストップしたフィーチャ] を選択し、[OK] をクリックします。

> **2** ジャンクション フラグを次の図の位置に追加し、[トレース タスク] を [接続解析] にして、[解析] ボタンをクリックします。

▶ 定義フロー
■ ジャンクションフラグ

解析結果とし接続解析がストップするフィーチャが表示されます。河川の最上流のジャンクションポイントと、無効化されたレイヤの接続部が解析結果として表示されます。

3 [ユーティリティ ネットワーク解析] ツールバーで、[解析] → [オプション] をクリックします。[解析オプション] ダイアログで、[解析結果] タブをクリックし、[解析結果表示形式] の欄で、[フィーチャの選択] を選択して、[OK] をクリックします。

4 [コンテンツ] ウィンドウで、[選択状態別にリスト] アイコンをクリックします。マウス記号 1 で無効なレイヤに設定した「WaterworksLine_imp」以外の選択状態 ☑ （クリックして選択状態を切り替えます）のボタンをクリックし、非選択状態 ☒ にして、「WaterLinesJunc_imp」のみ選択可能にします。

5 フラグを残したままにしておき、[接続解析] を実行します。

第7章 ジオメトリック ネットワーク

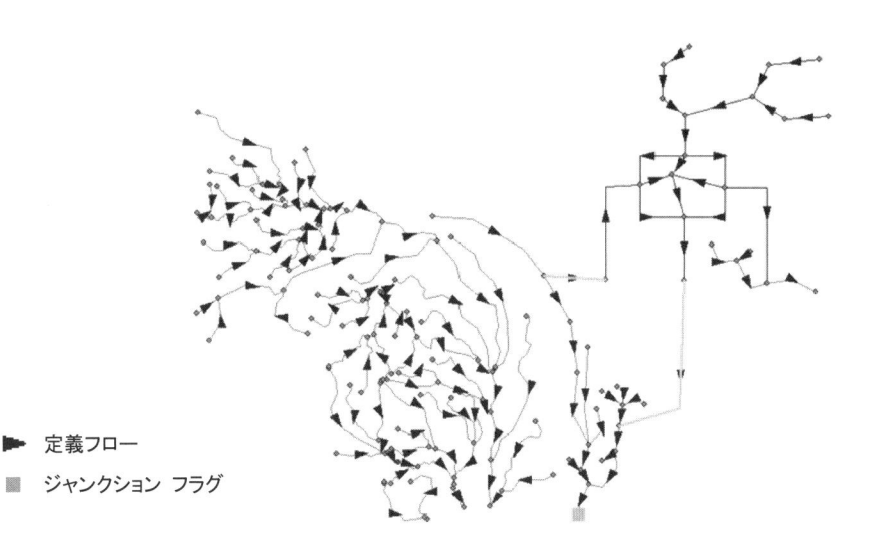

▶ 定義フロー
■ ジャンクション フラグ

　接続解析がストップするフィーチャのうち、レイヤを無効化した「WaterworksLine_imp」だけが解析結果として選択されます。先ほどは接続解析がストップするフィーチャとして、「WaterLinesJunc_imp」も解析結果に含まれていますが、今回は選択可能レイヤではないので含まれません。これで、河川の最下流の河口部を水道ネットワークから孤立させるために遮断しなければならないエッジが明らかになります。

6 ［ユーティリティネットワーク解析］ツールバーで、［解析］→［無効にするレイヤ］とクリックし、「WaterworksLine_inp」のチェックボックスのチェックを外します。

7 ［ユーティリティ ネットワーク解析］ツールバーで、［解析］→［オプション］をクリックして、［解析オプション］ダイアログで［解析結果］タブを選択し、［解析結果要素］欄で、［すべてのフィーチャ］を選択し、［OK］をクリックします。

8 ［コンテンツ］ウィンドウで、非選択状態 ☐ の（クリックして選択状態を切り替えます）ボタンをクリックし、すべて選択可能状態 ☑ にします。

9 フラグを消去します。

② 選択セットをバリアに利用したトレース解析

🖱 1　ジャンクション フラグを下図の示す位置に追加し、下流解析を実行します。

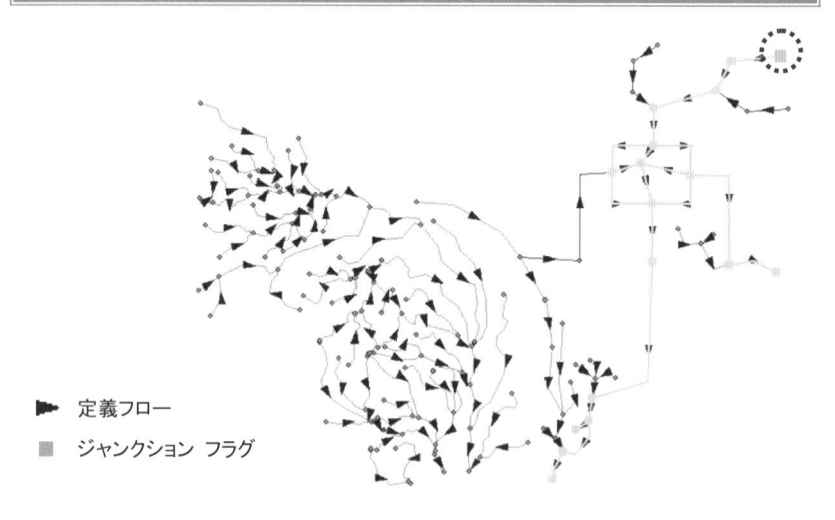

▶ 定義フロー
■ ジャンクション フラグ

🖱 2　フラグを消去します。

🖱 3　[ユーティリティ ネットワーク解析] ツールバーで、[解析] → [オプション] と クリックします。[解析オプション] ダイアログで [一般] タブを選択し、[トレース するフィーチャ] 欄で、[選択フィーチャ] を選択し、[OK] をクリックします。

🖱 4　ジャンクション フラグを次の図の位置に追加し、上流解析を実行します。

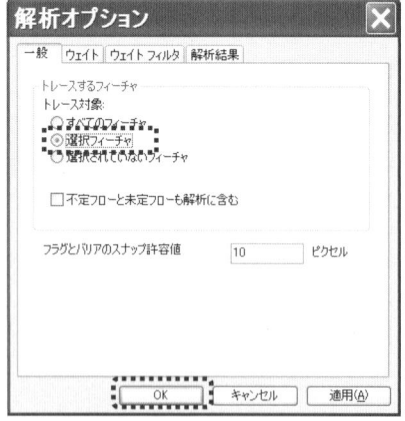

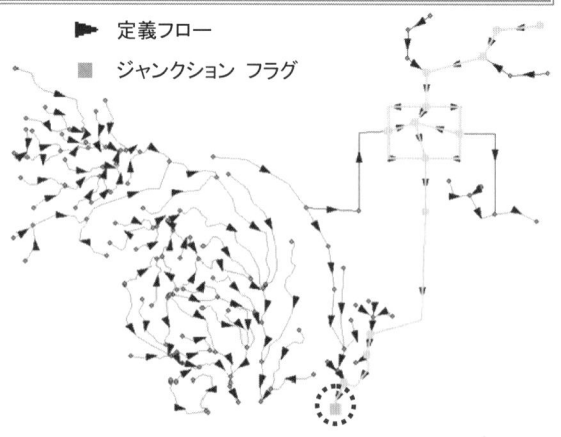

▶ 定義フロー
■ ジャンクション フラグ

第7章 ジオメトリック ネットワーク

　下流解析によって選択されていたフィーチャだけを対象に、上流解析が実行されます。

　[解析オプション] ダイアログを使用すると、トレース解析でネットワーク中のすべてのフィーチャに対して実行するのか、選択されたフィーチャだけに対して実行するのかを指定できます。この例のように、選択されたフィーチャだけのトレースでは、選択されていないフィーチャがバリアとして機能します。選択されていないフィーチャだけのトレースの場合は、選択されていないフィーチャだけを対象にトレース解析が実行され、選択されたフィーチャがバリアとして機能します。このように、選択セットを使用することで、トレース解析のためのバリアのセットができます。

5 [ユーティリティ ネットワーク解析] ツールバーで、[解析] → [オプション] とクリックします。[解析オプション] ダイアログで [一般] タブを選択し、[トレースするフィーチャ] 欄で、[すべてのフィーチャ] を選択し、[OK] をクリックします。

6 フラグを消去します。また、ArcMap の [選択] メニュー → [選択解除] をクリックし、選択解除します。

③ 選択方法を切り替えながらのトレース解析

1 ジャンクション フラグを下図の示す位置に追加し、上流解析を実行します。

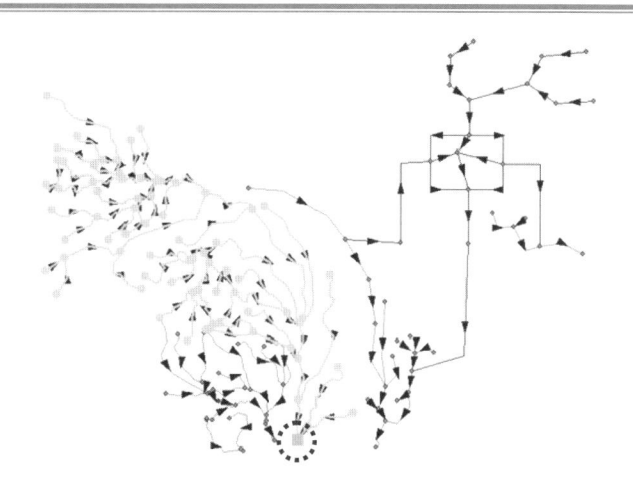

2 フラグを消去します。

147

🖱3　ArcMap の［選択］メニュー → ［選択方法］→ ［現在の選択セットから削除］
をクリックします。

🖱4　ジャンクション フラグを次の図の示す位置に追加し、上流解析を実行します。

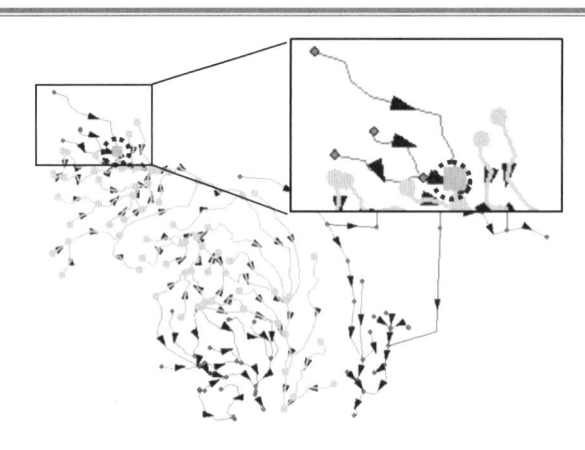

上流解析で選択されたフィーチャから、パス解析の結果のフィーチャが非選択になります。
Step6-④ を併用すれば、特定のフィーチャを除いて、属性の統計情報を確認できます。

🖱5　ArcMap を終了します。「〜 への変更を保存しますか？」と聞かれたら「はい」
を選択します。

以上で演習は終了です。

第8章 Network Analyst

演習8 道路の経路を検索しよう！

この章では、道路のデータ モデルを作成し、ArcGIS Network Analyst での解析方法を学びます。演習を通じて、道路解析用データ モデルを作成したり、施設間の最短ルートを求めたり、施設配置計画を行ったりする方法を習得します。

【Introduction】

　　ArcGIS Network Analyst エクステンションは、道路などの線形なデータ モデル（道路ネットワークのデータ モデル）を作成・管理し、解析するためのエクステンションです。道路や路線などのラインの接続性を考慮した解析を行うための「ネットワーク データセット」を作成します。

　　ネットワーク データセットを使用することによって、出発地から目的地までの最短経路検索や、セールスマン巡回問題を解決する配送ルートの解析、道路網を考慮した商圏解析などを行えます。さらに、道路の制限時速や坂道などの負荷を考慮した重み付け（コスト）を加えることで、より現実世界に近い経路検索を行えます。

　　演習の前半では、国土地理院提供の数値地図 2500（空間データ基盤）と数値地図 25000（空間データ基盤）の道路データを使用して道路ネットワーク データセットを作成します。演習の後半では、作成した道路ネットワークを用いて、ルート解析、サービスエリア解析、最寄り施設の検出を実行しながら ArcGIS Network Analyst の提供する基本的な解析機能を学びます。

【Goals】

　　この演習が終わるまでに以下のことが習得できます。

- ✦ 道路のデータモデルの作成：サブタイプを使用した属性値の分類と Network Dataset を作成する方法
- ✦ 道路の解析：Network Analyst で使用できる基本的な解析機能

【License】

　　この演習は以下の製品で実行できます。

ArcGIS for Desktop Basic / Standard / Advanced + ArcGIS Network Analyst

【Data】

　　この演習では次のデータを使用します。

主題	図形タイプ	データソース	出典
道路ノード	ポイント	exercise.gdb¥road_net¥roadnoad	数値地図 2500（空間データ基盤）
道路線	ライン	exercise.gdb¥road_net¥road	

第8章 Network Analyst

道路名	テーブル	exercise.gdb¥roadname	
道路接続関係	テーブル	exercise.gdb¥roadntwk	
公共施設	ポイント	exercise.gdb¥road_net¥kokyoshisetsu	数値地図 25000（空間データ基盤）
標高	ラスタ	exercise.gdb¥dem	オリジナル
道路データ	テキスト	exercise.gdb¥road_data	オリジナル
道路種別	テキスト	data¥roadtype_vba.txt	オリジナル
歩行時間コスト	テキスト	data¥cost_vba.txt	オリジナル
通行規制	テキスト	data¥restriction_vba.txt	オリジナル

【Course Schedule】

Step	項目	おおよその必要時間 1回目	2回目	3回目
Step 1	演習の準備 ① 演習データの確認 ② エクステンションの有効化	5 分	(　)分	(　)分
Step 2	コストの設定 ① 歩行時間コストのフィールド演算 ② 道路種別サブタイプの設定	20 分	(　)分	(　)分
Step 3	Network Dataset の作成 ① Network Dataset の新規作成 ② 属性の追加	20 分	(　)分	(　)分
Step 4	Network Analyst の実行 ① ルート解析 ② サービスエリア解析 ③ 最寄り施設の検出	25 分	(　)分	(　)分

| Step 1 | 演習の準備 |

ArcGIS Network Analyst で利用するネットワーク データセットを数値地図 2500（空間データ基盤）から作成します。数値地図 2500（空間データ基盤）データは、道路ノード、道路線、道路名などいくつかの異なるデータ ソースに分かれています。ネットワーク データセットを作成するための前処理として、これらのデータ ソースから解析に必要なデータを作成します。

この演習で使用するデータを確認します。

① 演習データの確認

1 ArcCatalog を起動します。

2 [カタログ ツリー] ウィンドウで「D:¥gis03¥ex8¥data¥exercise.gdb」フォルダ内のデータを確認します。

3 「D:¥gis03¥ex08¥data¥Network.mxd」をダブルクリックして、ArcMap を起動します。

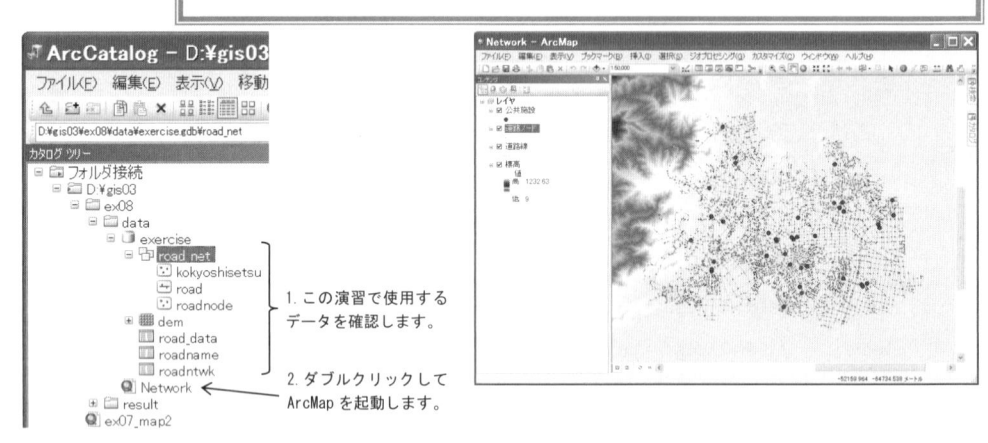

1. この演習で使用するデータを確認します。

2. ダブルクリックして ArcMap を起動します。

- ポイント フィーチャクラス「kokyoshisetsu（公共施設）」
  道路を解析する際に、始点（Origin）、終点（Destination）として使用

- ライン フィーチャクラス「road（道路線）」
  この演習では、国土地理院提供の「数値地図 2500（空間データ基盤）」「国土

第8章 Network Analyst

地理院・数値地図 25000（空間データ基盤）」から道路のデータモデルを作成

- ◆ ポイント フィーチャクラス「roadnode（道路ノード）」
  道路ノード間のコストを求める際に使用

- ◆ ラスタ データセット「dem（標高）」
  標高値のラスタ データセット。「roadnode」上の標高値を抽出する際に使用

- ◆ テーブル「road_data（道路データ）」
  ライン フィーチャクラス「road」を使用して作成した道路名と標高値のデータ

- ◆ テーブル「roadname（道路名）」
  高速道路、国道など、道路種別サブタイプを定義する際に使用

- ◆ テーブル「roadntwk（道路接続関係）」
  「road」と「roadnode」の接続関係を定義したテーブル。道路の始点―終点方向、終点―始点方向を区別するために使用

Tips：データをクリップする際の注意点

テーブル以外のすべての図形データは、他の演習と同じ解析対象エリアでクリップしています。ただし、標高ラスタ データセットだけは、より広範囲のエリアで作成しています。

ラスタ データセットの輪郭はブロック状であるため、単に解析の対象エリアで標高ラスタ データセットをクリップすると、境界付近で標高値を取得できない場合があります。この演習のデータのように、解析の対象エリアよりも広範囲の標高ラスタ データセットを使用することをおすすめします。

② エクステンションの有効化

1 ArcMap のメインメニューから［カスタマイズ］→［エクステンション］をクリックします。「Network Analyst」にチェックを入れてから［閉じる］をクリックします。

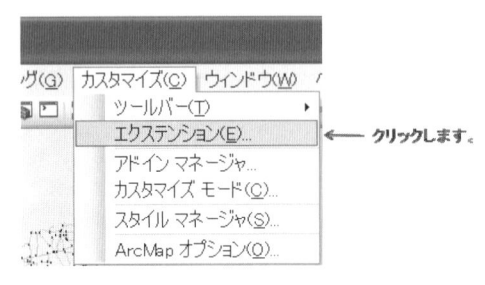

2 同様に、ArcCatalog の [カスタマイズ] メニューから、[エクステンション] をクリックします。[Network Analyst] にチェックを入れてから [閉じる] をクリックします。

Tips：エクステンションを有効にする際の注意点

ArcGIS は有効なエクステンションの設定を ArcMap と ArcCatalog のアプリケーションごとに設定します。ArcCatalog の [Network Analyst] を有効にしておかないと、[Network Dataset] の新規作成ができませんので、忘れずに設定してください。

3 エクステンションの設定が完了したら ArcMap を終了します。マップ ドキュメント ファイルは保存しません。

Tips：非対称なネットワーク

向きによってコストが異なるネットワークを「非対称なネットワーク」と呼びます。この演習では、テーブル「roadntwk」(道路の接続関係) にもとづいて道路の向きを区別し、始点と終点の標高差から始点－終点方向、終点－始点方向それぞれの歩行時間をコストとして求めます。

自動車の場合も、朝は市街地から住宅地に向けての自動車の平均走行速度が低下する、または、ある車線はタクシーの需要が多いなど、非対称なネットワークを扱う場合があります。

第8章 Network Analyst

Step 2　コストの設定

　ネットワーク データセットは、道路の長さや道路を通る所要時間をコスト（インピーダンス）として抵抗値を設定し、解析する際にはコストを考慮して最短経路を検出できます。最も単純な方法として、道路の長さをコストとして用います。Step 2 では、平均歩行速度、道路の両端の標高差と歩く方向、道路種別によって歩行時間が変化する状況を想定し、フィールド演算を用いて歩行時間を求め、道路種別をサブタイプとして設定します。

　サブタイプの設定方法に関しては、第 4 章を参照してください。

① 歩行時間コストのフィールド演算

1 ArcMap を起動して、「D:¥gis03¥ex08¥data¥Network.mxd」を開きます。

2 道路線レイヤを右クリック → [属性の結合とリレート] → [結合] をクリックします。

3 以下の設定を行い、「road_data」を道路線レイヤにテーブル結合します。結合先のレイヤまたはテーブルでは をクリックして、「D:¥gis03¥ex08¥data¥exercise.gdb¥road_data」を設定します。

- ✦ このレイヤへの結合の対象は？　　　：テーブルの属性を結合
- ✦ 結合に利用する値を持つフィールド　：ID
- ✦ 結合対象レイヤまたはテーブル：D:¥gis03¥ex08¥data¥exercise.gdb¥road_data
- ✦ 結合のマッチングに利用するフィールド　：ID
- ✦ 結合オプション　　　　　　　　　：一致するレコードのみを保存

4 設定が完了したら [OK] をクリックします。

5 [インデックス構築] ダイアログが表示された場合、[はい] をクリックします。

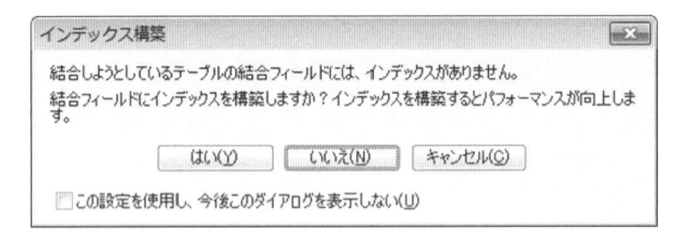

インデックス構築

結合しようとしているテーブルの結合フィールドには、インデックスがありません。
結合フィールドにインデックスを構築しますか？インデックスを構築するとパフォーマンスが向上します。

[はい(Y)] [いいえ(N)] [キャンセル(C)]

☐ この設定を使用し、今後このダイアログを表示しない(U)

6 テーブル結合された道路線レイヤをエスクポートします。道路線レイヤを右クリック → [データ] → [データのエクスポート] をクリックします。
出力フィーチャクラスに
「D:¥gis03¥ex08¥data¥exercise.gdb¥road_net¥roadcost」を指定します。
[OK] をクリックしてエクスポートを実行します。
[マップにレイヤとしてエクスポート データを追加しますか?] で [はい] をクリックします。

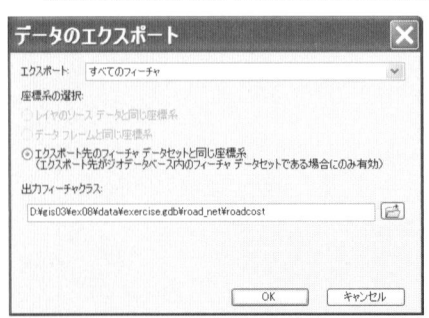

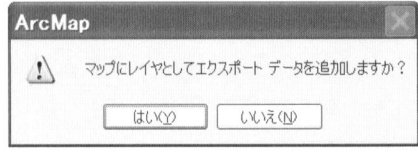

データのエクスポート

エクスポート： すべてのフィーチャ

座標系の選択：
- ◯ レイヤのソース データと同じ座標系
- ◯ データ フレームと同じ座標系
- ⦿ エクスポート先のフィーチャ データセットと同じ座標系
  （エクスポート先がジオデータベース内のフィーチャ データセットである場合にのみ有効）

出力フィーチャクラス:
D:¥gis03¥ex08¥data¥exercise.gdb¥road_net¥roadcost

[OK] [キャンセル]

ArcMap

⚠ マップにレイヤとしてエクスポート データを追加しますか？

[はい(Y)] [いいえ(N)]

演習8　道路の経路を検索しよう！

第8章 Network Analyst

エクスポートしたフィーチャクラスに対して、道路種別を識別するための type フィールド、歩行時間コストを求めるための、FT_MINUTES、TF_MINUTES というフィールドを新たに作成します。

> **7** roadcost レイヤを右クリックして [属性テーブルを開く] をクリックして属性テーブルを開きます。そして、[テーブル オプション] ボタンから [フィールドの追加] をクリックし、「roadcost」に以下の3つのフィールドを追加します。

- 名前:type、　　　　種類　：Short Integer
- 名前:FT_MINUTES、種類　：Double
- 名前:TF_MINUTES、種類　：Double

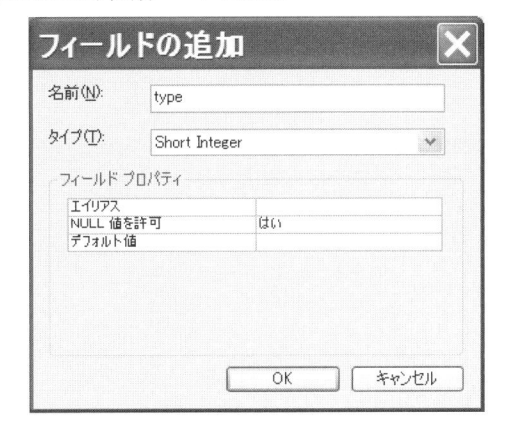

次に、道路名フィールドの値、高速、国道、県道など 7 種類に基づいて type フィールドの値 1 〜 7 を演算するフィールド演算を行います。

> **8** 新しく追加された type フィールドを右クリックして [フィールド演算] を選択します。[フィールド演算] ダイアログボックスで [形式] に [VB Script] が選択されていることを確認します。道路種別をあらわす数値を type フィールドに出力するために、[読み込み] ボタンをクリックして、
> 「D:¥gis03¥ex08¥data¥roadtype_vb.cal」を選択し、[開く] をクリックします。コードが [Pre-Logic Script Code] に表示されていることを確認し、[OK] をクリックします。コードが読み込めない場合は、次ページを参考にコードを直接入力してください。

VB Script を選択します。

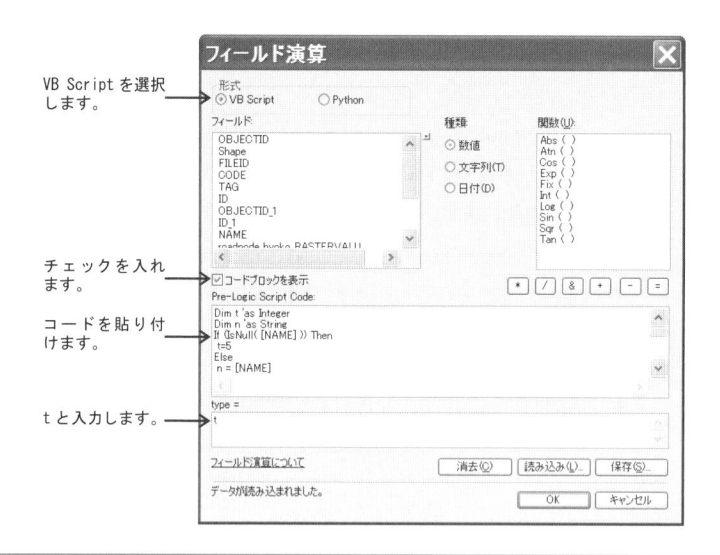

チェックを入れます。

コードを貼り付けます。

t と入力します。

Pre-Logic Script Code: 「D:¥gis03¥ex08¥data¥roadtype_vb.cal」

```
Dim t 'as Integer
Dim n 'as String
If (IsNull( [NAME] )) Then
  t=5
Else
  n = [NAME]
  If (Instr(n, "高速")) Then
    t=1
  ElseIf (Instr(n, "国道")) Then
    t=2
  ElseIf (Instr(n, "県道")) Then
    t=3
  ElseIf (Instr(n, "地方道")) Then
    t=4
  ElseIf (Instr(n, "林道")) Then
    t=6
  ElseIf (Instr(n, "作業道")) Then
    t=7
  Else
    t=5
  End If
End If
```

演習8 道路の経路を検索しよう！

第8章 Network Analyst

> **Tips：フィールド演算**
>
> 本演習では、フィールド演算で VB Script を使用します。ArcGIS 10 では VB Script の他に Python を使用してフィールド演算を行うことが可能です。以前のバージョンの VBA コードがある場合は、計算式を修正する必要があります。
>
> またフィールド演算の条件式を条件式ファイルとして保存すると、演習のようにコードを条件式ファイル（*.cal）から読み込んで簡単に演算処理を実行できます。

次に、歩行時間のコストを求めます。

ノード a、ノード b 間の斜面の長さ d (m)、ラインの長さ l (m)、標高差 h (m)の関係を次のように定義します。

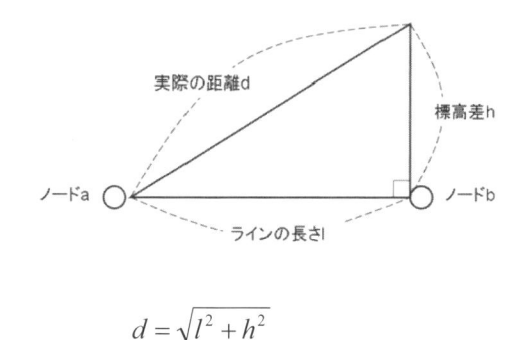

$$d = \sqrt{l^2 + h^2}$$

歩行に関して (1)〜(3) の条件を仮定し、歩行時間コスト c (分)を次式のように定義します。

$$c_1 = f_2\left(\frac{d}{1.34 \times 60} + f_1(h)\right)$$

(1) 平均歩行速度を 1.34 (m/s) とします。

(2) 標高差 100 メートルごとに上り方向は 20 分、下り方向は 10 分余分に時間がかかります。

$$h \geq 0 \text{ ならば、} f_1 = \frac{20h}{100}$$

$$h < 0 \text{ ならば、} f_1 = -\frac{10h}{100}$$

(3)「林道」、「作業道」では、歩行にかかる時間が 10% 増加します。

$$c_2 = 1.1c_1$$

> From-To（始点—終点）方向の歩行時間コストを FT_MINUTES フィールドに出力します。FT_MINUTES フィールドを右クリックして［フィールド演算］を選択します。［フィールド演算］ダイアログボックスで［形式］に［VB Script］が選択されていることを確認します。［読み込み］ボタンをクリックして、「D:¥gis03¥ex08¥data¥cost_vb.cal」を選択し、［開く］をクリックします。コードが［Pre-Logic Script Code］に表示されていることを確認し、［OK］をクリックします。
> コードが読み込めない場合は、以下を参考にコードを入力してください。
> ［FT_MINUTES=］のテキストボックスには「c」と入力します。

Pre-Logic Script Code：「D:¥gis03¥ex08¥data¥cost_vb.cal」

```
Dim l 'as Double
Dim h 'as Double
Dim d 'as Double
Dim c 'as Double
Dim t 'as Integer
l = [Shape_Length]
h = [roadnode_hyoko_1_RASTERVALU] - [roadnode_hyoko_RASTERVALU]
d = Sqr(l^2+h^2)
c = d  / (1.34 * 60)
If h >= 0 Then
 c = c + 20 * h / 100
Else
 c = c - 10 * h / 100
End If
t = [type]
If (t=6 Or t=7) Then
 c = c * 1.1
End If
```

第8章 Network Analyst

> **10**
> 同様に To-From(終点—始点) 方向の歩行時間コストを TF_MINUTES フィールドに出力します。TF_MINUTES フィールドを右クリックして [フィールド演算] を選択します。[フィールド演算] ダイアログボックスで [形式] に [VB Script] が選択されていることを確認します。[読み込み] ボタンをクリックして、「D:¥gis03¥ex08¥data¥cost_vb_rev.cal」を選択し、[開く] をクリックします。コードが [Pre-Logic Script Code] に表示されていることを確認し、[OK] をクリックします。
> コードが読み込めない場合は、以下を参考にコードを入力してください。
> [FT_MINUTES=] のテキストボックスには「c」と入力します。

Pre-Logic Script Code: 「D:¥gis03¥ex08¥data¥cost_vb_rev.cal」

```
Dim l 'as Double
Dim h 'as Double
Dim d 'as Double
Dim c 'as Double
Dim t 'as Integer
l = [Shape_Length]
h = [roadnode_hyoko_RASTERVALU] - [roadnode_hyoko_1_RASTERVALU]
d = Sqr(l^2+h^2)
c = d  / (1.34 * 60)
If h >= 0 Then
  c = c + 20 * h / 100
Else
  c = c - 10 * h / 100
End If
t = [type]
If (t=6 Or t=7) Then
  c = c * 1.1
End If
```

Question（Question の解答は章末に記載）

[roadcost] の次の ID に対応する NAME、type、FT_MINUTES、TF_MINUTES の各フィールドの値は何ですか。

ID=784　　＿＿＿＿＿＿＿＿＿＿＿＿＿＿＿＿＿＿＿＿

ID=917　　＿＿＿＿＿＿＿＿＿＿＿＿＿＿＿＿＿＿＿＿

ID=924　　＿＿＿＿＿＿＿＿＿＿＿＿＿＿＿＿＿＿＿＿

11 ArcMap の [上書き保存] ボタンをクリックしてから ArcMap を閉じます。

第8章 Network Analyst

② 道路種別サブタイプの設定

🖱1 ArcCatalog を起動します。カタログ ツリーを展開して、
「D:¥gis03¥ex08¥data¥exercise.gdb¥road_net¥roadcost」をブラウズします。

🖱2 「roadcost」を右クリックして [プロパティ] を開き、サブタイプ タブをクリックします。サブタイプを以下のように設定します。サブタイプの設定が完了したら、[OK] をクリックしてダイアログを閉じ、ArcCatalog を終了します。

- ✦ サブタイプ フィールド　　　: type
- ✦ デフォルト サブタイプ　　　: その他

コード	説明
1	高速
2	国道
3	県道
4	地方道
5	その他
6	林道
7	作業道

サブタイプの設定方法に関しては、第 4 章を参照してください。

Step 3　ネットワーク データセットの作成

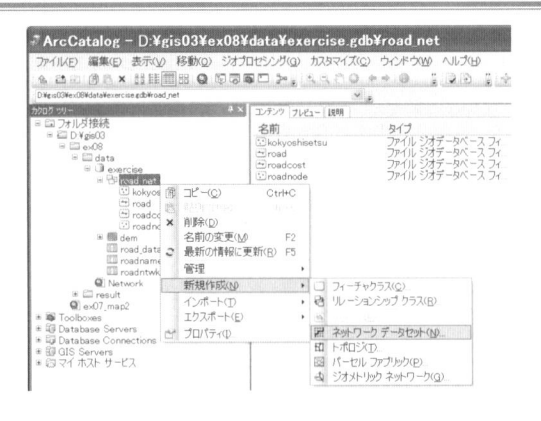

　ネットワーク データセットは、道路ネットワーク解析を行うためのデータ モデルです。ネットワーク データセットを作成することによって、移動コスト、交差点における遅延時間、U ターン、通行規制、一方通行、ディレクション（道案内）などを考慮したデータ モデルを作成できます。道路のモデル化はもちろん、鉄道、地下鉄など複数の交通網を組み合わせたマルチモーダル ネットワーク（自動車、バス、徒歩による移動の組み合わせ）も作成できます。Step 3 では、歩行者のネットワーク データセットを作成します。

① ネットワーク データセットの新規作成

> **1** ArcCatalog を起動して、カタログ ツリーでフィーチャ データセット「D:¥gis03¥ex08¥data¥exercise.gdb¥road_net」を右クリックします。[新規作成] → [ネットワーク データセット] をクリックします。ネットワーク データセットを新規作成できない場合は、ArcCatalog のエクステンションで [Network Analyst] が有効になっているかどうかを確認します。

> **2** ネットワーク データセット名が「road_net_ND」となっていることを確認、バージョンの選択で 10.1 を設定して [次へ] をクリックします。ネットワークデータセットに加えるフィーチャクラスとして、「roadcost」にチェックを入れてから [次へ] をクリックします。

演習8　道路の経路を検索しよう！

第8章 Network Analyst

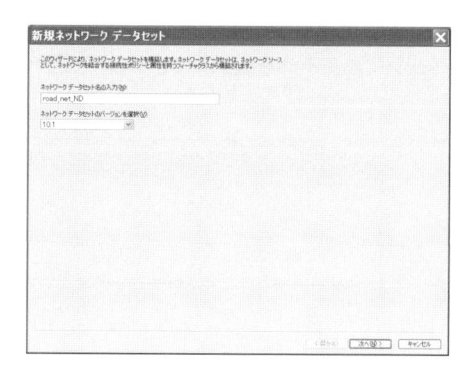

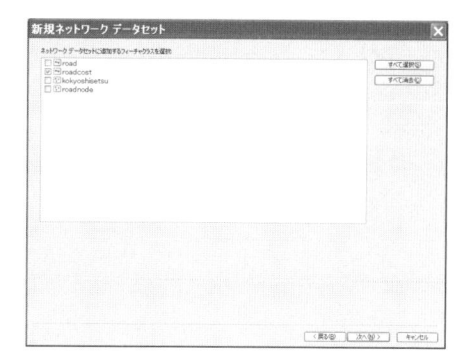

3 [このネットワークでターンをモデリングしますか？] では [いいえ] を選択して [次へ] をクリックします。

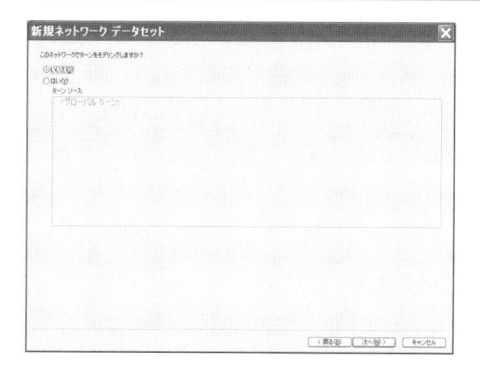

Tips:ターンのモデリング

ターンのモデリングを行うことで、交差点を曲がる際の負荷を定義できます。例えば、自動車のネットワーク データセットを作成する場合、交差点における右折に一定の時間がかかるといったターンのモデリングを行う場合があります。ターンのモデリングを行うには、[このネットワークでターンをモデリングしますか？] の問いに対して [はい] を選択します。

ターンのデフォルト値は [エバリュエータ] を使用して定義できます。左折に15秒（0.25分）かかる場合を VB Script で記述した例を 167 ページに示します。道路の進行方向を 0 度として 30 度～ 150 度を左折として定義しています。

この演習では歩行者のネットワーク データセットを作成するため、ターンのモデリングは行いません。

4 デフォルトの接続性を使用しますので、そのまま [次へ] をクリックします。

5 [ネットワーク フィーチャのエレベーション モデルを選択] で、[なし] を選択して [次へ] をクリックします。

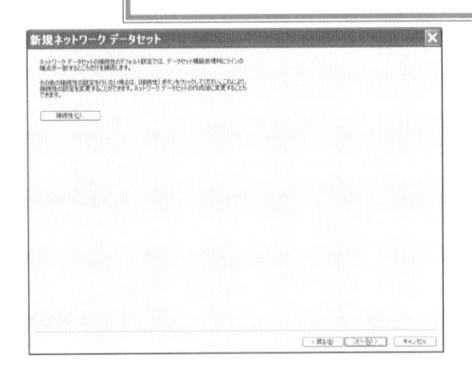

Tips：デフォルトの接続性

ネットワークがどのような接続関係にあるのかを接続性として定義します。デフォルトでは、すべてのソースをひとつの接続性グループとして扱い、ラインの終端（End Point）を接続します。

接続性グループは、複数の交通機関を考慮したマルチモーダル ネットワークを構築する際に定義しますが、この演習では扱いません。

交差点がラインの交点として表現されている道路地図データを利用する場合、接続性ポリシーを [Any Vertex] に設定する必要があります。[Any Vertex] に設定すると、ラインの交点は接続され、交差点のように扱われます。

Tips：エレベーション フィールドによる接続性の制御

エレベーション フィールドはラインの論理的な高さをあらわします。エレベーション フィールドの値が異なるラインは接続されません。

交差点がラインの交点として表現されている道路地図データを利用する場合、エレベーションフィールドを使用して橋やトンネルの立体交差を表現する必要があります。数値地図 2500（空間データ基盤）は、実際に接続関係のある部分だけにノードが存在する仕様のため、エレベーション フィールドを定義しなくても正しい接続性が保たれます。

エレベーション フィールドを定義する場合は、[エバリュエータ] ダイアログ ボックスで設定を行います。

VB Script で条件を指定する場合は、[エバリュエータ] ダイアログボックスの [デフォルト] タブで条件式を指定するエレメントの [種類] から「VB Script」を選択し、[エバリュエータ プロパティ] ボタンをクリックします。

第8章 Network Analyst

[スクリプト エバリュエータ] ダイアログボックスで条件式を記述し、[OK] をクリックします。

例

[Pre-Logic VB Script Code]

turnTime = 0

a = Turn.Angle

If a > 30 And a < 150 Then

　turnTime = 0.25

End If

◆ Value に turnTime を指定します。

　指定した道路の規制速度や指定した距離の道路を移動する時間などはネットワークデータセットの属性で設定します。ネットワークデータセットの属性は、デフォルトで Cost

167

（コスト）、Hierarchy（階層）、Restriction（規制）、Descriptor（記述子）が存在します。

② 属性の追加

🖱1 ［ネットワーク データセットの属性を指定してください］のダイアログで、［追加］をクリックして新規属性の追加ダイアログを開きます。

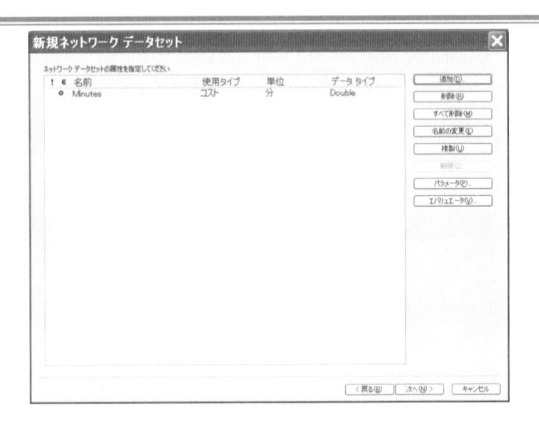

🖱2 以下の 3 つの属性値を追加します。

- 名前：Hierarchy、　使用タイプ：階層（Hierarchy）
- 名前：Restriction、　使用タイプ：規制（Restriction）
- 名前：Length、　　　使用タイプ：コスト（Cost）、　単位：メートル
　　　　　　　　　　　データ タイプ：Double

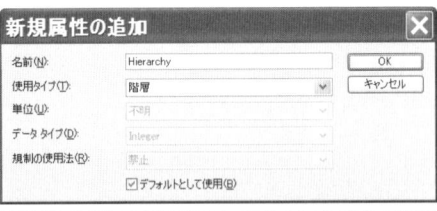

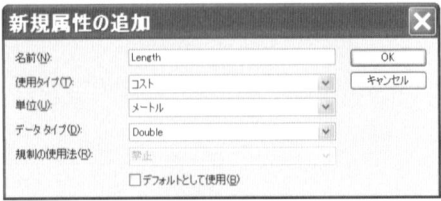

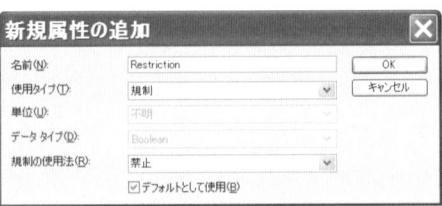

第8章 Network Analyst

Tips:属性のデフォルト名

あらかじめ決められた名前のフィールドは自動的にネットワーク データセットの属性として追加され、ネットワーク解析の際に自動的に使用されます。Step 2 で作成した FT_MINUTES、TF_MINUTES はデフォルト名を使用しているため、すでに属性として追加されているはずです。属性の名前を入力する際には、スペルミスのないようにご注意ください。

Hierarchy 属性を使用して道路を幹線道路、一般道路、ローカル道路の順に階層化し、ネットワーク解析の際に、優先順位の高い幹線道路から検索することによって、より現実的なルートの探索が可能になります。階層的な道路の探索によって、すべての道路を均一に探索する場合と比較して探索に要する時間が短くなります。

> **3** 属性一覧の Hierarchy を選択した状態で、[エバリュエータ] をクリックします。[ソースの値] タブで種類と値を以下のように設定して、[OK] をクリックします。

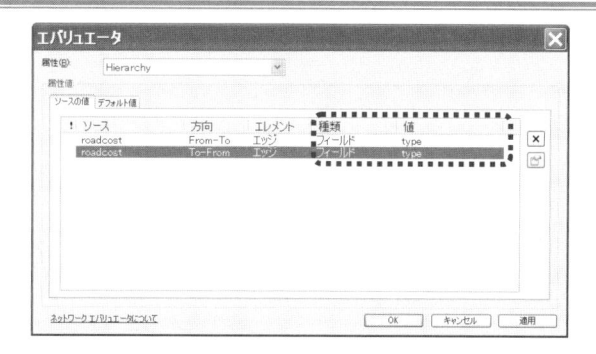

- ✦ ディレクションが From-To のソースの種類を[フィールド]、値を [type] に設定
- ✦ ディレクションが To-From のソースの種類を[フィールド]、値を [type] に設定

高速道路は幹線道路、国道、県道、地方道は一般道路、その他の道路は生活道路と見なされるように、階層範囲を設定します。

> **4** 属性一覧の Hierarchy を選択した状態で、[範囲] をクリックします。[幹線道路の上限] を「1」、[生活道路の下限] を「5」に変更して [OK] をクリックします。

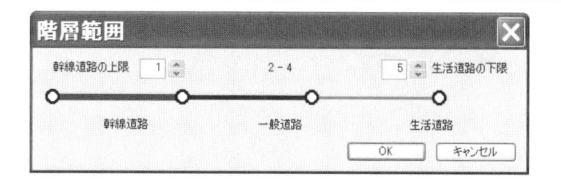

高速道路は歩行できないため、通行規制を設定します。

> **5** 属性一覧の Restriction を選択した状態で、[エバリュエータ] をクリックします。ディレクションが From-To のソースの種類を [スクリプト] に設定して、右側にある [エバリュエータ プロパティ] をクリックします。

> **6** [読み込み] ボタンをクリックし、「D:¥gis03¥ex8¥data¥restriction_vb.sev」を選択し、[開く] をクリックします。コードが [Pre-Logic VB Script Code] に表示されていることを確認し、[OK] をクリックします。
> コードが読み込めない場合は、[Value=] のテキストボックスに r と入力してから、以下のコードを入力します。

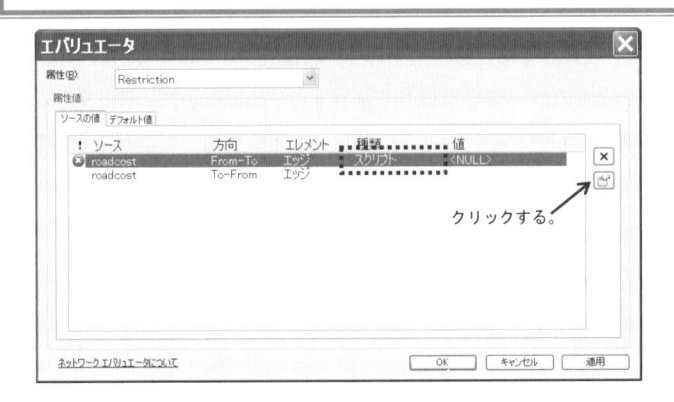

Pre-Logic VB Script Code:「D:¥gis03¥ex8¥data¥restriction_vb.sev」

```
r = 0
t = Edge.AttributeValueByName("Hierarchy")
If (t = 1) Then
 r = -1
End If
```

> **7** ディレクションが To-From のソースの種類を [スクリプト] に設定して、同様に同じコードを入力して [OK] をクリックします。もう一度 [OK] をクリックして、属性一覧へと戻ります。

第8章 Network Analyst

8. 属性一覧の Length を選択した状態で、[エバリュエータ] をクリックします。
[ソースの値] タブでソースの [種類] を [フィールド]、[値] を [Shape_Length] に設定し、[OK] をクリックします。属性一覧へと戻り、[次へ] をクリックします。

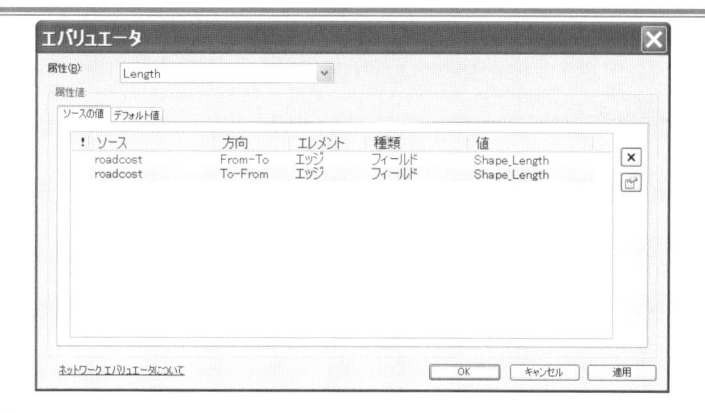

9. [このネットワーク データセットにルート案内の設定を行いますか?] で [はい] を選択して [次へ] をクリックします。

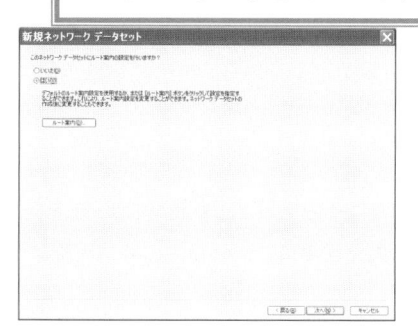

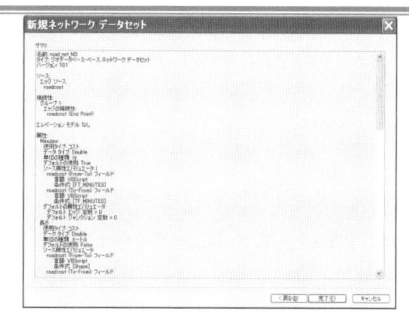

10. ネットワーク データセットのサマリが表示されますので、内容を確認してから [完了] をクリックします。
[新しいネットワークデータセットが作成されました。今すぐネットワークを構築しますか?] では、[はい] をクリックします。
ネットワークの構築が完了したら ArcCatalog を閉じます。

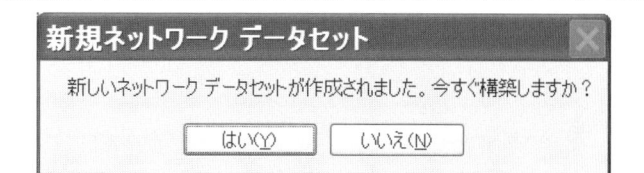

| Step 4 | Network Analyst の実行 |

ネットワーク解析のデータ モデルの作成が完了し、Network Analyst による解析を実行する準備が整いました。Step 4 では、Network Analyst の以下の 4 つの解析機能を順に実行して、基本的な使いかたを学びます。

① ルート解析

2 点間の最短ルートや複数の場所を訪れる場合の最適なルートを検索します。コストの定義によって、最短、最速、または最も景色がきれいなルートといったようにさまざまなルートを検索できます。複数の場所を訪れる場合、訪れる順序や時間枠を考慮した解析を行えます。

② 到達圏解析

ネットワーク上のある位置の周囲に存在する到達圏をポリゴン フィーチャクラスとして作成します。到達圏は、商圏分析や災害時の避難場所のアクセス性の評価などに利用できます。ネットワークのコストを考慮した周辺の定義が可能となるため、バッファ解析と比較して、より高度な解析が可能となります。

③ 最寄り施設の検出解析

最寄り施設が見つかると、その施設への、またはその施設からの最適なルートを表示し、各ルートの移動コストを求めることができます。例えば、火災現場に 15 分以内に到着可能な消防署をすべて検出できます。

④ OD コストマトリックス解析

複数の起点（Origin）と終点（Destination）の間のコスト行列を作成します。複数の地点間を直線またはルートで結んだネットワーク図を作成する際にも利用できます。

① ルート解析

1. ArcMap を起動します。

2. ArcMap のエクステンションで「Network Analyst」が有効になっているかどうかを確認します。

第8章 Network Analyst

3. [データの追加] をクリックして以下の 2 つのデータを追加します。ネットワークデータに含まれるすべてのフィーチャを追加するかどうかの問いに対しては、[はい] をクリックします。

- 「D:¥gis03¥ex08¥data¥exercise.gdb¥road_net¥road_net_ND」

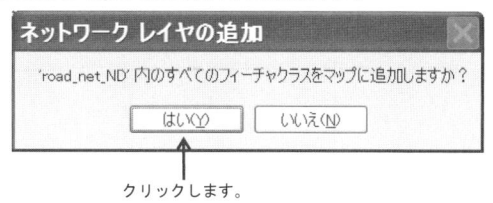

ネットワーク レイヤの追加
'road_net_ND' 内のすべてのフィーチャクラスをマップに追加しますか？
[はい(Y)] [いいえ(N)]

クリックします。

- 「D:¥gis03¥ex08¥data¥exercise.gdb¥road_net¥kokyoshisetsu」

4. コンテンツで「road_net_ND_Junctions」、「road_net_ND」レイヤのチェックをはずし、レイヤを非表示にします。

5. [カスタマイズ] → [カスタマイズ モード] をクリックし、[ユーザ設定] ダイアログボックスを開きます。ツールバーの一覧にある Network Analyst にチェックを入れてから、[閉じる] をクリックします。

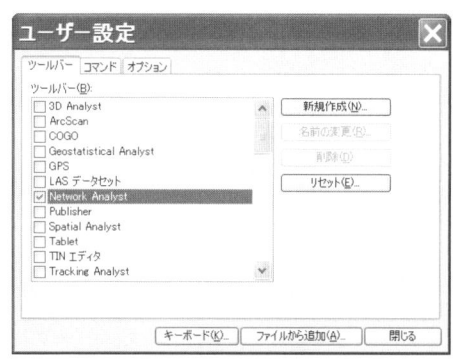

クリックします。

6 「kokyoshisetsu」レイヤを右クリックしてプロパティを開き、[フィルタ設定] の タブを表示して、[検索条件設定] ボタンをクリックします。

↑
クリックします。

7 [検索条件設定] ダイアログボックスで、[SYURUI] をダブルクリックし、[=] ボタンをクリックします。[個別値を取得] ボタンをクリックし、リストから [郵便局] をダブルクリックしてください。
条件式が [SYURUI] = '郵便局'となっていることを確認後、[OK] をクリックします。もう一度 [OK] をクリックしてレイヤ プロパティを閉じます。

◆ "SYURUI" = '郵便局'
条件式は [フィルタ設定] タブのテキストボックスに直接入力することもできます。

演習8 道路の経路を検索しよう！

第8章 Network Analyst

8 [Network Analyst] ツールバーを選択し、[新規ルート] をクリックします。

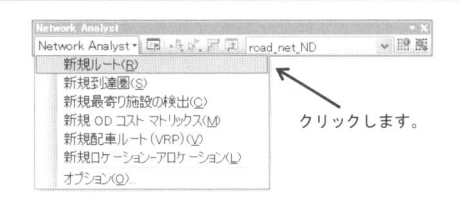

```
Network Analyst
Network Analyst ▼ □ road_net_ND
  新規ルート(R)
  新規到達圏(S)
  新規最寄り施設の検出(C)
  新規 OD コスト マトリックス(M)
  新規配車ルート(VRP)(V)
  新規ロケーション-アロケーション(L)
  オプション(O)
```

クリックします。

9 Network Analyst ツールバー上の [ネットワーク ロケーション作成] をクリックしてから、以下の順番ですべての郵便局にロケーションを作成します。作成したロケーションの移動や削除には [ネットワーク ロケーションの選択/移動] を使用します。

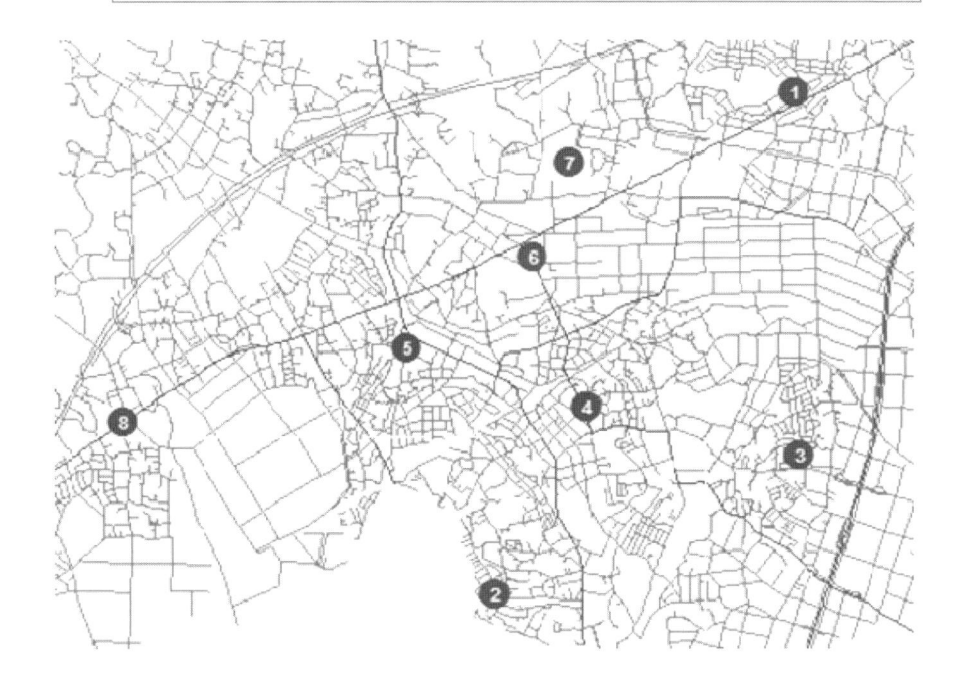

10 [Network Analyst] ツールバー上の [解析の実行] をクリックします。指定した順番で郵便局を経由する最短時間ルートが表示されることを確認します。

175

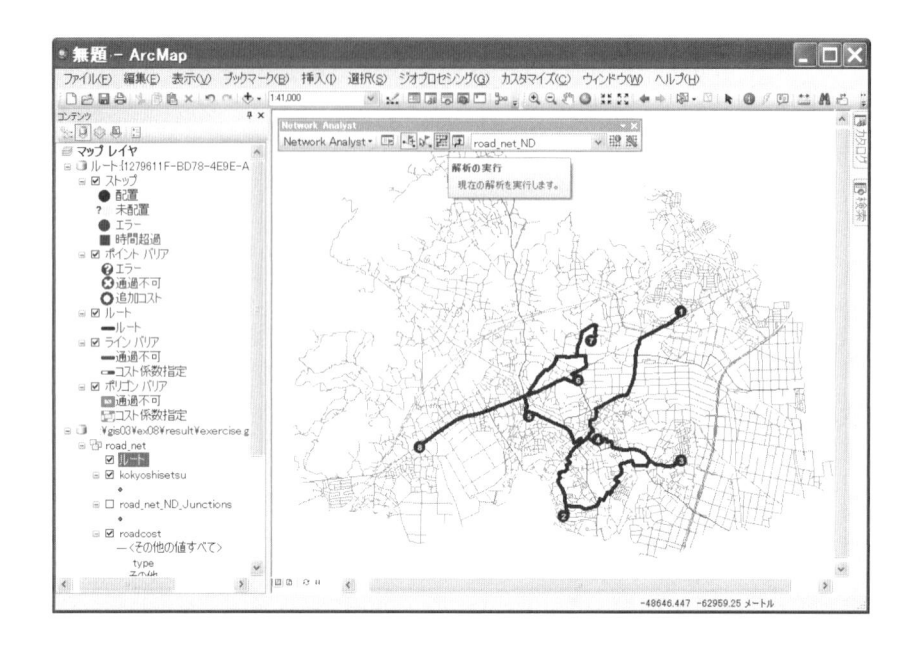

Tips：時間枠つき非対称巡回セールスマン問題

Network Analyst のルート解析では、すべての経由地を最短時間で経由する時間枠（Time Window）つき非対称巡回セールスマン問題を解くことができます。時間枠を設定すると、指定した時刻範囲に経由地を経由するルートを作成し、各経由地の到着時刻、出発時刻、待ち時間、超過時間などを算出できます。解析の設定で時間枠が有効になっている場合、各ロケーションのプロパティから時間枠を設定できます。

※巡回セールスマン問題（Traveling Salesman Problem）：あるセールスマンが N 個の都市を一度ずつ訪問して出発点に戻ってくるときに、総移動距離が最短になる経路を求める問題

11 解析の設定を変更し、巡回セールスマン問題を解きます。[Network Analyst] ツールバーの [Network Analyst ウィンドウ] ボタンをクリックして、[Network Analyst] ウィンドウを表示させます。[ルート プロパティ] ボタンをクリックします。

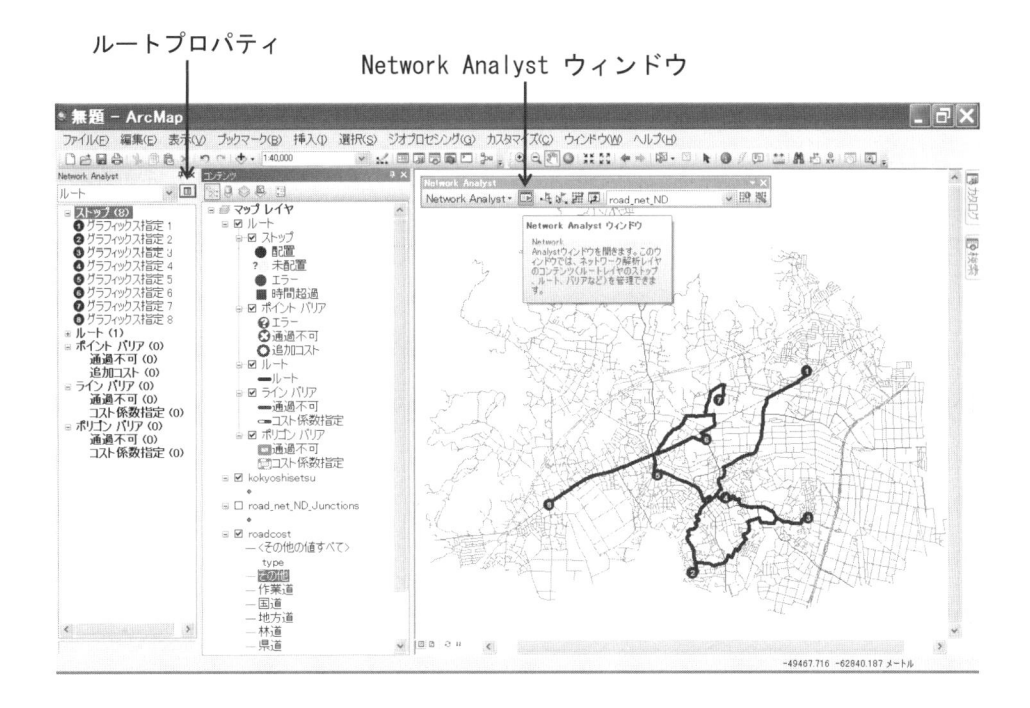

第8章 Network Analyst

ルートプロパティ　　　　Network Analyst ウィンドウ

12 [解析の設定] タブをクリックして、[ストップを並べ替えて最適ルートを検出] にチェックを入れます。[OK] をクリックして、[レイヤ プロパティ] ダイアログボックスを閉じます。

13 [Network Analyst] ツールバーの [Network Analyst ウィンドウ] ボタンをクリックして、[Network Analyst] ウィンドウを非表示にします。

14 [Network Analyst] ツールバー上の [解析を実行] をクリックします。ロケーション 1 から出発してすべての郵便局を巡回し、ロケーション 8 に到着する最短時間ルートが表示されます。

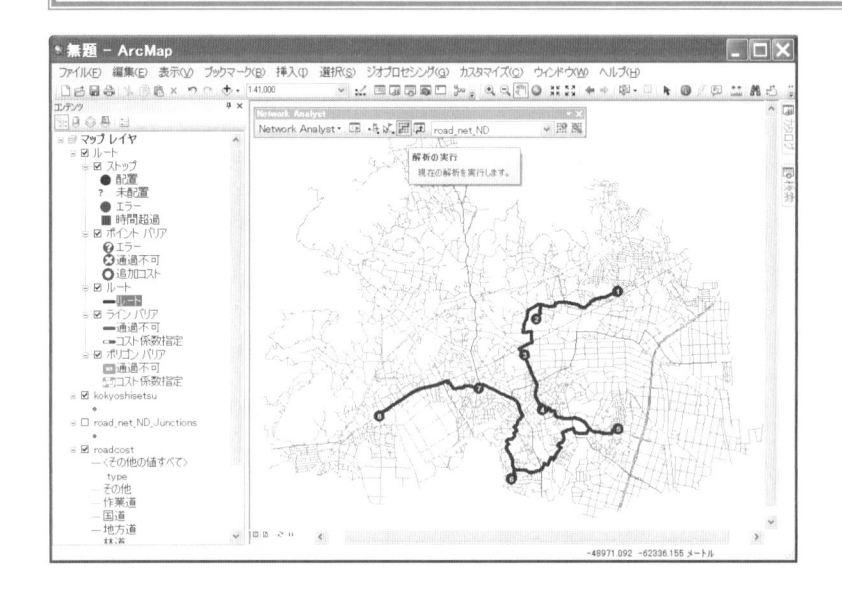

15 「ルート」レイヤ内の「ルート」レイヤを「D:¥gis03¥ex08¥data¥exercise.gdb¥road_net¥route」としてエクスポートします。[マップにレイヤとしてエクスポート データを追加しますか？] と表示されるので、[はい] をクリックします。

Tips：レイヤのエクスポート メニューが表示されない場合

「ルート」レイヤを右クリックして、[データ] → [データのエクスポート] メニューが表示されない場合は、[コンテンツ] ウィンドウが [描画順にリスト] 表示となっているかどうかを確認してください。

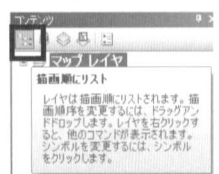

演習8 道路の経路を検索しよう！

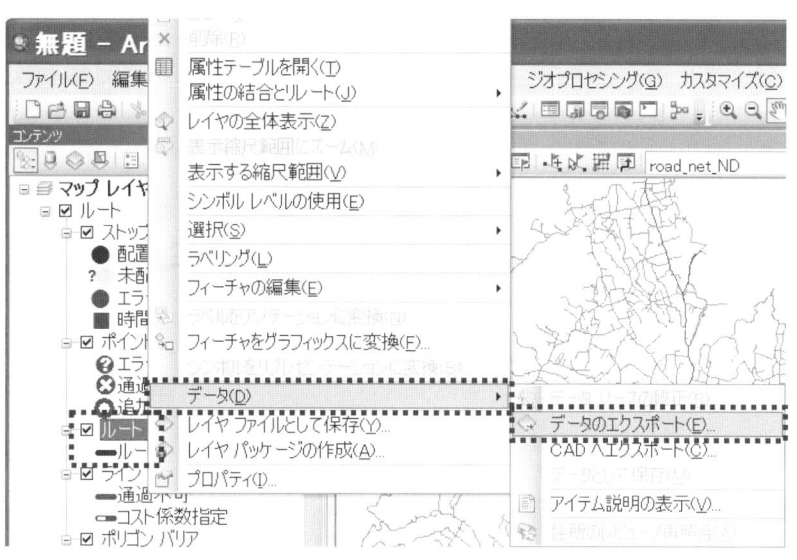

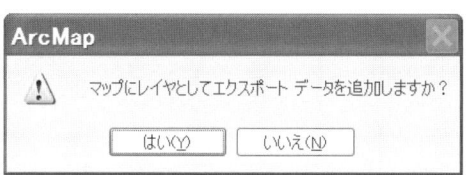

第8章 Network Analyst

16 到達圏解析へと進む前に、ネットワーク解析レイヤ（ルート）を削除します。

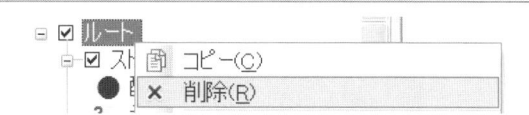

② 到達圏解析

1 [Network Analyst] ツールバーを選択し、[新規到達圏] をクリックします。

← クリックします。

2 [Network Analyst] ツールバーの [Network Analyst ウィンドウ] ボタンをクリックして、[Network Analyst] ウィンドウを表示させます。

3 [Network Analyst] ウィンドウで施設 (0) を右クリックし、[ロケーションの読み込み] をクリックします。

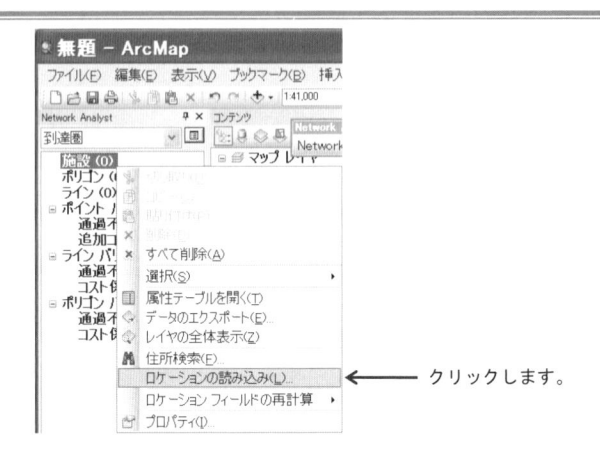

← クリックします。

4 「kokyoshisetsu」レイヤを読み込み対象として [OK] をクリックします。

5 Network Analyst ウィンドウで [到達圏 プロパティ] ボタンをクリックします。

演習8 道路の経路を検索しよう！

180

第8章 Network Analyst

到達圏プロパティ

6. [解析の設定] タブをクリックして、デフォルトのブレークを以下のように設定します。また、[階層の使用] のチェックをはずし、[OK] をクリックします。

✦ デフォルトのブレイク:5 10 20

郵便局から徒歩 5 分、10 分、20 分以内のサービス エリアを表示します。

7. [Network Analyst] ツールバーの [Network Analyst ウィンドウ] ボタンをクリックして、[Network Analyst] ウィンドウを非表示にします。

8. [Network Analyst] ツールバー上の [解析を実行] をクリックします。作成された到達圏のポリゴン フィーチャクラスを確認します。

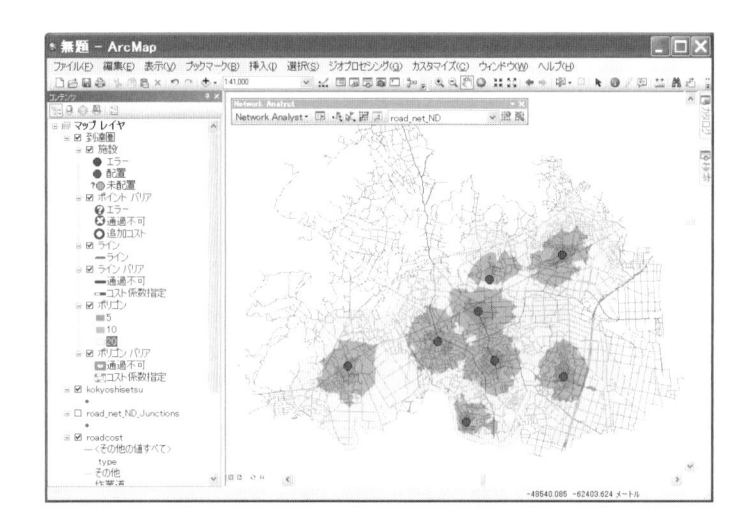

それぞれの郵便局の商圏はネットワークのコストにもとづいて異なっており、直線距離ではすぐ近くであるにもかかわらず、到着に 10 分以上の時間を要する場所などを把握できます。

> ネットワーク解析レイヤ（到達圏）のポリゴン レイヤのデータを、
> 「D:¥gis03¥ex08¥data¥exercise.gdb¥road_net¥service_area」としてエクスポートします。
> [マップにレイヤとしてエクスポート データを追加しますか？] と表示されますので、[はい] をクリックします。

第8章 Network Analyst

10 「service_area」レイヤのチェックをはずし、レイヤを非表示にします。

11 最寄り施設の検出へと進む前に、ネットワーク解析レイヤ(到達圏)を削除します。

③ 最寄り施設の検出

1 [Network Analyst]ツールバーを選択し、[新規最寄り施設の検出]をクリックします。

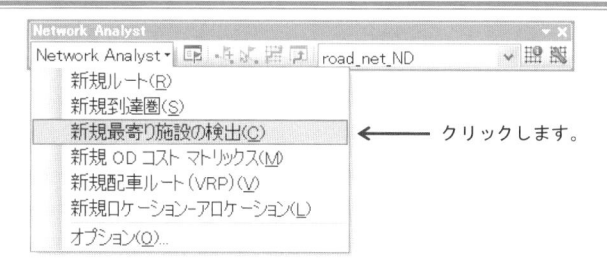

← クリックします。

2 [Network Analyst]ツールバーの[Network Analyst ウィンドウ]ボタンをクリックして、[Network Analyst]ウィンドウを表示させます。

3 [Network Analyst]ウィンドウで施設(0)を右クリックし、[ロケーションの読み込み]をクリックします。読み込むレイヤが「kokyoshisetsu」であることを確認し、[OK]ボタンをクリックします。

4 [Network Analyst] ウィンドウのインシデント(0)を選択した状態で [ネットワークロケーション作成] を使用して、以下のように道路上の任意の地点にインシデントを作成します。

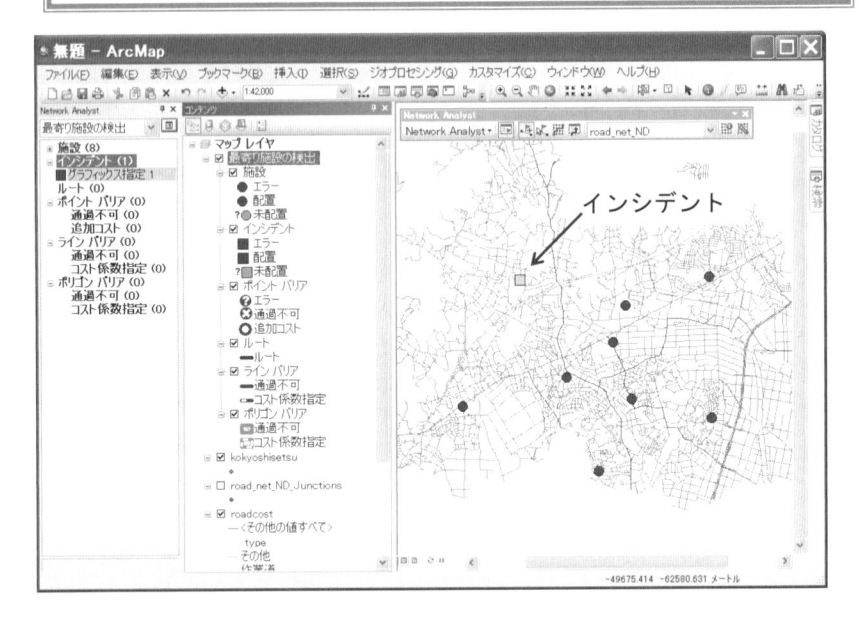

5 Network Analyst ウィンドウの [最寄り施設の検出プロパティ] をクリックします。

最寄り施設の検出プロパティ

6 [解析の設定] タブをクリックして、以下のように設定し、[OK] をクリックします。

- デフォルトのカットオフ値 ：〈なし〉
  カットオフ値を指定すると、一定のコスト（インピーダンス）以内で到着可能な施設を検出します。例えば、カットオフ値として 5 を指定すると、5 分以内に到着可能な郵便局が検出の対象となります。
- 検出する施設 ：3
  検出する施設の数を指定します。

第8章 Network Analyst

7. [Network Analyst] ツールバーの [Network Analyst ウィンドウ] ボタンをクリックして、[Network Analyst] ウィンドウを非表示にします。

8. [Network Analyst] ツールバーの [解析を実行] をクリックします。インシデントとして設定した位置の最寄りの郵便局が 3 箇所検出されます。

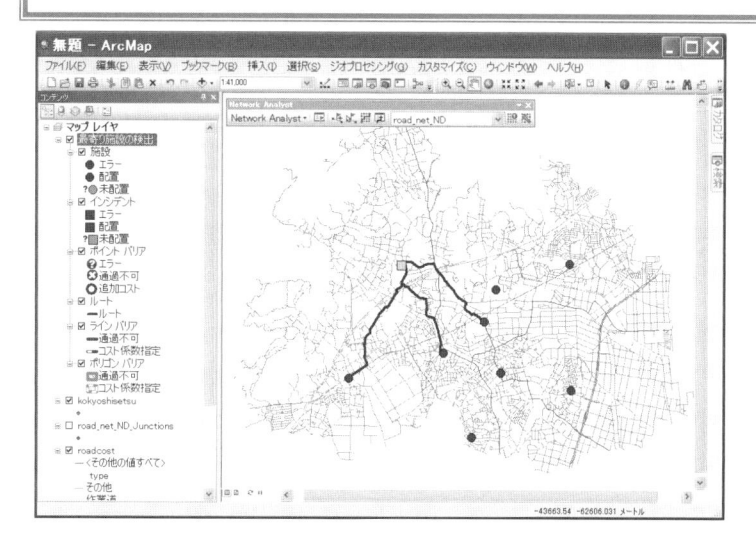

9. OD コスト マトリックスを作成する前に、ネットワーク解析レイヤ(最寄り施設の検出)を削除します。

④ OD コスト マトリックス

1 [Network Analyst] ツールバーを選択し、[新規 OD コスト マトリックス] をクリックします。

```
Network Analyst
Network Analyst ▼ [アイコン類] road
  新規ルート(R)
  新規到達圏(S)
  新規最寄り施設の検出(C)
  新規 OD コスト マトリックス(M)    ← クリックします。
  新規配車ルート (VRP)(V)
  新規ロケーション-アロケーション(L)
  オプション(O)...
```

2 [Network Analyst] ツールバーの [Network Analyst ウィンドウ] ボタンをクリックして、[Network Analyst] ウィンドウを表示させます。

3 [Network Analyst ウィンドウ] で、[起点 (0)] を右クリックし、[ロケーションの読み込み] をクリックします。読み込むレイヤが「kokyoshisetsu」であることを確認し、[OK] ボタンをクリックします。

4 同様に、終点 (0) を右クリックし、[ロケーションの読み込み] をクリックします。読み込むレイヤが「kokyoshisetsu」であることを確認し、[OK] ボタンをクリックします。

Tips：OD コスト マトリックスの利用

OD コスト マトリックスは複数の起点 (Origin) と終点 (Destination) の間のコスト行列を作成します。例えば、輸送経路の最適化問題を解く際に、ノード間のコストがすべて必要となる場合がありますが、OD コスト マトリックスを作成すると、複数の施設間のコストを一度に求めることができるため便利です。起点と終点に異なる施設を指定することもできます。

[解析の設定] タブでは、それぞれの施設を直線で結ぶか、実際のルートで結ぶかなどを指定できます。

第8章 Network Analyst

5 [Network Analyst] ツールバーの [Network Analyst ウィンドウ] ボタンを クリックして、[Network Analyst] ウィンドウを非表示にします。

6 [Network Analyst] ツールバーの [解析を実行] ボタンをクリックします。 それぞれの施設間を直線で結んだネットワーク図が表示されます。

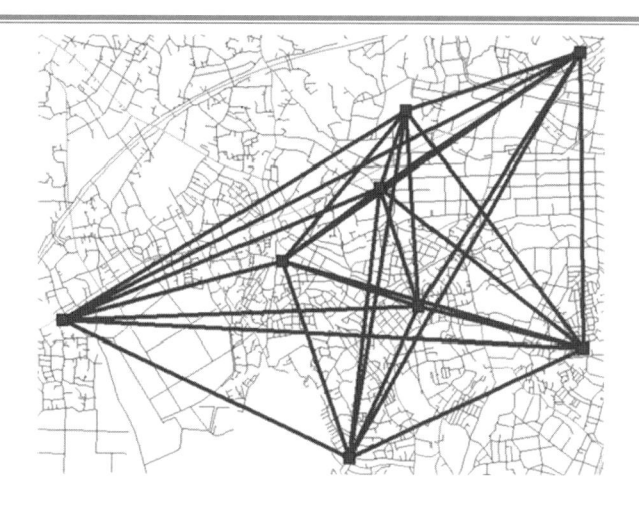

7 「OD コスト マトリックス」レイヤ内の「ライン」レイヤを右クリックし、[属性テーブルを開く] から属性テーブルを表示し、それぞれの施設間のコストやランクを確認します。

8. ネットワーク解析レイヤ（OD コスト マトリックス）を削除します。

9. ［ファイル］→［名前を付けて保存］から
「D:¥gis03¥ex08¥data¥Network_result.mxd」としてマップ ドキュメントを保存します。［ArcMap］を終了します。

以上で演習は終了です。

第8章 Network Analyst

Tips：Network Analyst エクステンションがなくても使用可能なルート検索

この章の解析には、Network Analyst エクステンションが必要です。ただし、ArcGIS 10 からは Network Analyst エクステンションがなくてもネットワークデータセットが用意されていれば、ルート検索を行うことができます。

ただし、ルート検索を行う場合、ネットワークデータセットには下図のように、ルート案内が設定されている必要があります。ルート検索が設定されていない場合、以下のエラーが表示されルート検索ができません。

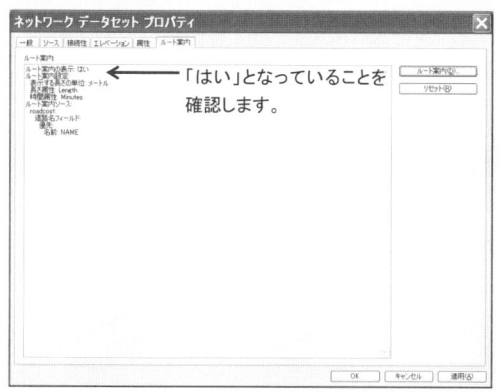

「はい」となっていることを確認します。

操作方法

1. ArcMap の［ツール］ツールバーから、［ルート検索］ボタンをクリックします。

2.［ルート検索］ダイアログで［オプション］タブをクリックします。

3.［ルートサービス］で［ルート検索］に使用するネットワークデータセットを指定します。

4.［ストップ］タブをクリックします。

5. 訪れる順番にストップを設定します。

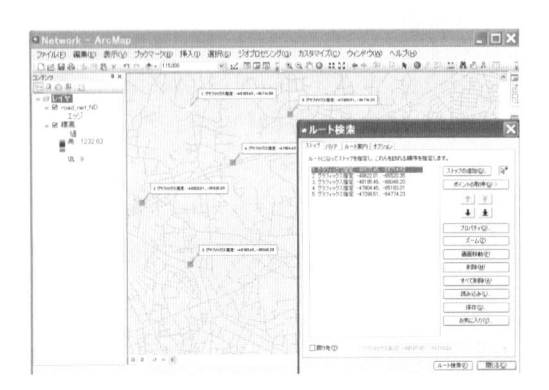

6.[ルート検索] ボタンをクリックし、検索結果を表示します。

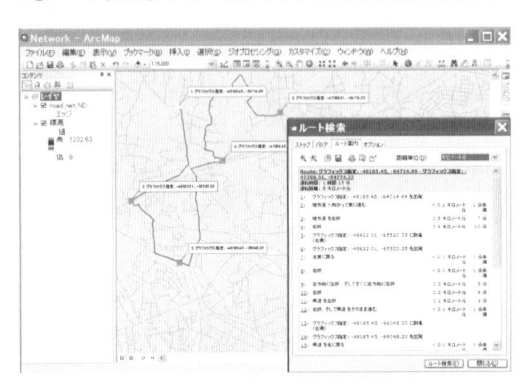

下図のようにバリアを設定してルートを検索することも可能です。

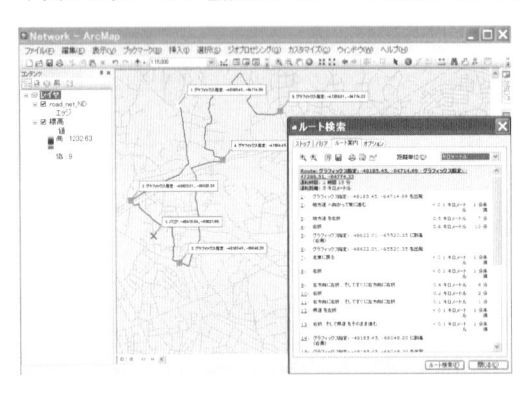

Question の Answer

OBJECTID	ID	NAME	type	FT_MINUTES	TF_MINUTES
1	784	<Null>	5	0.023665	0.023665
2	917	作業道	7	34.57172	22.07845
3	924	林道	6	12.204054	8.411137

第9章 ジオデータベースの設計

演習9 ジオデータベースを活用して
　　　　プロジェクトを実践しよう！

この章では、これまで学んだジオデータベースの機能を活用して実際のモデリング方法について学びます。演習を通じて、別々に管理されていたデータを一つのGIS に集約し、効率のよいデータ管理・分析を行う方法を習得します。

【Introduction】

ジオデータベースが持つ機能を利用して、仮想プロジェクトで課題となっている問題を解決していきます。この仮想プロジェクトでは、GIS データ モデリングを行い、課題解決のためにどのようなデータを作成すればよいかを検討します。検討した結果をもとにデータを作成し、分析を行います。

GIS データ モデリングとは

GIS データ モデリングを行うには、4 つのステップがあります。

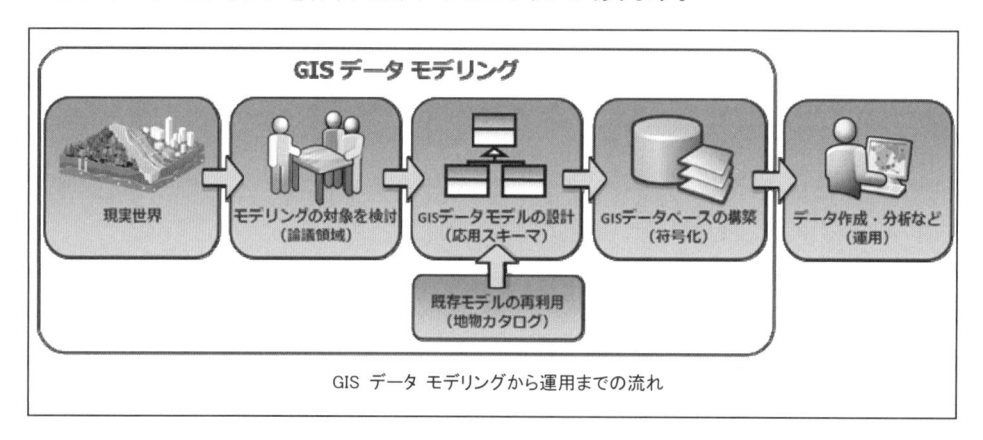

GIS データ モデリングから運用までの流れ

現実世界には様々な要素が存在しています。ここからプロジェクトに必要な情報を取捨選択します。例えば、電力設備管理システムを構築する場合は、発電所、変電所、電力線、鉄塔、電柱といった地物が必要でしょうし、電力会社の顧客情報管理システムを構築する場合には契約者の住所や契約情報が必要になるでしょう。また、データを整備する対象地域も目的によって異なります。都市ガス会社なら都道府県をまたぐ広範囲が対象となるでしょうし、プロパンガス会社なら市区町村や比較的小さな地域が対象となるでしょう。このように、現実世界から目的に応じた必要な地物を取得したり、データ構築の対象地域を決めたりするなど、モデリングの対象を関係者と検討することを「論議領域」といいます。

論議領域が決まったら、次にデータを構築するためのモデル設計を行います。例えば、図形情報（空間属性ともいいます）として建物をデータ化する場合、大縮尺の基盤地図を作成する場合はポリゴンとして形状が把握できた方がよいでしょうし、住所検索システムで使用する建物はポイントとして代表点が取得できればよいでしょう。また、必要な属性情報（主題属性ともいいます）としてどのような情報を含めたら良いのかも考えます。住所検索システムでは、住所情報として都道府県、市区町村、字、町丁目、街区符号、住居番号、地番が必要で、それぞれに適切なフィールド型（属性型）を定義します。さらに、データ間がどのような関係（継承や集約など）にあるのかも定義します。これらの定義を「スキーマ」と呼びますが、すでに空間属性や主題属性を定義するためのパーツとなるスキーマは用意さ

第9章 ジオデータベースの設計

れているので、これらを応用してそのプロジェクトに特化したスキーマを定義します。これを「応用スキーマ」といいます。一度作成した応用スキーマは他のプロジェクトなどに再利用でき、雛形として新しいモデルを定義できます。この雛形を「地物カタログ」といい、より多くの地物カタログが作成され、公開されることによって応用スキーマを作成するコストが軽減できます。

応用スキーマが完成したら、スキーマに即してGIS用のデータベースを作成します。これを「符号化」といいます。

以上でGISデータの構築が完了します。これら一連の流れを「GIS データ モデリング」といいます。

モデリングによってデータベースの構築が完了したら、新規作成や、既存のデータからの移行によってデータ構築を行い、更新作業を行ったり、空間分析を行えるようになります。

仮想 GIS プロジェクトの実践

実際に、GIS データ モデリングを行ってみましょう。このプロジェクトでは、公園に関するデータをGISで一元管理して業務効率化を目指します。この仮想プロジェクトの内容と、GIS データ モデリングを行うための手順は以下のとおりです。

問題

ある自治体では、公園設備を効率よく管理したいと考えています。現在、公園と公園に設置されている設備（遊具や施設など）を管理するデータベースは別々に管理されています。設備の点検データも別に作成されています。そのため、点検が必要な公園を特定して作業を委託するまでに時間を要します。

解決したい課題

- ✦ 新しく公園を造園する際に、公園と公園設備のデータを効率よく管理したい。
- ✦ 既存の公園で最終点検時期が古い設備を検索して点検対象の公園を特定したい。

モデリング対象の検討（論議領域）

- ✦ 対象地域　　：神奈川県伊勢原市高森一丁目〜高森七丁目地域
- ✦ 使用データ　：・公園情報（公園、公園設備、公園設備の点検情報）
  　　　　　　　　※ここで使用する公園に関する情報は仮想のデータです
  　　　　　　　・ベースマップ（市区町村、大字・町丁目、街区）

GIS データ モデルの設計（応用スキーマ）

- ✦ 演習のステップ 1 で確認します。

既存モデルの再利用（地物カタログ）

- ベースマップは、あらかじめ作成されているジオデータベースをインポートします。

ジオデータベースの構築（符号化）

- 既存のモデルを再利用してジオデータベースを構築します。

データ作成

- 構築したジオデータベースに既存の情報を取り込みます。ここでは、個別の情報として作成されていたデータをジオデータベースに登録します。
- 新しく造園する公園のデータを作成します。
- 公園と公園設備データの関連性を確認します。

分析

- 点検作業が必要な公園を特定します。

【Goal】

この演習が終わるまでに以下のことが習得できます。

- GIS データ モデルの構築方法（GIS データ モデリング）

【License】

この演習は以下の製品で実行できます。
ArcGIS for Desktop Standard / Advanced

第9章 ジオデータベースの設計

【Data】

この演習では次のデータを使用します。

主題	図形タイプ	データソース
公園	ポリゴン	Park.shp
公園設備	ポイント	ParkFacility.shp
点検情報	テーブル	Maintenance.csv, schema.ini
市区町村	ポリゴン	BaseMapTemplate.xml
大字・町丁目	ポリゴン	BaseMapTemplate.xml
街区	ポリゴン	BaseMapTemplate.xml

【Course Schedule】

Step	項目	1回目	2回目	3回目
Step 1	GIS データ モデルの設計 ① ジオデータベースのスキーマ定義	10 分	( )分	( )分
Step 2	ジオデータベースの作成と既存データの読込 ① 演習データをハードディスクにコピー ② 演習データを確認 ③ 新規ジオデータベースの作成 ④ インポートによるフィーチャクラスの読み込み ⑤ XML ジオデータベースの読み込み	20 分	( )分	( )分
Step 3	ドメイン・サブタイプ・リレーションシップ クラスの構築 ① ドメインの定義と適用 ② サブタイプの定義と適用 ③ リレーションシップ クラスの構築	20 分	( )分	( )分
Step 4	ジオデータベースの利用 ① 新規フィーチャの作成 ② データの分析	15 分	( )分	( )分

Step 1　GIS データ モデルの設計

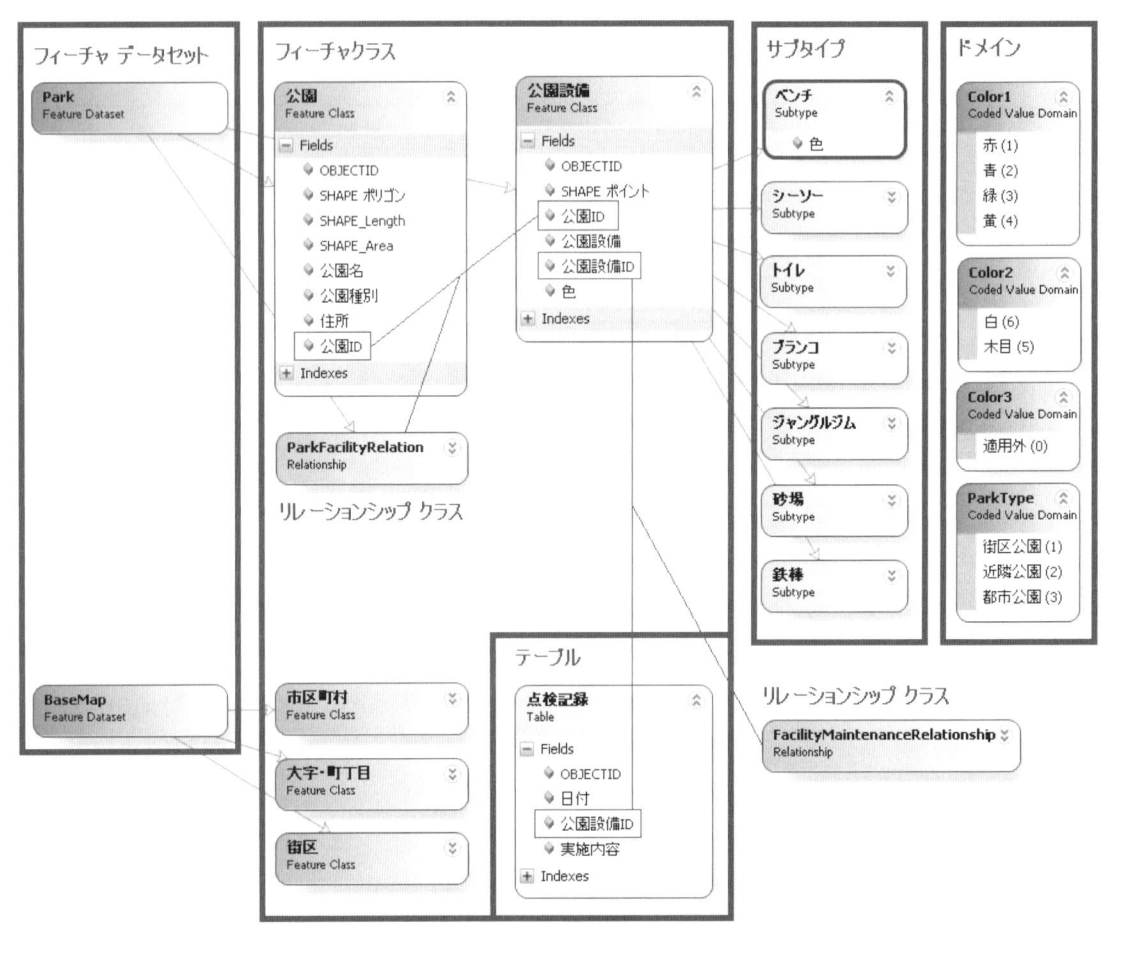

GIS データモデルのスキーマ定義

演習 9　ジオデータベースを活用してプロジェクトを実践しよう！

　「Park」フィーチャ データセット内に、「公園」フィーチャクラスと「公園設備」フィーチャクラスを作成し、2 つのフィーチャクラスを「公園ID」フィールドで紐付けした「ParkFacilityRelation」リレーションシップ クラスを構築します。データの中には同じ名前の公園が存在することも考えられるので、ユニークな公園を特定するために「公園ID」フィールドを設定しています。

第9章 ジオデータベースの設計

[公園 フィーチャクラスの属性テーブル]

公園 フィーチャクラス

[公園設備 フィーチャクラスの属性テーブル]

公園設備 フィーチャクラス

また、「点検設備」フィーチャクラスと「点検記録」テーブルとの紐付けには「公園設備ID」フィールドを設定しています。

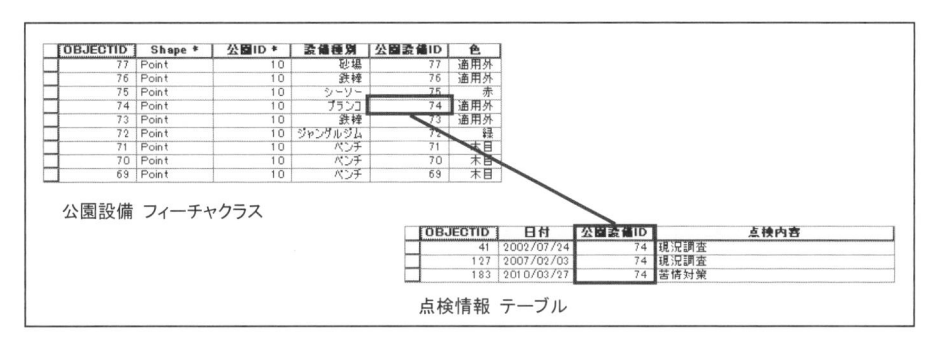

[公園設備 フィーチャクラスの属性テーブル]

公園設備 フィーチャクラス

[点検情報 テーブル]

点検情報 テーブル

「公園設備」フィーチャクラスは、設備の特性によって設定されている「色」情報が異なります。ここでは、公園設備の性質を受け継いだサブタイプを作成しています。サブタイプの種類によって、「色」フィールドで設定可能な値を「Color 1」、「Color 2」、「Color 3」ドメインから選択します。また、「公園」フィーチャクラスの「公園種別」フィールドも「ParkType」ドメインから選択します。

背景図のベースマップとして、「BaseMap」フィーチャ データセットを作成し、「市区町村」、「大字・町丁目」、「街区」フィーチャクラスを格納します。

> **Tips: ArcGIS Diagrammer**
>
> ここで示したスキーマ定義の図は、米国 Esri が提供する「ArcGIS Diagrammer」によって作成しました。ArcGIS Diagrammer は、ジオデータベースのフィーチャクラス、フィールド、ドメインなどの情報を視覚的に作成・確認できるツールです。
>
> **ArcGIS Diagrammer for 10.2**
>
> http://www.arcgis.com/home/item.html?id=51b6066bfd024962999f6903682d8978

Step 2　ジオデータベースの作成と既存データの読み込み

　ジオデータベースのスキーマが定義できたら、スキーマを元にジオデータベースを構築します。ここでは、シェープファイルや Excel ワークシートなど、別の形式で作成されているデータが存在するので、3 種類の方法でジオデータベースにデータを読み込みます。

① 新規ジオデータベースの作成

1　データのダウンロードを行い、ファイルの読み取り属性をサブフォルダも含めて解除します。以降では、ダウンロードされたデータが「D:¥gis03」フォルダにコピーされているものとして説明します。

2　[ArcCatalog] を起動します。

3　[カタログ ツリー] ウィンドウでコピー後の「D:¥gis03¥ex09」フォルダ内のデータを確認します。

4　以下のデータが含まれていることを確認してください。

- ◆ BaseMapTemplate.xml　　ベースマップ用データ
- ◆ Maintenance.csv　　公園設備点検記録（CSV 形式）
- ◆ Park.shp　　公園（ポリゴン シェープファイル）
- ◆ ParkFacility.shp　　公園設備（ポイント シェープファイル）

5　[カタログ ツリー] ウィンドウで「D:¥gis03¥ex09」フォルダを右クリックし、[新規作成] → [ファイル ジオデータベース] をクリックしてファイル ジオデータベースを作成し、名前を「ex09.gdb」とします。

6　「ex09.gdb」を右クリックし、[新規作成] → [フィーチャ データセット] をクリックし、名前を「Park」と入力して [次へ] をクリックしてください。

第9章 ジオデータベースの設計

7 フィーチャ データセットに適用する XY 座標系の設定を行います、[座標系の追加] ⊕ ▼ → [インポート] をクリックし、座標系の参照ダイアログで、「D¥gis03¥ex09¥ex09¥Park.shp」を選択して、[追加] をクリックします、[お気に入り] フォルダに「JGD_2000_Japan_Zone_9」が設定されていることを確認したら、[次へ] をクリックします。

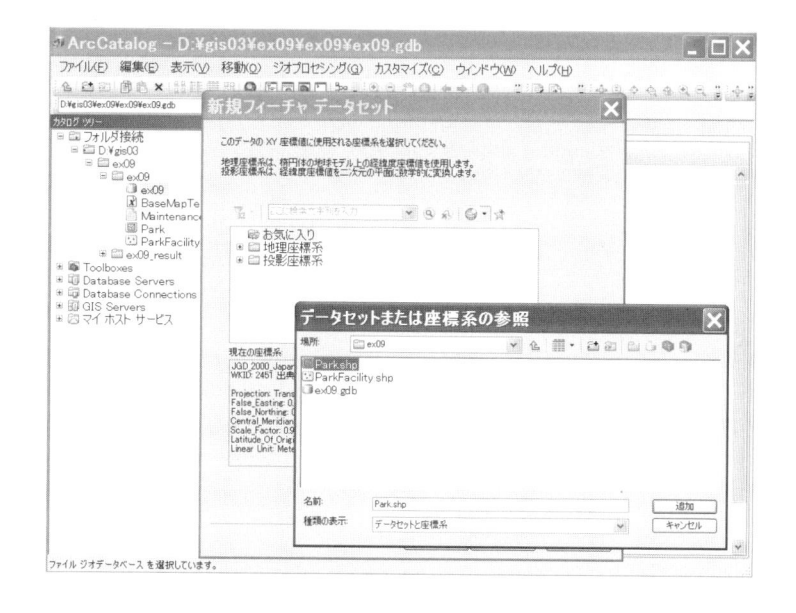

Tips: 座標系の設定方法

座標系を設定する方法には、第2章で操作したように直接座標系を定義する方法と、今操作したように、既存のデータセットに割り当てられている座標系を参照する方法とがあります。

8 Z 座標系の設定を行います。この演習では Z 座標値は使用しません、[現在の座標系] 欄が「座標系がありません。」に設定されていることを確認し、[次へ] をクリックします。

9 XY、Z、M 許容値を設定します。この演習ではデフォルト値を使うので、[デフォルトの座標精度とドメイン範囲を適用（推奨）] にチェックが入っていることを確認して、[完了] をクリックします。

② インポートによるフィーチャクラスの読み込み

> **1** 作成したフィーチャ データセット「Park」に既存のデータを読み込みます。
> [Park] フィーチャ データセットを右クリックして、[インポート] → [フィーチャ クラス（マルチプル）] をクリックします。

> **2** [フィーチャクラス → ジオデータベース（マルチプル）] ツールが起動するので、以下のパラメータを設定し、[OK] をクリックしてツールを実行します。

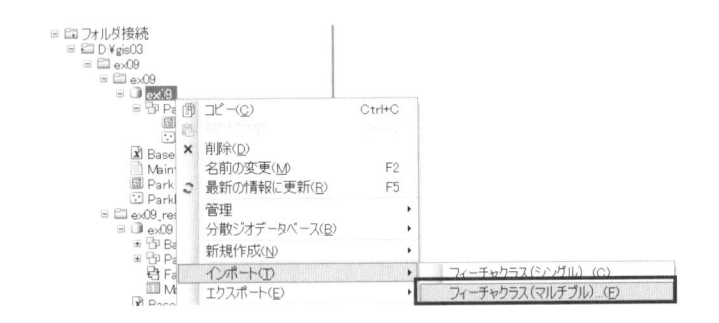

- ✦ 入力フィーチャ： D:¥gis03¥ex09¥ex09¥ParkFacility.shp / D:¥gis03¥ex09¥ex09¥Park.shp
- ✦ 出力ジオデータベース： D:¥gis03¥ex09¥ex09.gdb¥Park

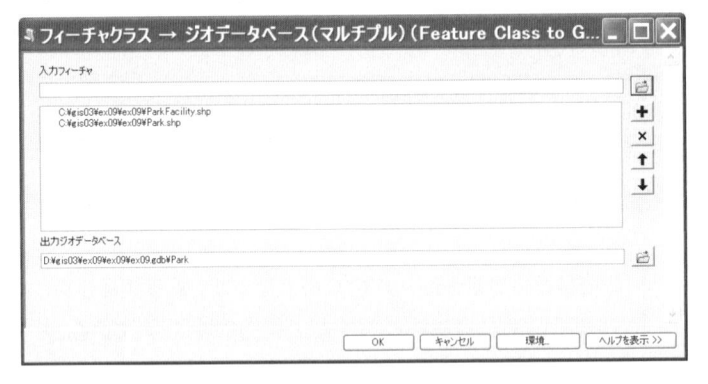

> **3** インポートしたフィーチャクラスを右クリックして [プロパティ] を開き、以下の設定に従ってフィーチャクラス名、フィールド名のエイリアスを定義します。

- ▲ Park フィーチャクラス
  - ✦ フィーチャクラス エイリアス名　　　　　　　：公園
  - ✦ ParkName フィールド エイリアス名　　　　：公園名
  - ✦ ParkType フィールド エイリアス名　　　　 ：公園種別

第9章 ジオデータベースの設計

- + Address フィールド エイリアス名　　　　:住所
- + ParkID フィールド エイリアス名　　　　:公園 ID
- + Shape_Length フィールド エイリアス名　:周長
- + Shape_Area フィールド エイリアス名　　:面積
- ▲ ParkFacility フィーチャクラス
  - + フィーチャクラス エイリアス名　　　　:公園設備
  - + ParkID フィールド エイリアス名　　　　:公園 ID
  - + Type フィールド エイリアス名　　　　　:設備種類
  - + FacilityID フィールド エイリアス名　　:公園設備 ID
  - + Color フィールド エイリアス名　　　　　:色

Tips: フィールドのエイリアス名が変更できない場合

フィールドのエイリアス欄がグレーアウトして変更できない場合は、データがロックされています。この場合は、一度 ArcCatalog を閉じて再起動してください。

Tips: フィーチャクラスとフィールドへのエイリアス名の設定方法

ジオデータベース フィーチャクラスやそのフィールドには、実際の名前とは別の名前(エイリアス名)を設定できます。フィーチャクラス名やフィールド名は半角英数で設定するのが一般的ですが、これではその意味を理解するのが難しくなるかもしれません。その場合にエイリアス名を設定します。エイリアス名は日本語で設定できます。

フィーチャクラス名のエイリアス: [フィーチャクラス] プロパティ → [一般]タブ →「エイリアス」

フィールド名のエイリアス: [フィーチャクラス] プロパティ → [フィールド]タブ → [各フィールドを選択] → [フィールド プロパティ] 欄から [エイリアス] を設定

フィーチャクラス エイリアス名の設定

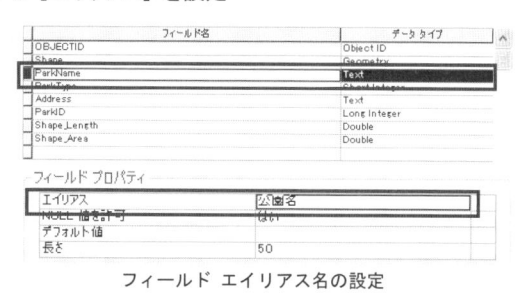

フィールド エイリアス名の設定

③ フィールドのインポートによるテーブルの新規作成

1 [カタログ ツリー] ウィンドウで「D:\gis03\ex09\ex09.gdb」ジオデータベースを右クリックし、[新規作成] → [テーブル] をクリックします。

2 [テーブルの新規作成] ウィザードで以下の設定を行い、[次へ] をクリックします。

+ 名前　　　　　：Maintenance
+ エイリアス　　：点検情報

3 [データベース格納時のコンフィグレーション設定] は「デフォルト値」のままで [次へ] をクリックします。

4 表示された画面で、[インポート] ボタンをクリックし、[テーブル/フィーチャクラスの参照] ダイアログで「D:¥gis03¥ex09¥ex09¥Maintenance.csv」テーブルを選択して [追加] ボタンをクリックします。

5 インポートしたフィールド名が一部誤っていますので、[Date_] フィールドをクリックして、「Date」に変更します。

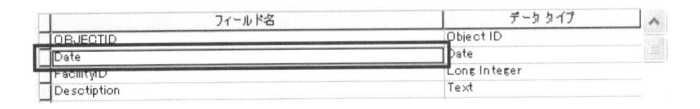

フィールド名	データタイプ
OBJECTID	Object ID
Date	Date
FacilityID	Long Integer
Desctiption	Text

Tips: CSV 形式の利用

CSV (Comma Separated Values) は、カンマ区切り形式で保存されたテキスト形式のファイルです。CSV ファイルと同じフォルダに「schema.ini」ファイルを定義することにより、CSV の各列に対してフィールド型を指定できます。

http://help.arcgis.com/ja/arcgisdesktop/10.0/help/index.html#/na/005s00000010000000/

6 インポートしたフィールド定義をもとに、以下のようにフィールド名にエイリアスを定義し、[完了] ボタンをクリックします。

+ Date フィールド エイリアス名　　　　　　：日付
+ FacilityID フィールド エイリアス名　　　　：公園設備 ID
+ Description フィールド エイリアス名　　　：実施内容

演習9 ジオデータベースを活用してプロジェクトを実践しよう！

第9章 ジオデータベースの設計

Tips: フィールドのインポート

フィーチャクラスの作成/テーブルの作成時に [インポート] ボタンを使用すると、他のフィーチャクラスやテーブルで定義されているフィールドを雛形としてインポートできます。インポートする際に定義の一部を変更することも可能です。

④ シンプル データ ローダーによるデータの読み込み

1. 作成したテーブルに既存のテーブルの情報を読み込みます。[カタログ ツリー] ウィンドウで「D:¥gis03¥ex09¥ex09.gdb¥Maintenance」テーブルを右クリックし、[読み込み] → [データの読み込み] をクリックします。

2. [シンプル データ ローダー] ウィザードが表示されたら、[次へ] をクリックします。

3. [入力データ] 右のボタン をクリックし、「ジオデータベースを開く」ダイアログで「D:¥gis03¥ex09¥Maintenance.csv」テーブルを選択し、[開く] ボタンをクリックします。入力データが参照されたら、[追加] ボタンをクリックして [読み込むソース データの一覧] にテーブルを追加して [次へ] をクリックします。

4. 次の画面では、データを読み込む対象のジオデータベースとフィーチャクラス/テーブルを指定します。ここではすでに対象が設定済みなので、そのまま [次へ] をクリックします。

5 次の画面では、読み込み元データのフィールド（対応ソース フィールド）と、読み込み先データのフィールド（ターゲット フィールド）との対応付けを設定します。ここではフィールド名が一致しているので、そのまま［次へ］をクリックします。

6 次の画面では、読み込むデータを属性検索で絞り込むことができます。ここではすべてのレコードを読み込むので、そのまま［次へ］をクリックします。

7 最後に、［サマリ］を確認して［完了］をクリックしてデータを読み込みます。

Tips: シンプル データ ローダー

既存の別データ ソースから、ジオデータベースにデータを読み込むウィザードです。フィーチャクラスやテーブルをインポートすると、新規にフィーチャクラスが作成されますが、シンプル データ ローダーを使用すると、既存のフィーチャクラス/テーブルのフィーチャ/レコードのみを読み込むことができます。

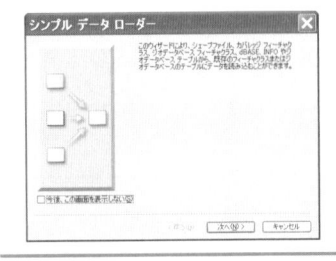

⑤ XML ジオデータベースの読み込み

1 ［カタログ ツリー］ウィンドウで「D:¥gis03¥ex09¥ex09.gdb」ジオデータベースを右クリックし、［インポート］→［XML ワークスペース ドキュメント］をクリックします。

2 ［XML ワークスペース ドキュメントのインポート］ウィザードで、以下の設定を行い、［次へ］をクリックします。

+ インポート対象　　　　　　　　　:データ
+ インポートする XML ソース　　　:D:¥gis03¥ex09¥BaseMapTemplate.xml

> 3. 次の画面で、インポートされるフィーチャ データセット、フィーチャクラスを確認して [完了] をクリックします。

Tips: XML ワークスペース ドキュメントのエクスポート / インポート

ジオデータベースは XML 形式で保存することもでき、エクスポート / インポートができます。このウィザードを使用すると、必要なデータセットだけを保存/読み込みしたり、スキーマ定義だけを保存/読み込むことができます。

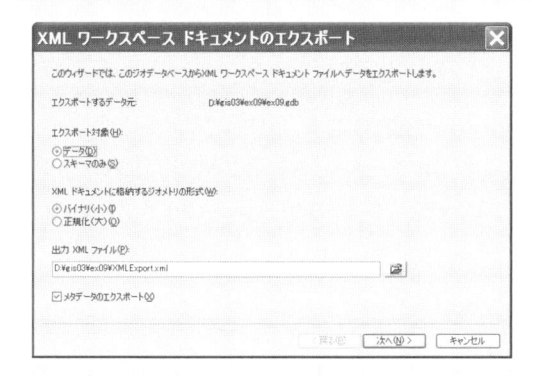

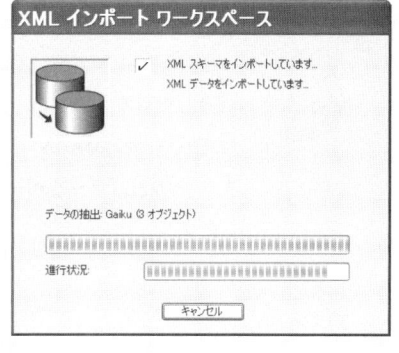

Step 3　ドメイン・サブタイプ・リレーションシップ クラスの構築

ジオデータベースの作成と必要なデータセットのインポートが完了したら、次にドメイン、サブタイプ、リレーションシップ クラスの登録を行います。

①ドメインの定義と適用

ジオデータベースにドメインを登録します。ここでは、[公園] フィーチャクラスの属性入力を容易にするため、公園の種類を登録するフィールドに適用します。また、後の操作で設定する [公園設備] フィーチャクラスのサブタイプごとに適用する色設定のためのドメインも登録します。

> **1** 作成したジオデータベースにドメインを登録します。[カタログ ツリー] ウィンドウで「D:¥gis03¥ex09¥ex09.gdb¥」ジオデータベースを右クリックし、[プロパティ] をクリックし、[データベース プロパティ] ダイアログで [ドメイン] タブをクリックします。

> **2** [ドメイン名] に「ParkType」と入力し、[説明] に「公園種類」と入力します、[ドメイン プロパティ:] → [フィールド タイプ] を「Short Integer」に設定し、[ドメイン タイプ] を「コード値」に設定ます。「ParkType」ドメインのコード値として以下を設定します。設定が完了したら [適用] をクリックします。
>
> 　　　コード値 1：街区公園
> 　　　　　　 2：近隣公園
> 　　　　　　 3：都市公園

▲　ドメイン名 ： ParkType
　　+　説明　　　　　　　　： 公園種類
　　+　フィールド タイプ　　： Short Integer
　　+　ドメイン タイプ　　　： コード値
　　+　コード値　　　　　　1： 街区公園
　　　　　　　　　　　　　　2： 近隣公園
　　　　　　　　　　　　　　3： 都市公園

第9章 ジオデータベースの設計

> **3** 前の操作と同様に、以下の定義を元に 3 種類のドメインを作成し、[OK] を
> クリックします。

- ▲ ドメイン名 : Color 1
  - ＋ 説明 　　　　　　　　：色設定 1
  - ＋ フィールド タイプ 　　：Short Integer
  - ＋ ドメイン タイプ 　　　：コード値
  - ＋ コード値 　　　　　　1：赤
  　　　　　　　　　　　　　2：青
  　　　　　　　　　　　　　3：緑
  　　　　　　　　　　　　　4：黄

- ▲ ドメイン名 : Color 2
  - ＋ 説明 　　　　　　　　：色設定 2
  - ＋ フィールド タイプ 　　：Short Integer
  - ＋ ドメイン タイプ 　　　：コード値
  - ＋ コード値 　　　　　　5：白
  　　　　　　　　　　　　　6：木目

- ▲ ドメイン名 : Color 3
  - ＋ 説明 　　　　　　　　：色設定 3
  - ＋ フィールド タイプ 　　：Short Integer
  - ＋ ドメイン タイプ 　　　：コード値
  - ＋ コード値 　　　　　　0：適用外

4 「D:¥gis03¥ex09¥ex09.gdb¥Park¥Park」フィーチャクラスを右クリックし、[プロパティ] をクリックし、[プロパティ]ダイアログで[フィールド] タブをクリックします。

5 [ParkType] フィールドを選択し、[フィールド プロパティ] → [ドメイン] から、「ParkType」ドメインを選択して [OK] をクリックします。

Tips: 定義したドメインの適用

ドメインは、ジオデータベース(ワークスペース)単位で定義し、各フィーチャクラス内のフィールドに適用できます。ドメインを定義する際に設定した [フィールド タイプ] が一致するフィールドのみ適用できます。

② サブタイプの定義と適用

[公園設備] フィーチャクラスにサブタイプを設定します。サブタイプを設定すると、フィーチャクラスで定義されている共通の性質をさらに汎化してサブタイプごとに固有の性質を持たせられます。ここでは、[公園設備] フィーチャクラスの [設備種類] 属性によって、[色] フィールドに適用できる値を切り替えるための設定を行います。

1 [カタログ ツリー] ウィンドウで「D:¥gis03¥ex09¥ex09.gdb¥Park¥ParkFacility」フィーチャクラスを右クリックし、[プロパティ] をクリックし、[フィーチャクラス プロパティ] ダイアログで [サブタイプ] タブをクリックします。

第9章 ジオデータベースの設計

> 2 [サブタイプ] タブで以下の設定を行います。サブタイプを追加したら、そのサブタイプに該当する [デフォルト値とドメイン:] を設定します。ここでは、サブタイプごとに [Color] フィールドへ適用するドメインを [Color 1]、[Color 2]、[Color 3]、と使い分けます。設定が完了したら [OK] をクリックします。

- ▲ サブタイプ フィールド   : Type
- ▲ サブタイプ:

　　　　　1:ベンチ　　　　　　Color フィールド ドメイン: Color 2
　　　　　2:砂場　　　　　　　Color フィールド ドメイン: Color 3
　　　　　3:鉄棒　　　　　　　Color フィールド ドメイン: Color 3
　　　　　4:ブランコ　　　　　Color フィールド ドメイン: Color 3
　　　　　5:シーソー　　　　　Color フィールド ドメイン: Color 1
　　　　　6:ジャングルジム　　Color フィールド ドメイン: Color 1
　　　　　7:トイレ　　　　　　Color フィールド ドメイン: Color 3

③ リレーションシップ クラスの構築

リレーションシップ クラスを構築します。ここでは、「公園」フィーチャクラスと「公園設備」フィーチャクラスを「公園 ID」フィールドで紐付けします。このリレーションシップは「公園」フィーチャが削除されると「公園設備」も削除されるようにコンポジットで定義します。また、「公園設備」フィーチャクラスと「点検情報」テーブルを「公園設備 ID」フィールドで紐付けします。このリレーションシップはお互いに独立して存在するようにシンプルで定義します。

1 [カタログ ツリー] ウィンドウで「D:¥gis03¥ex09¥ex09.gdb¥Park」フィーチャ データセットを右クリックし、[新規作成] → [リレーションシップ クラス] をクリックします。

2 [新規リレーションシップ クラス] ウィザードで、[リレーションシップ クラス名] に「ParkFacilityRelationship」と入力し、[関連元テーブル/フィーチャクラス] で「Park¥Park」フィーチャクラスを選択し、[関連先テーブル/フィーチャクラス] で「Park¥ParkFacility」を選択して [次へ] をクリックします。

3 次の画面で、リレーションシップの種類で「コンポジット リレーションシップ」を選択して [次へ] をクリックします。

4 次の画面で、[関連元テーブル/フィーチャクラス～ラベルを指定] で「公園設備」と入力し、[関連先テーブル/フィーチャクラス～ラベルを指定] で「公園」と入力します。[この～の情報伝達方向] は「双方向」をチェックして [次へ] をクリックします。

5 次の画面で、[このリレーションシップ クラスの基数～を選択します。] で「1－M（1 対 多）」を選択して [次へ] をクリックします。

6 次の画面で、属性を追加しないので「いいえ、～」を選択して [次へ] をクリックします。

7 次の画面で、[関連元～の主キー フィールドを選択:] で「ParkID」を選択し、[関連元～の主キー フィールドを参照する～の外部キー フィールドを選択:] で「ParkID」を選択して [次へ] をクリックします。

8 [リレーションシップ クラス] の概要を確認して、設定に誤りがなければ [完了] をクリックしてリレーションシップ クラスを作成します。

演習9 ジオデータベースを活用してプロジェクトを実践しよう！

第9章 ジオデータベースの設計

9 [カタログ ツリー] ウィンドウで「D:¥gis03¥ex09¥ex09.gdb」ジオデータベースを右クリックし、[新規作成] → [リレーションシップ クラス] をクリックします。

10 前の操作を参考にして、以下の情報を元にもう一つシンプル リレーションシップ クラスを作成します。

+ リレーションシップ クラス名 : FacilityMaintenanceRelationship
+ 関連元テーブル/フィーチャクラス : ParkFacility
+ 関連先テーブル/フィーチャクラス : Maintenance
+ リレーションシップの種類 : シンプル リレーションシップ
+ 関連元から関連先へのリレーションシップのラベルを指定 : 点検情報
+ 関連先から関連元へのリレーションシップのラベルを指定 : 公園設備
+ リレーションシップ クラスで関連付けるオブジェクト間の情報伝達方向 : 双方向
+ リレーションシップ クラスの基数（関連元―関連先） : 1 - M
+ リレーションシップ クラスに属性を追加 : いいえ
+ 主キー フィールド : FacilityID
+ 外部キー フィールド : FacilityID

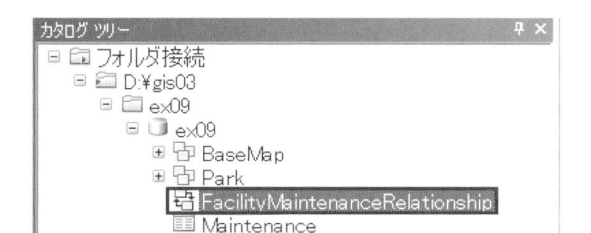

11 すべてのデータが完成したら、ArcCatalog を終了します。

| Step 4 | ジオデータベースの利用 |

完成したジオデータベースを元に、フィーチャを編集/分析しましょう。

① 新規フィーチャの作成

作成したジオデータベースに、フィーチャを追加します。ここでは、コンポジット リレーションシップによって紐付けされたフィーチャ間の振る舞い、サブタイプ、ドメインの動作を確認します。

1 ArcMap を起動し、以下のデータセットをアクティブなデータ フレームに追加します。

- ＋ D:¥gis03¥ex09¥ex09.gdb¥BaseMap 　　　フィーチャ データセット
- ＋ D:¥gis03¥ex09¥ex09.gdb¥Park 　　　　　　フィーチャ データセット
- ＋ D:¥gis03¥ex09¥ex09.gdb¥Maintenance 　テーブル

2 [コンテンツ ウィンドウ] で「描画順にリスト」ボタンをクリックし、表示を切り替えます。さらに、各レイヤのシンボルを任意に設定します。

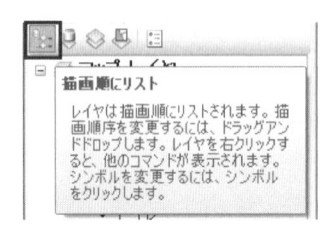

描画順にリスト
レイヤは描画順にリストされます。描画順序を変更するには、ドラッグアンドドロップします。レイヤを右クリックすると、他のコマンドが表示されます。シンボルを変更するには、シンボルをクリックします。

3 各レイヤの表示順序、レイヤ名、シンボルを調整します。

```
□ ■ マップ レイヤ
   □ ☑ 公園設備
      ■ <その他の値すべて>
        Type                    □ ☑ 公園
      ■ シーソー
      □ ジャングルジム          □ ☑ 街区
      ■ トイレ
      ■ ブランコ                □ ☑ 大字・町丁目
      ■ ベンチ
      □ 砂場                    □ ☑ 市区町村
      ■ 鉄棒
```

演習9 ジオデータベースを活用してプロジェクトを実践しよう！

第9章 ジオデータベースの設計

4 [コンテンツ] ウィンドウ → [マップ レイヤ] → [公園設備] レイヤを右クリックし、[レイヤの全体表示] をクリックします。

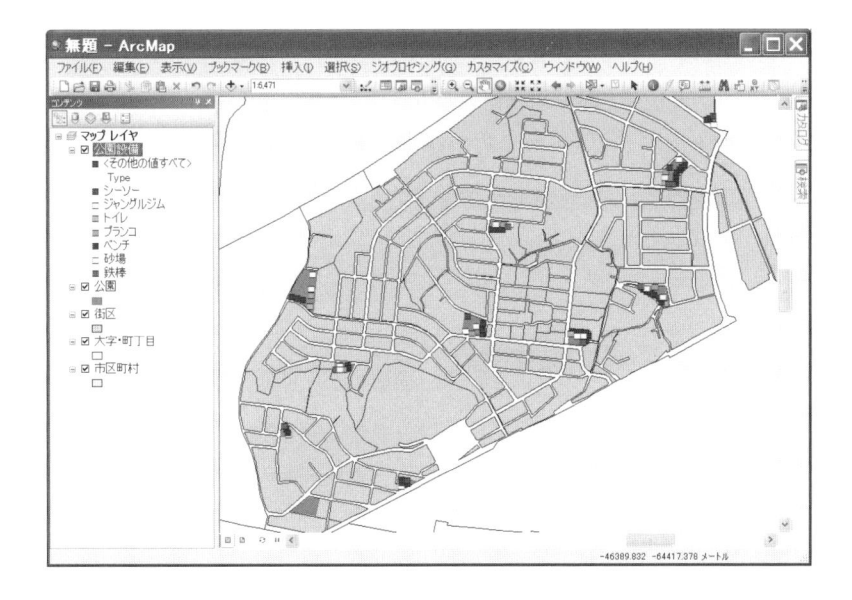

5 [カスタマイズ] メニュー → [ツールバー] → [エディタ] ツールバーをクリックして表示します、[エディタ] ツールバー → [エディタ] → [編集の開始] ボタンをクリックして編集を開始します。

6 [エディタ] ツールバー → [エディタ] → [編集ウィンドウ] → [フィーチャ作成] で [フィーチャ作成] ウィンドウを表示します。[公園] テンプレートを選択して任意の場所にフィーチャを作成します。

213

7 [エディタ] ツールバー → [属性] ボタン をクリックし、[属性] ウィンドウを表示して作成した [公園] フィーチャに以下の情報を登録します。

- 公園名　　　：松山公園（任意の名称）
- 公園種別　　：街区公園 を選択（ドメインの設定情報から選択）
- 住所　　　　：神奈川県伊勢原市高森二丁目 3（街区の住所を指定）
- 公園 ID　　　：既存フィーチャと重複しないユニークな値を入力

OBJECTID	11
公園名	松山公園
公園種別	街区公園
住所	神奈川県伊勢原市高森二丁目3
公園ID	11
周長	179.900562
面積	1724.265299

8 [フィーチャ作成] ウィンドウを表示し、[公園設備] レイヤ 内の任意のテンプレートを選択し、さきほど作成した [公園] フィーチャ上に作成します。

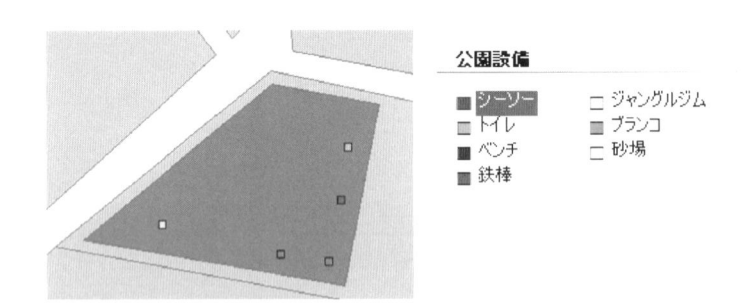

公園設備
- ■ シーソー　□ ジャングルジム
- □ トイレ　　■ ブランコ
- ■ ベンチ　　□ 砂場
- ■ 鉄棒

9 [エディタ] ツールバー → [編集ツール] ツール をクリックし、作成した [公園設備] フィーチャを選択します。[属性テーブル] ウィンドウを表示して属性値を以下の値に設定します。

演習9 ジオデータベースを活用してプロジェクトを実践しよう！

第9章 ジオデータベースの設計

+ 公園 ID   ：[公園] フィーチャの [公園 ID] フィールド値を入力
+ 設備種別   ：既にフィーチャ テンプレートを元にした値が設定済み
+ 公園設備 ID ：既存フィーチャと重複しないユニークな値を入力
+ 色   ：[公園種別] サブタイプで既定したドメインから選択

公園設備

OBJECTID *	Shape *	公園ID *	設備種別	公園設備ID *	色
83	Point	11	ベンチ	78	白
84	Point	11	ベンチ	79	白
85	Point	11	砂場	80	適用外
86	Point	11	ジャングルジム	81	青
87	Point	11	シーソー	82	赤

10 すべてのフィーチャ作成、属性値入力が完了したら、[エディタ] ツールバー → [エディタ] → [編集の保存] をクリックします。

[公園] フィーチャと関連する [公園設備] フィーチャの作成が完了しました。これらのフィーチャは、コンポジット リレーションシップクラスで紐付けされているので、[公園] フィーチャを移動したり、削除したりすると、[公園設備] フィーチャにも影響を与えます。

11 [編集ツール] ツールを使用して、作成した [公園] フィーチャをドラッグして移動します。

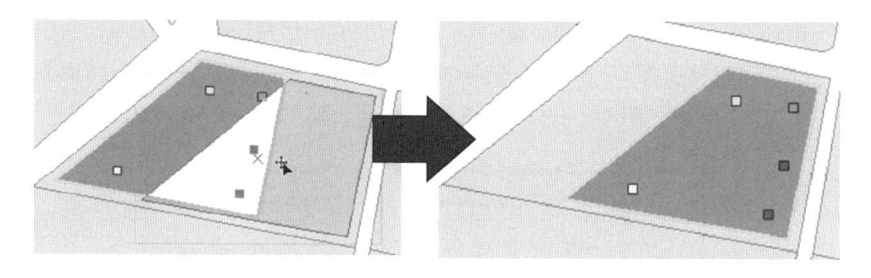

[公園] フィーチャを移動すると、同じ [公園 ID] フィールドを持つ [公園設備] フィーチャも移動することが分かります。

12 [編集ツール] ツールを使用して、作成した [公園] フィーチャ選択した後に
右クリックし、[削除] をクリックします。

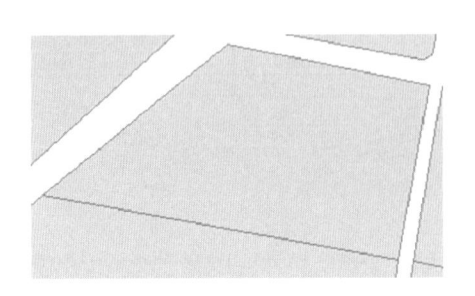

13 [エディタ] ツールバー → [エディタ] → [編集の終了] をクリックします、
[保存] ダイアログが表示されたら、「いいえ」をクリックします。

削除した [公園] フィーチャに紐付いている [公園設備] フィーチャも削除されました。このように、コンポジット リレーションシップクラスを作成すると、フィーチャクラス / テーブル間のフィーチャ / レコードを強い結びつきで制御できます。

② データの分析

リレーションシップ クラスの機能を用いて簡単な分析を行います。ここでは、[公園] フィーチャから、関連する [公園設備] フィーチャと [点検情報] テーブルを特定する方法として、[点検情報] テーブルに記録されている日付から過去 5 年以上点検を行っていない [公園設備] フィーチャ、それらを含む [公園] フィーチャを特定します。

1 適当な既存の [公園] フィーチャを拡大し、[個別属性表示] ツール 🛈 を
クリックし、[公園] フィーチャをクリックします。

2 [個別属性] ウィンドウが表示され、[公園] フィーチャの属性値が表示されるので、[公園] フィーチャ右の ⊞ をクリックしてすべてのノードを展開します。展開されたフィーチャをクリックし、フィーチャやレコードの属性値を確認します。

Tips: [個別属性] ウィンドウ

リレーションシップ クラスを構築すると、[個別属性] ウィンドウで表示したフィーチャに紐付けされたフィーチャやレコードが表示され、それらの属性情報を確認できます。

第9章 ジオデータベースの設計

　関連するフィーチャは、主フィールドに設定されているフィールド名が表示されます。主フィールドを変更するには、レイヤのプロパティを表示し、[表示] タブ → [表示式] → [フィールド] の項目を変更して下さい。

　なお下図の表示例は、[公園設備] フィーチャの主フィールドは「設備種類」、[公園] フィーチャの主フィールドは「公園名」、[点検情報] テーブルの主フィールドは「日付」に設定しています。

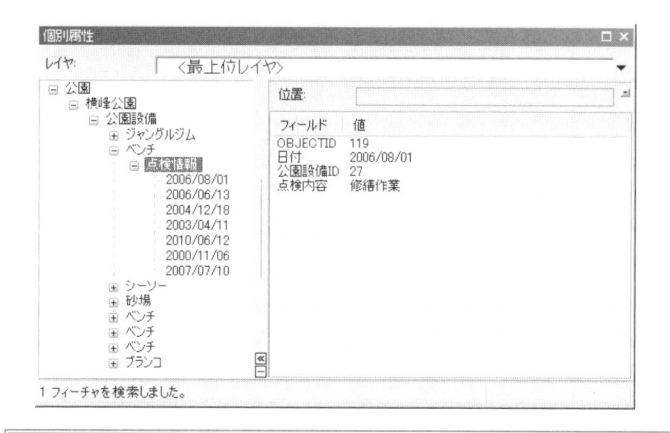

3 [コンテンツ] ウィンドウで [ソース別にリスト] ボタンをクリックし、[Maintenance] テーブルを右クリックして [開く] をクリックします。

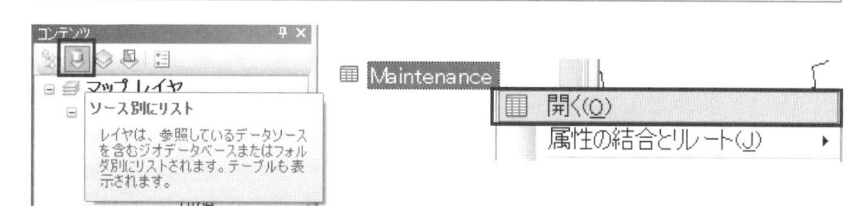

4 テーブルから属性検索を行います、[テーブル] ウィンドウ 左上の [テーブル オプション] アイコン をクリックし、[属性検索] をクリックします。

5 [属性検索] ダイアログの SELECT * FROM Maintenance WHERE: 以下に以下の式を入力します。

"FacilityID" NOT IN (SELECT "FacilityID" FROM Maintenance WHERE "Date" >= date '2005-12-31 00:00:00')

この条件式は、2005 年 12 月 31 日より前に点検された（2005 年 12 月 31 日以降に点検していない）[公園設備 ID] を特定しています。

Maintenance			
OBJECTID *	日付	公園設備ID *	点検内容
2	2000/11/11	2	現況調査
70	2004/01/13	2	苦情対策
14	2001/04/29	5	修繕作業
24	2001/11/12	5	苦情対策
6	2001/02/09	6	苦情対策
88	2004/09/14	6	修繕作業

(24 / 200 選択)

6 [テーブル] ウィンドウ右上の [リレーションシップ] アイコン をクリックし、[FacilityMaintenanceRelationship：公園設備] をクリックします。

7 [公園設備] フィーチャクラスの属性テーブルが表示され、フィーチャが選択状態となります、[コンテンツ] ウィンドウ → [公園設備] レイヤを右クリックし、[選択] → [選択フィーチャにズーム] をクリックします。

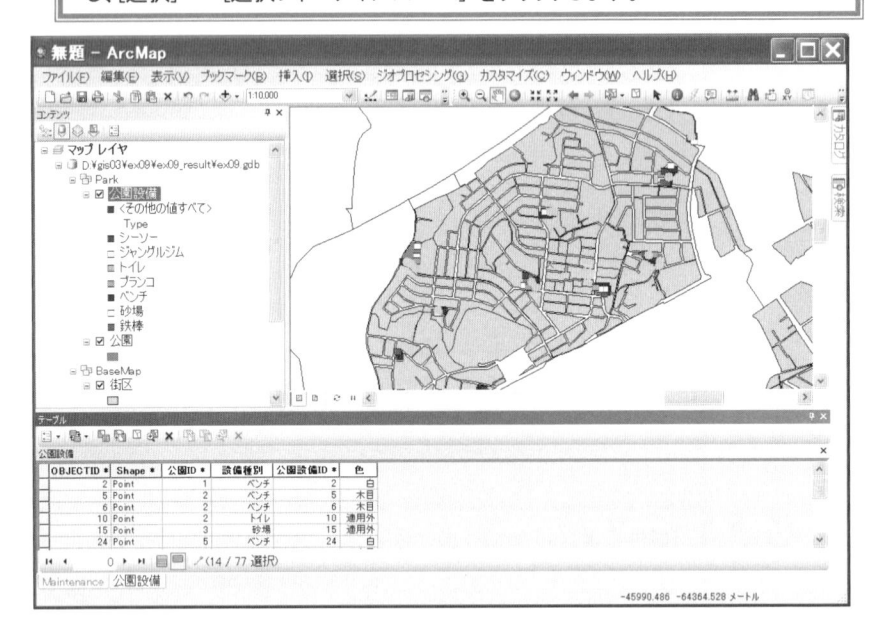

2005 年 12 月 31 日以降点検していない [公園設備] フィーチャが特定されました。

8 [公園設備] 属性テーブルから、[リレーションシップ] アイコンをクリックし、[ParkFacilityRelationship：公園] をクリックします。

演習9 ジオデータベースを活用して
プロジェクトを実践しよう！

第9章 ジオデータベースの設計

これにより、2005 年 12 月 31 日以降点検していない [公園設備] フィーチャを持つ [公園] フィーチャが特定できました。

> **9** [公園設備] レイヤを右クリックし、[選択] → [選択解除] をクリックします。

> **10** ArcMap を終了します。マップ ドキュメントを保存するダイアログが表示されたら、「D:¥gis03¥ex09」に「ex09.mxd」というファイル名で保存します。

以上で演習は終了です。

第10章 ジオプロセシング

演習10 地理解析モデルを構築しよう！

この章では、ジオプロセシング機能の一つであるモデルビルダを使用して地理解析モデルを構築します。演習を通じて、解析モデルの作成方法を習得します。

【Introduction】

　これまでの演習を通して、ジオデータベースとは何なのか、どのような機能が付いているのか、そして、ジオデータベースをどのように設計して実装するのか、を学んできました。つまり、ジオデータベースの概念とその構築に関する基本を学んできたといえます。

　この章では、構築されたジオデータベースを実際の研究活動や業務において活用するためのジオプロセシング機能について学びます。ジオプロセシング機能を実行する方法はいくつかありますが、ここでは ModelBuilder を使用して対話的な操作で処理モデル（ジオプロセシング モデル）を作成していきましょう。

　ジオプロセシングとは、Esri 社が定義したデータに対して GIS 上の処理を実行することで、新しいデータ(情報)を生成することです。つまり、データの投影変換、フォーマット変換、空間解析、データ管理など GIS で行うすべての処理をジオプロセシングということができます

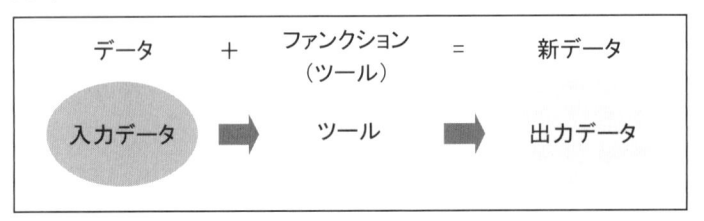

```
   データ    ＋  ファンクション  ＝   新データ
                  （ツール）

  入力データ  ➡     ツール     ➡   出力データ
```

　ArcGIS には、豊富なジオプロセシング・ツールが用意されており、目的に応じて使用するデータとツールを自在に組み合わせることで、独自の地理解析モデルを無限に構築できます。

サマリ	Basic	Standard	Advanced
解析ツール	10	10	21
カートグラフィ ツール	9	24	46
変換ツール	52	52	53
データ管理ツール	177	262	278
リニア リファレンス ツール	7	7	7
マルチディメンション ツール	7	7	7
サーバ ツール	20	20	20
空間統計ツール	30	30	30
モバイル ツール	2	2	2
カバレッジ ツール	0	0	56
ジオコーディング ツール	7	7	7
編集ツール	0	7	7
パーセル ファブリック ツール	2	5	5
変換ツール（国内データ）	10	10	10
ライセンス別 利用可能ツール数合計	334	443	549

ArcGIS Desktop 10.2 のジオプロセシング ツールの数 （ESRI ジャパン株式会社提供資料）

第10章 ジオプロセシング

【Goals】

この演習が終わるまでに以下のことが習得できます。

- **定型作業モデルの構築**：目的に応じて、ジオプロセシング機能を組み合わせて一つのモデルを構築
- **モデルの再利用**　　　：既に構築されたモデルの設定変更などを行うことで、他のデータを生成するためにモデルの再利用を図る

【License】

この演習は以下の製品で実行できます。

ArcGIS for Desktop Standard / Advanced

【Data】

この演習では次のデータを使用します。

主題	図形タイプ	データソース
1997 年の土地利用[※]	ポイント	ex10.gdb¥ex10¥landuse1997
1991 年の土地利用[※]	ポイント	ex10.gdb¥ex10¥landuse1991
水域ブロック	ポリゴン	ex10.gdb¥ex10¥WatershedBlock

※ 国土数値情報ダウンロードサービス・土地関連：土地利用 100 m メッシュ・データ（テキスト形式）

（国土交通省国土政策局国土情報課）

【Course Schedule】

Step	項目	おおよその必要時間 1 回目	2 回目	3 回目
Step 1	演習データの確認と作業プロセスの設計 ① データの確認 ② 作業プロセスの設計	20 分	（　）分	（　）分
Step 2	定型作業モデルの構築 ① 作業プロセスの確認 ② ジオプロセシング機能を使って地理解析モデルを構築	20 分	（　）分	（　）分
Step 3	定型作業モデルの共有と再利用 ① ジオデータベースへモデルをインポート ② 他の入力データを使ってモデルを実施	20 分	（　）分	（　）分

Step 1　演習データの確認と作業プロセスの設計

1. ArcMap を起動します。[空のマップ] で [OK] ボタンを押します。

2. [カタログ ウィンドウ] をクリックして、[カタログ] ウィンドウでコピー後の「D:¥gis 03¥ex10¥data¥ex10.gdb」フォルダ内のデータを確認します。

3. [カタログ] ウィンドウ上の「ex10.gdb¥ex10」の 3 つのフィーチャクラスを ArcMap 上へドラッグ & ドロップで追加します。

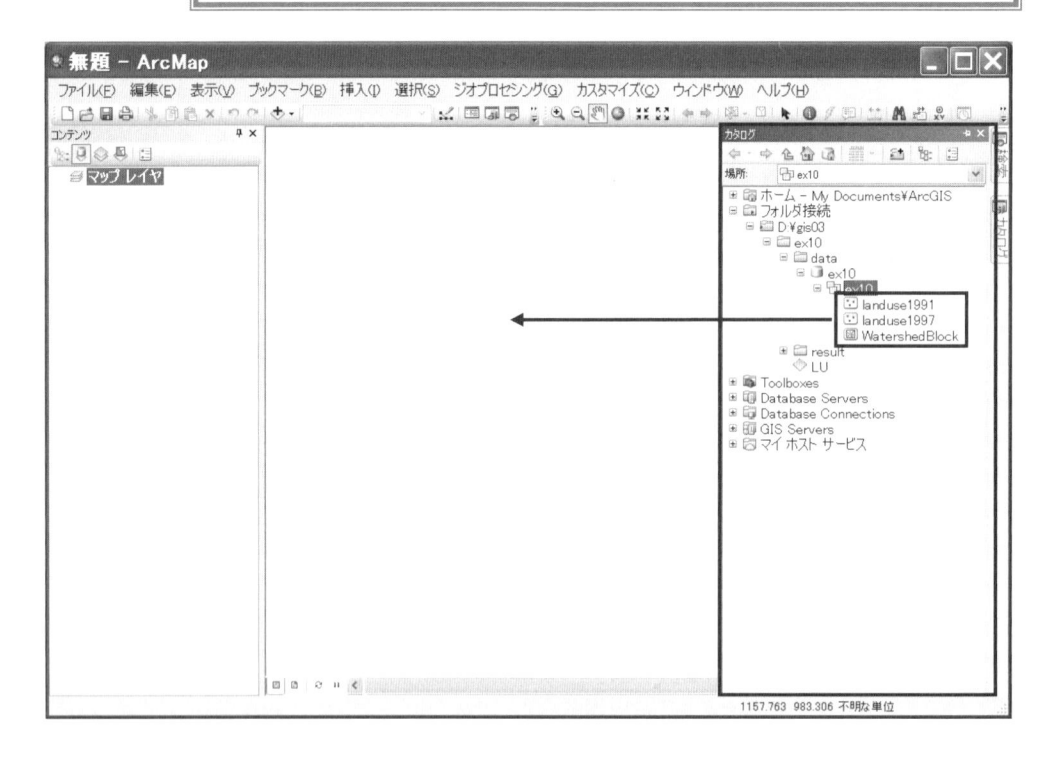

演習10　地理解析モデルを構築しよう！

第10章 ジオプロセシング

◆ 問題

以下の 3 つのデータ（入力フィーチャ）を使って、水域ブロックごとの 1991 年と 1997 年の土地利用割合を集計して、それぞれ新しい 2 つのポリゴン・フィーチャ（出力フィーチャ）を作成してください。

本演習では、ジオプロセッシング・ツールを用いて、入力フィーチャから出力フィーチャへ至るまでの作業プロセスを予め設計するところから始めます。

- ✦ 入力フィーチャ
  - ▲ ポイント フィーチャクラス「landuse1997」（1997 年の土地利用）
  - ▲ ポイント フィーチャクラス「landuse1991」（1991 年の土地利用）
  - ▲ ポリゴン フィーチャクラス「WatershedBlock」（水域ブロック）

- ✦ 出力フィーチャ
  - ▲ ポリゴン フィーチャクラス「WatershedLU1997」（1997 年土地利用・水域ブロック）
  - ▲ ポリゴン フィーチャクラス「WatershedLU1991」（1991 年土地利用・水域ブロック）

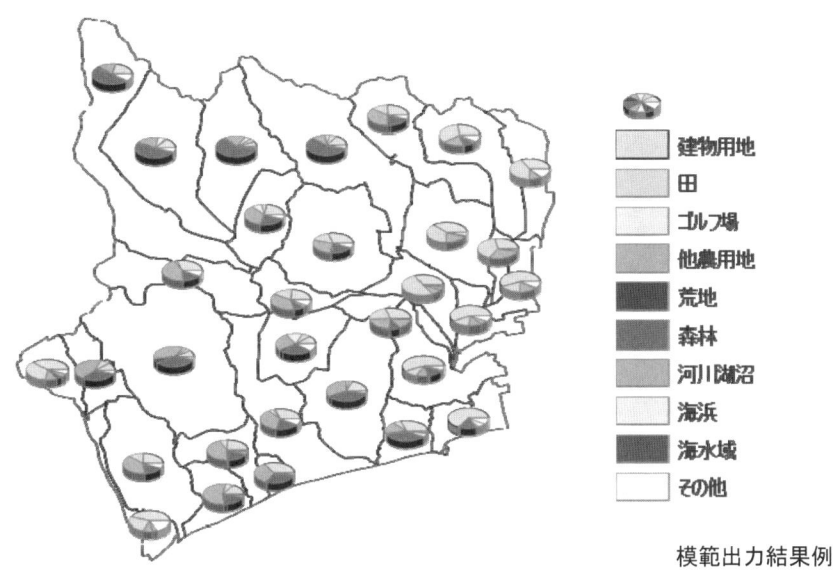

模範出力結果例

ポリゴン フィーチャクラス「WatershedLU1991」

| Step 2 | 定型作業モデルの構築 |

この演習では、はじめに「landuse1997」と「WatershedBlock」の 2 つのデータから、ポリゴン・フィーチャクラス「WatershedLU1997」を生成するモデルを作成します**【ジオプロセシング・モデルの新規構築】**。

次に、そのジオプロセシング・モデルの入力データを「landuse1991」と置き換えて、「WatershedLU1991」を生成します**【ジオプロセシング・モデルの再利用】**。

このデータ生成方法は、ジオプロセシング処理の組み合わせによって数通り存在しますので、答えはひとつではありませんが、本演習では右の手順に沿って説明します。

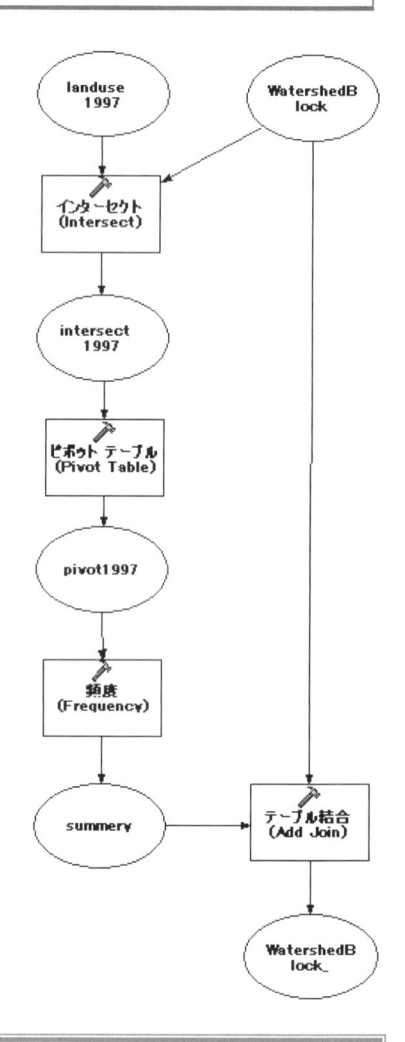

① 新規モデルの作成

1 ArcMap の [カタログ] ウィンドウ で、[Toolboxes] を展開します。

2 [My Toolboxes] を右クリックし、[新規作成] → [ツールボックス] をクリックします。

3 [カタログ] ウィンドウに追加されたツールボックスの名前を「MyToolbox」と入力します。

第10章 ジオプロセシング

4 「MyToolbox」を右クリックし、[新規作成] → [モデル] をクリックすると、[モデル] ウィンドウが現れます。このウィンドウの中で、ArcToolbox ウィンドウ から ドラッグ＆ドロップするジオプロセシング ツールを組み合わせて、前ページの 作業モデルを構築します。

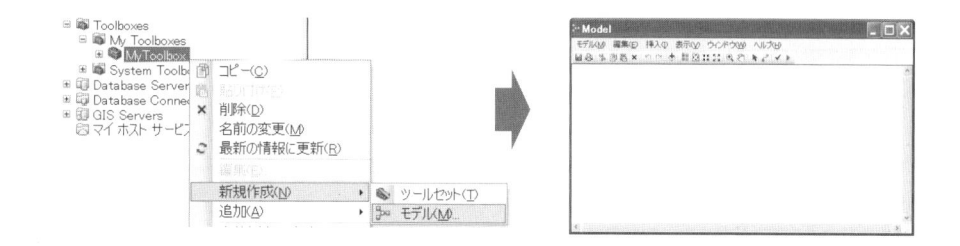

② インターセクト

1 「landuse1997」と「WatershedBlock」をインターセクトします。ArcToolbox ウィンドウ を開いて、[ArcToolbox] → [解析ツール] → [オーバーレイ] → [インターセクト（Intersect）] ツールを、[モデル] ウィンドウへドラッグ＆ドロップします。

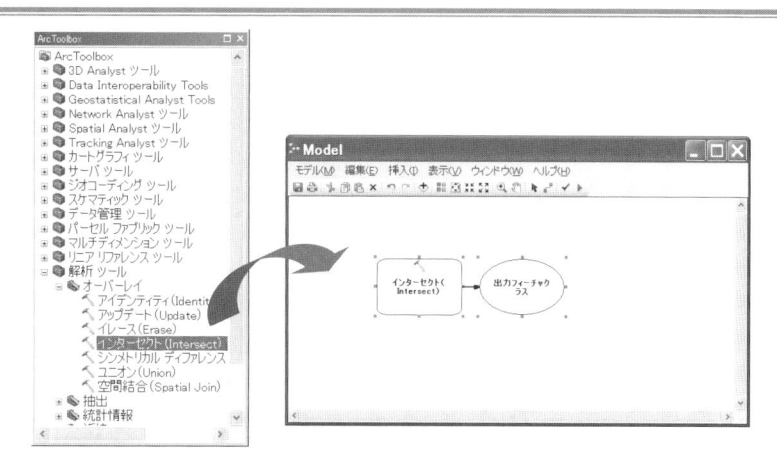

2 [モデル] ウィンドウの [インターセクト（Intersect）] を右クリックし、[開く] をクリックします。下の画面のように「入力フィーチャ」と「出力フィーチャクラス」を設定して、[OK] ボタンをクリックします。

- ✦ 入力フィーチャ ：WatershedBlock
　　　　　　　　　　　landuse1997
- ✦ 出力フィーチャクラス ：D:¥gis03¥ex10¥data¥ex10.gdb¥ex10¥intersect1997

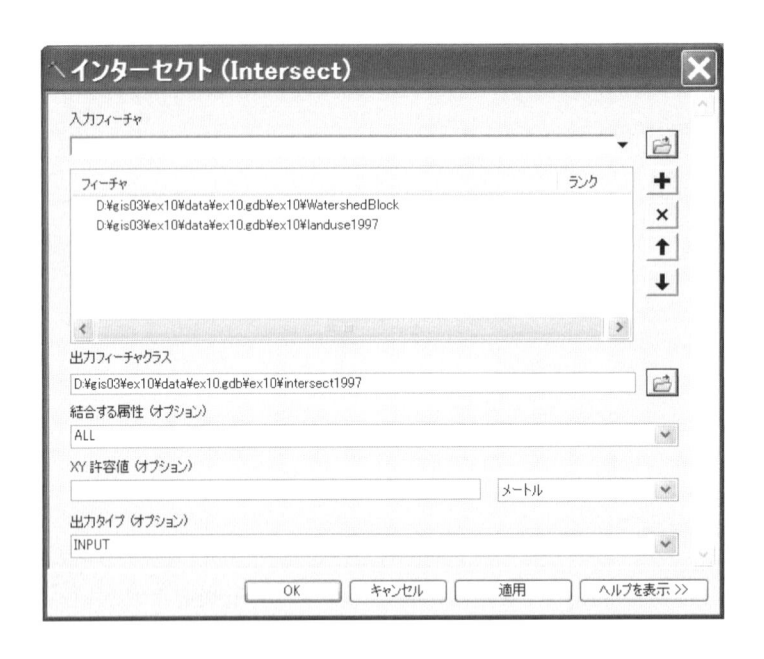

[モデル] ウィンドウに、入力フィーチャを表す 2 つの楕円「landuse1997」「WatershedBlock」が追加表示されるとともに、出力フィーチャ「Intersect1997」を表す楕円が表示されます。

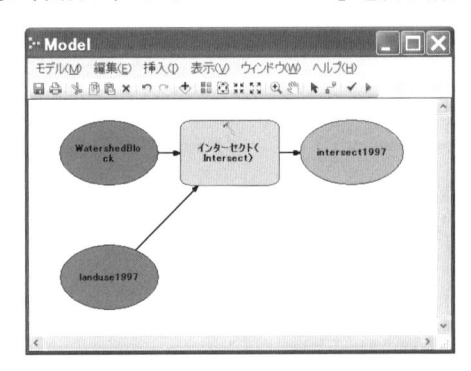

③ピボットテーブルによるデータの並べ替え

水域ブロックごとの各土地利用面積を集計するために、はじめに「Intersect1997」テーブルに対して、[ピボットテーブル] ツールを使って、データの並べ替えを行います。

> 次ページの上図のようにモデル ウィンドウのサイズを大きくしてから、
> [ArcToolbox] → [データ管理ツール] → [テーブル] → [ピボット テーブル
> (Pivot Table)] ツールを、[モデル] ウィンドウへドラッグ & ドロップします。

第10章 ジオプロセシング

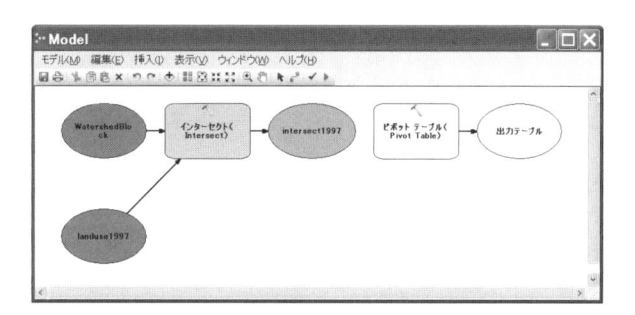

> [モデル] ウィンドウの [ピボット テーブル(Pivot Table)] を右クリックし、[開く] をクリックします。下の画面のように設定して、[OK] ボタンをクリックします。

- ◆ 入力テーブル　　　　　：intersect1997
- ◆ 入力フィールド　　　　：WSD_ID
- ◆ ピボット フィールド　　：LU_code
- ◆ 値フィールド　　　　　：area
- ◆ 出力テーブル　　　　　：D:¥gis03¥ex10¥data¥ex10.gdb¥pivot1997

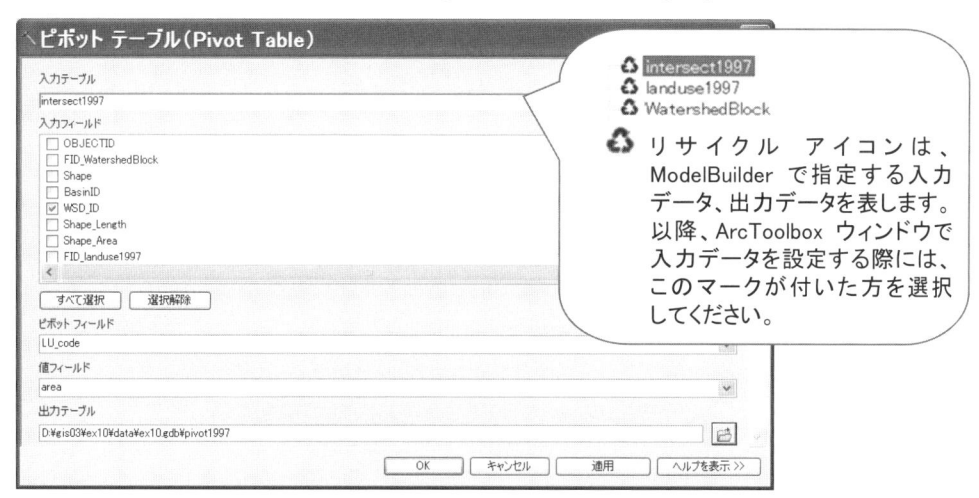

> ♻ リサイクル アイコンは、ModelBuilder で指定する入力データ、出力データを表します。以降、ArcToolbox ウィンドウで入力データを設定する際には、このマークが付いた方を選択してください。

[モデル] ウィンドウにて、「intersect1997」からの矢印に接続されるとともに、出力フィーチャを表す楕円に「pivot1997」という出力テーブル名が表示されます。

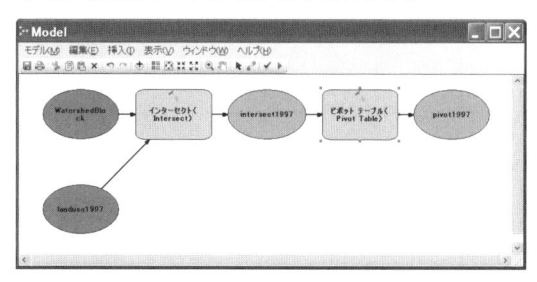

229

> **3** [モデル] ウィンドウの [実行] ボタン ▶ をクリックして、ここまでの過程のモデルを実施します。処理が終了した後にダイアログを閉じます。

> **4** すべての処理の実行を確認したら、[モデル] ウィンドウの「pivot1997」の楕円を右クリックし、[マップへ追加] をクリックします。「pivot1997」テーブルが [コンテンツ] ウィンドウに追加されるのを確認してください。

(「intersect1997」テーブルと「pivot1997」テーブルを見比べてください。「intersect1997」テーブルでは、1 つの「LU_code」フィールドに土地利用形態が格納されていますが、「pivot1997」では土地利用形態ごとに 11 のフィールドが作成され、各ポイントが該当する土地利用には「1」が振られます。)

④ サマリ機能によるデータの集約

> **1** 「pivot1997」テーブルのデータを集計します。
> [ArcToolbox] → [解析ツール] → [統計情報] → [頻度(Frequency)] を、[モデル] ウィンドウへドラッグ & ドロップします。

> **2** [モデル] ウィンドウの [頻度 (Frequency)] を右クリックし、[開く] をクリックします。下の画面のように設定して、[OK] ボタンをクリックします。

- ✦ 入力テーブル   : pivot1997（リサイクル アイコンを選択します）
- ✦ 出力テーブル   : D:¥gis03¥ex10¥data¥ex10.gdb¥summary1997
- ✦ 頻度フィールド   : WSD_ID
- ✦ サマリ フィールド   : WSD_ID 以外のすべてのフィールド

第 10 章 ジオプロセシング

　[モデル] ウィンドウにて、「pivot1997」からの矢印に接続されるとともに、出力フィーチャを表す楕円に「summary1997」という出力テーブル名が表示されます。

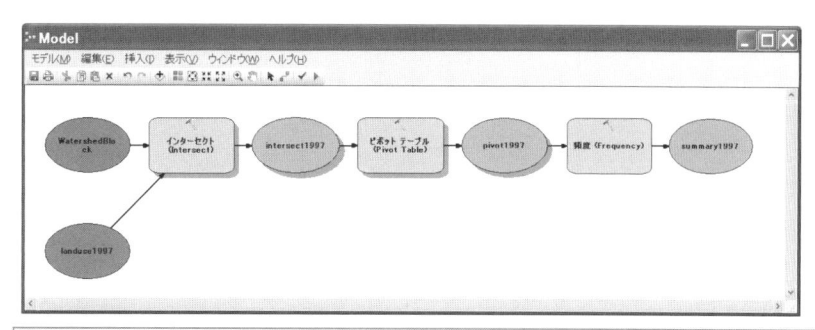

🖱3　[実行] ボタン ▶ をクリックして、ここまでの過程のモデルを実施します。処理が終了した後にダイアログを閉じます。

🖱4　全ての処理が実行されたのを確認したら、[モデル] ウィンドウの「summary1997」の楕円を右クリックし、[マップへ追加] メニューをクリックすると「summary1997」テーブルがコンテンツ ウィンドウに追加されるのを確認してください。

「summary1997」テーブルには、土地利用 100m メッシュ・データの土地利用形態ごとの合計ポイント数が、水域ブロック (WSD_ID) ごとに集計されています。

⑤テーブル結合

🖱1　「summary1997」テーブルを「WatershedBlock」へ [テーブル結合] します。
[ArcToolbox] → [データ管理ツール] → [テーブル結合] → [テーブル結合 (Add Join)] を、[モデル] ウィンドウへドラッグ & ドロップします。

🖱2　[モデル] ウィンドウの [テーブル結合 (Add Join)] で右クリック → [開く] をクリックします。次のように設定して、[OK] ボタンをクリックします。

- ✦ レイヤ名、またはテーブル ビュー　　　　　　　　　　: WatershedBlock
- ✦ レイヤ、テーブル ビューのキーとなるフィールド　　: WSD_ID
- ✦ 結合先のテーブル　　　　　　　　　　　　　　　　: summary1997
- ✦ 結合先のキーとなるフィールド　　　　　　　　　　: WSD_ID
- ✦ すべてを保持にチェック

231

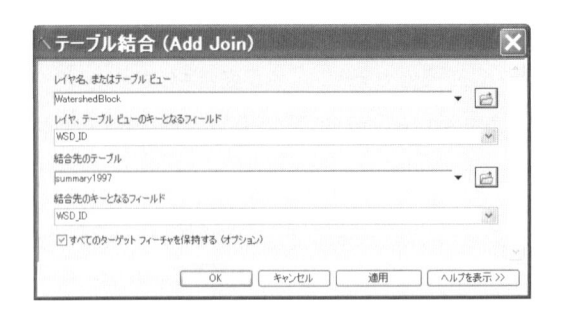

[モデル] ウィンドウにて、「summary1997」および「WatershedBlock」からの矢印に接続されるとともに、出力フィーチャを表す楕円に「WatershedBlock(2)」という出力テーブル名が表示されます。

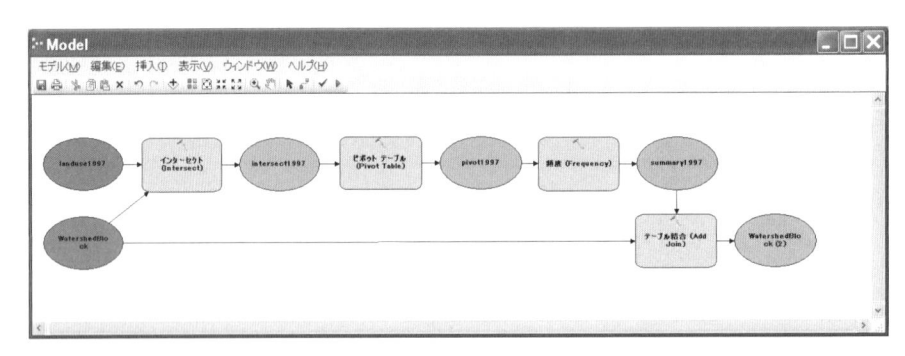

Tips: テーブル結合の際の注意

レイヤ名と結合先のテーブルの候補は、アイコンの異なる同一名のデータセットが存在しています。リサイクル アイコン ♻ を選ばなければ上図のようなモデルにはなりません。

レイヤ アイコン ▱ から選択すると独立したテーブル結合が作成されます。

3 [実行] ボタン ▶ をクリックして、モデルを実行します。
処理結果のダイアログおよび [モデル] ウィンドウを閉じます。

4 [モデル] ウィンドウを閉じます。モデルの変更を保存してください。

⑥ジオデータベースへのデータ・エクスポート

1 ArcMap のコンテンツ ウィンドウで、「WatershedBlock」を右クリックし [属性テーブルを開く] をクリックします。「WatershedBlock」の属性に、「summary1997」テーブルが結合されているのを確認したら、テーブルを閉じます。

第10章 ジオプロセシング

2 ArcMap のコンテンツ ウィンドウで、「WatershedBlock」を右クリックし、[データ] → [データのエクスポート] をクリックして、以下のような設定を行い、[OK] ボタンをクリックします。「ex10.gdb」の中へ「LU1997」という新しいデータをエクスポートします。

✦ 出力シェープファイルまたはフィーチャクラス
　　　　　　　　　　　　　　　　　　　: D:¥gis03¥ex10¥data¥ex10.gdb¥ex10 ¥LU1997

※デフォルトの設定では、シェープファイルでの出力となっていますが、「ファイル/パーソナル ジオデータベース フィーチャクラス」として ex10.gdb へ出力します。

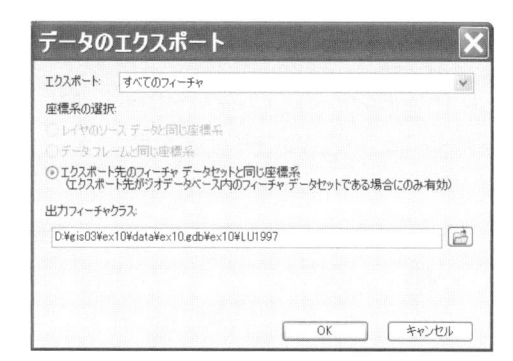

3 下のウィンドウが出てきたら、[はい] をクリックします。

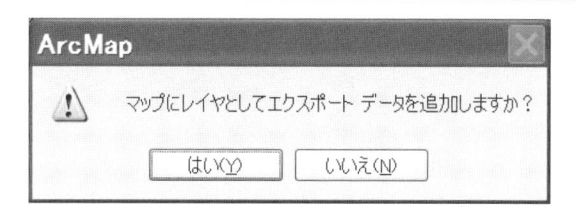

Tips: ArcCatalog による排他ロック

Step 1 で ArcCatalog を開きましたが、出力先のジオデータベースを開いていると、排他ロックがかかりエクスポート時にエラーが発生する場合があります。その場合は、ArcCatalog を閉じてください。

4 ArcMap のマップに「LU1997」ポリゴン レイヤが追加されます。

5 あらかじめ用意しているレイヤファイル「D:¥gis03¥ex10¥LU.lyr」を ArcMap へ追加して、「LU1997」のポリゴンの土地利用割合の属性を元にパイチャートにて表示します。

6 「LU」レイヤを右クリックし、[プロパティ] → [ソース] → [データソースの設定] で、「LU1997」を設定し、[OK] をクリックします。

7 「LU」レイヤを右クリックし、[プロパティ] → [一般] で、レイヤ名を「1997年の水域ブロックごとの土地利用割合」に変更します。

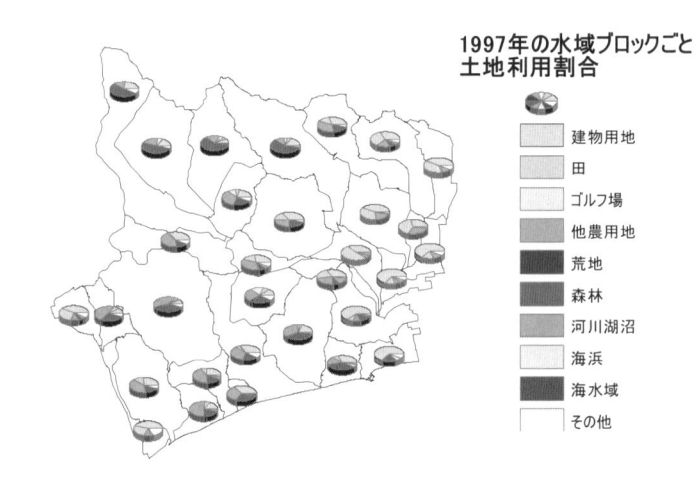

1997年の水域ブロックごと土地利用割合

- 建物用地
- 田
- ゴルフ場
- 他農用地
- 荒地
- 森林
- 河川湖沼
- 海浜
- 海水域
- その他

8 上記の作業でエクスポートが成功したことを確認したら、「WatershedBlock」のテーブル結合を解除します。

「WatershedBlock」を右クリックし、[属性の結合とリレート] → [結合の解除] → [summary1997] をクリックします。

第10章 ジオプロセシング

Step 3　定型作業モデルの共有と再利用

　Step 2 の作業で、1997 年の水域ブロックごとの土地利用割合を集約したデータが生成されました。つぎに 1991 年の同データを作りたい場合、同様の作業を繰り返すのは非常に手間がかかります。

　先ほど作成したジオプロセシング モデルを再利用することで、同じ作業を省力化できます。すなわち、同様の処理フローであればデータ処理過程を自動化できます。また、ツールを共有・公開することで、他の地域や別の年代の処理へ適用することが可能になります。

　Step 3 では、Step 2 で作ったモデルを再利用し、1991 年の同データ作成の自動化を試みます。

> **1**　Step 2 で作ったモデルをバックアップします。
>
> ArcMap の [カタログ] ウィンドウにて、[MyToolbox] の「モデル」（Step 2 で作ったモデル）を右クリック → [コピー] して、同じ [MyToolbox] 内に [貼り付け] します。

> **2**　モデルを右クリックして [名前の変更] をクリックします。それぞれのモデルを「モデル 1991」「モデル 1997」と名付けます（現時点では、実際は両方とも 1997 年のデータを対象としたモデルです）。
>
> ```
> ⊟ MyToolbox
>       モデル1991
>       モデル1997
> ```

> **3**　「モデル 1991」を右クリックし、[編集] をクリックして、[モデル 1991] ウィンドウを開きます。

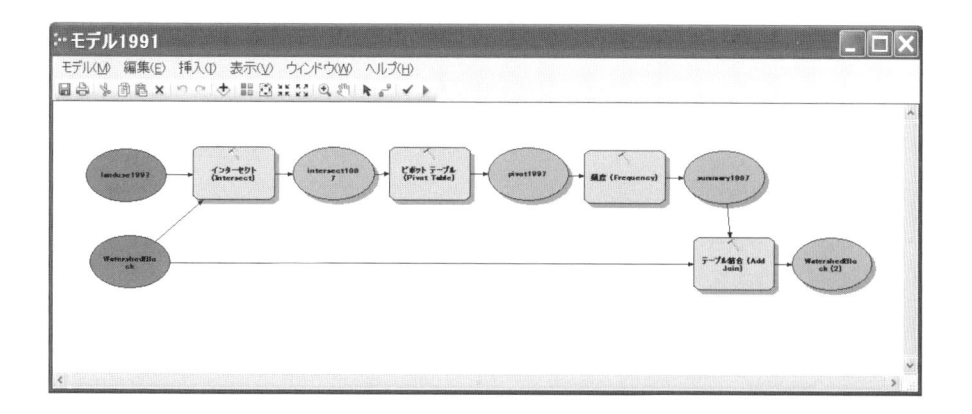

235

Question （解答は章末に記載）

下の作業フローの中で、

Q1: 入力データを入れ替える必要があるのはどの過程ですか？

Q2: ジオプロセシングのパラメータを変更する必要があるのはどの過程ですか？

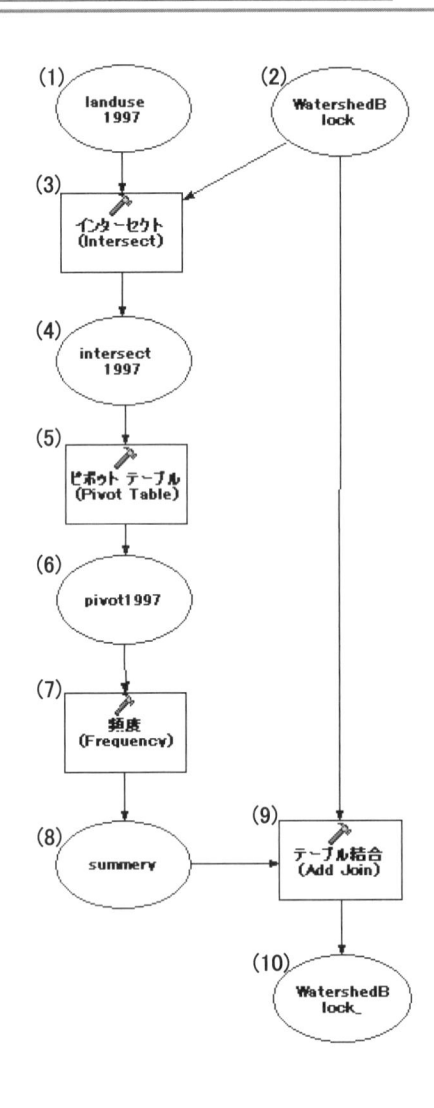

演習10 地理解析モデルを構築しよう！

(1) landuse1997
(2) WatershedBlock
(3) インターセクト (Intersect)
(4) intersect1997
(5) ピボットテーブル (Pivot Table)
(6) pivot1997
(7) 頻度 (Frequency)
(8) summery
(9) テーブル結合 (Add Join)
(10) WatershedBlock_

第 10 章 ジオプロセシング

① (1)の入力データの置き換え

1 [モデル 1991] ウィンドウの楕円 (1)「landuse1997」を右クリックし、[開く] をクリックして、[landuse1997] ウィンドウを開きます。

2 [landuse1997] ウィンドウにて、「landuse1991」に置き換えて、[OK] をクリックします。

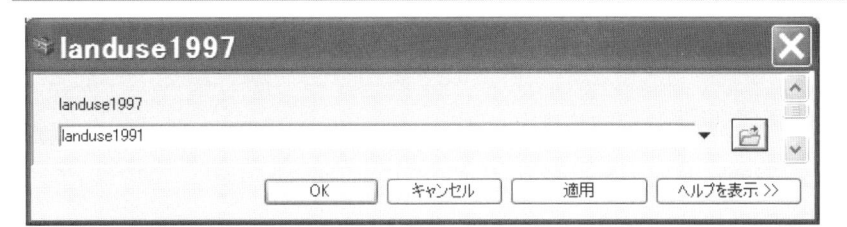

② (4)のインターセクトの出力データ名の変更

1 [モデル 1991] ウィンドウの楕円 (4)「intersect1997」にて右クリック → [開く] をクリックして、[intersect1997] ウィンドウを開きます。

2 [intersect 1997] ウィンドウにて、名前を「intersect 1991」に書き換えて、[OK] をクリックします。

③ (6)のピボットテーブルの出力データ名の変更

1 [モデル 1991] ウィンドウの楕円 (6)「pivot1997」にて右クリック → [開く] をクリックして、[pivot1997] ウィンドウを開きます。

2 [pivot1997] ウィンドウにて、名前を「pivot1991」に書き換えて、[OK] をクリックします。

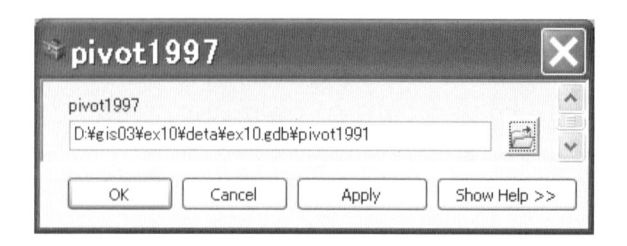

pivot1997

pivot1997
D:¥gis03¥ex10¥deta¥ex10.gdb¥pivot1991

[OK] [Cancel] [Apply] [Show Help >>]

④ (8)のサマリの出力データ名の変更

1 [モデル1991] ウィンドウの楕円 (8)「summary1997」にて右クリック → [開く] をクリックして、[summary1997] ウィンドウを開きます。

2 [summary1997] ウィンドウにて、「summary1991」に書き換えて、[OK] をクリックします。

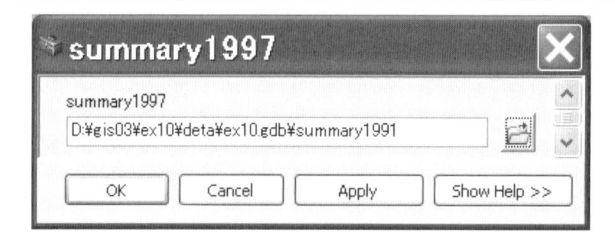

summary1997

summary1997
D:¥gis03¥ex10¥deta¥ex10.gdb¥summary1991

[OK] [Cancel] [Apply] [Show Help >>]

⑤ モデルの実行とジオデータベースへのデータ・エクスポート

1 モデルおよびパラメータを確認し、モデル1991ウィンドウを [保存] してから、モデルを [実行] ▶ します。

2 モデルが最後まで実行されたことを確認したら、ArcMapの「WatershedBlock」を右クリックし、[属性テーブルを開く] をクリックして、「WatershedBlock」に対して、「summary1991」がテーブル結合されているのを確認します。

3 [モデル1991] ウィンドウを閉じます。モデルの変更を保存してください。

第10章 ジオプロセシング

4 「WatershedBlock」を右クリックし、[データ] → [データのエクスポート] をクリックして、以下のような設定を行い、[OK] ボタンをクリックします。「ex10.gdb¥ex10」の中へ「LU1991」という新しいデータをエクスポートします。

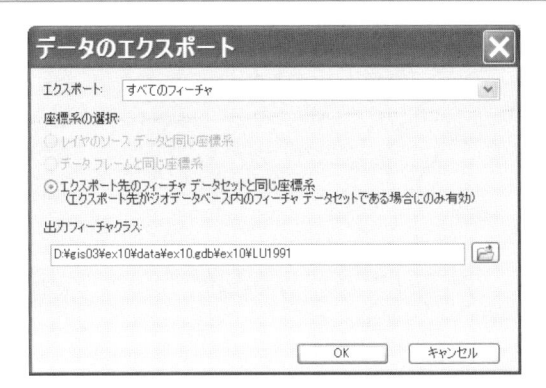

5 以下のウィンドウが出てきたら、[OK] をクリックします。

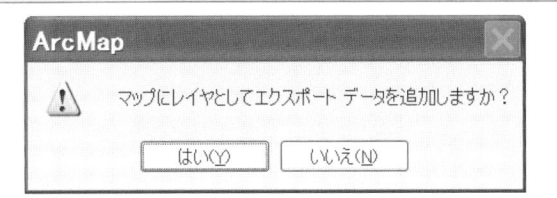

6 ArcMap に「LU1991」というポリゴン フィーチャが追加されます。

7 レイヤファイル「D:¥gis03¥ex10¥LU.lyr」を追加して、「LU1991」の各ポリゴンの土地利用割合をパイ チャートにて表示します。

- ◆ 「LU.lyr」レイヤファイルを右クリックし、[プロパティ] → [ソース] → [データソースの設定] で、「LU1991」を設定します。
- ◆ 「LU」レイヤファイルで右クリックし、[プロパティ] → [一般] で、レイヤ名を「1991年の水域ブロックごとの土地利用割合」に変更します。

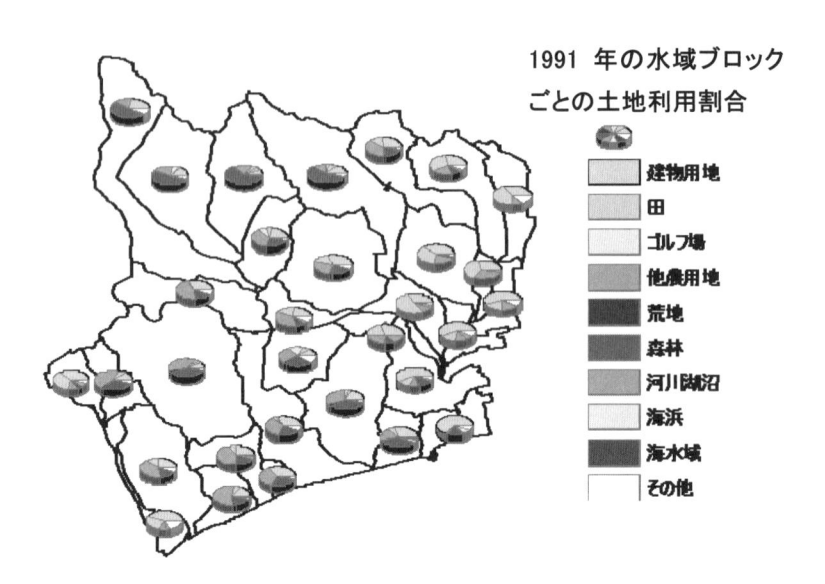

1991 年の水域ブロックごとの土地利用割合

- 建物用地
- 田
- ゴルフ場
- 他農用地
- 荒地
- 森林
- 河川湖沼
- 海浜
- 海水域
- その他

8. エクスポートが成功したことを確認したら、「WatershedBlock」のテーブル結合を解除します。

「WatershedBlock」で右クリックし、［属性の結合とリレート］→［結合の解除］→［Summary1991］をクリックします。

第10章 ジオプロセシング

Step 4　ジオデータベースへのモデルの挿入

作成したモデルをジオデータベースの中に保存します。これにより、データと解析モデル(ジオプロセシング モデル)をセットにした研究成果の配布や情報共有などが可能になります。

1 はじめに、ArcMap の [カタログ] ウィンドウでこれまでに作成したジオデータベースを確認します。

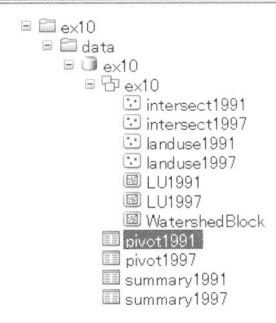

```
ex10
  data
    ex10
      ex10
        intersect1991
        intersect1997
        landuse1991
        landuse1997
        LU1991
        LU1997
        WatershedBlock
      pivot1991
      pivot1997
      summary1991
      summary1997
```

2 [カタログ] ウィンドウで「ex10.gdb」を右クリックし、[新規作成] → [ツールボックス] をクリックすると、ジオデータベースの中に新規のツールボックス「Toolbox」が追加されます。

3 ArcMap の [カタログ] ウィンドウで [Toolboxes] → [My Toolboxes] → [My Toolbox] の「モデル1991」を右クリックして [コピー] します。

4 [カタログ ウィンドウ] 上の ex10.gdb の「Toolbox」にて [貼り付け] をクリックすると、「ex10.gdb」に「モデル1991」が保存されます。

241

🖱️ **5** 同様に「モデル1997」も「ex10.gdb」へ保存してください。

🖱️ **6** ArcMap を終了します。「〜への変更を保存しますか？」と聞かれたら、[いいえ]を選択します。

以上で演習は終了です。

Tips: モデルで生成される中間ファイルについて

この演習のように、ジオプロセシング ツールを組み合わせて一連の解析モデルを構築する際、最終的な出力データ以外の中間的な処理で生成される出力データ(中間データ)を後から削除することができます。

［モデル］ウィンドウ → ［モデル］メニュー → ［中間データを削除］

中間データ自体がロックされていると削除できません。その場合は、一度 ArcCatalog 閉じてから実行してください)

「エレメント」＞ 右クリック ＞ ［中間］がチェックされているエレメントのみ、[中間データを削除]でデータが削除されます。

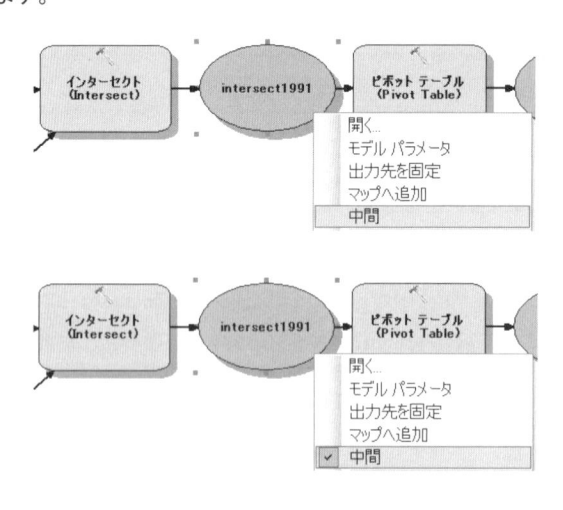

第10章 ジオプロセシング

Tips: 定型作業モデルの共有と再利用

『図解！ArcGIS －身近な事例で学ぼう』(古今書院)の「演習 5B 横浜市パークアンドライドプロジェクト(pp. 117- 137)」では、ArcGIS Spatial Analyst (ArcGIS Desktop のエクステンション) を使用して駐車場の適地選定評価モデルを作成しました。

この過程も、モデルビルダを利用して以下のようなモデルとして構築できます。

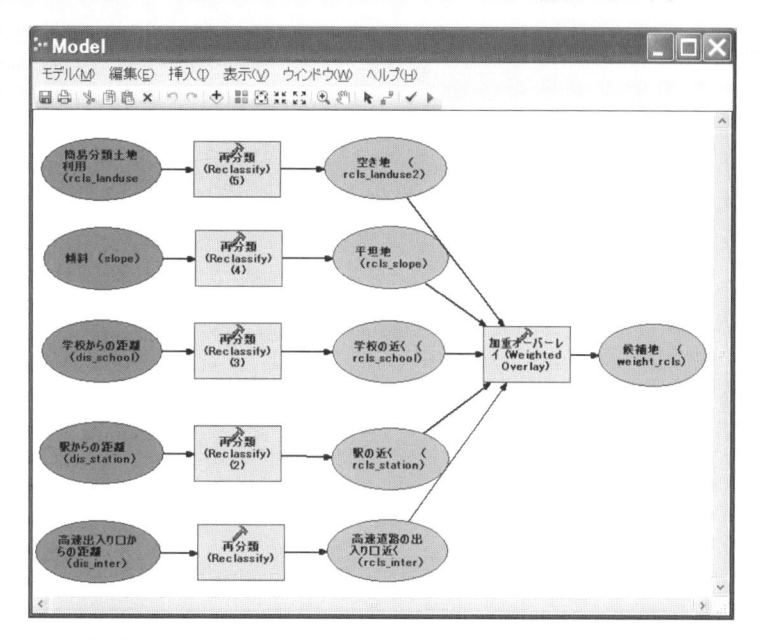

適地選定モデルを構築する際のメリット:

◆ 複雑な処理データフローもわかりやすく整理しながらの組み立てと視覚化
　各処理過程でどのデータに何の処理を行っているかを容易に理解できます。

◆ ジオプロセシング ワークフローの自動化
　作成したワークフローをカスタム ツールとして一つにまとめることができます。よく使うワークフローをツールにまとめておくと入力と出力先を設定するだけで処理を行えます。

◆ ジオプロセシング モデルをジオデータベースに格納することで、データとツールをセットで共有・公開
　たとえば同一組織において、ツールをひとつひとつコピーしなくてもよく、ユーザがデータベースにアクセスするだけで、他人が作ったツールを再利用できます。

Question の Answer

A1: ①、④、⑥、⑧

A2: なし

第 11 章 Google Earth との連携

演習 11 Google Earth と連携しよう！

この章では、ArcGIS と Google Earth との連携方法について学びます。演習を通じて、ArcMap で作成したマップ ドキュメントやレイヤを KML ファイルに変換する方法、Google Earth で作成した KML ファイルを ArcMap にインポートする方法、作成した KML ファイルを Google Earth や Google マップなどで公開する方法を習得します。

【Introduction】

　KML（Keyhole Markup Language）は、Google Earth や Google マップに表示するポイント、ライン、ポリゴン、イメージ、およびモデルなどの地物をモデリングして保存するための XML 形式のファイルとして登場しました。その後、KML は国際コンソーシアムである OGC（Open Geospatial Consortium）標準としても承認されています。

　ArcGIS では、作成した GIS データを KML 形式に相互変換でき、Google Earth や Google マップに表示できます。インターネットを介したデータ配信や研究結果のビジュアルなプレゼンテーションなど、さまざまなデータの公開手段を安価に実現できるため、GIS データの利用可能性が広がります。

　演習の前半では、ArcGIS for Desktop の KML 変換機能を使用して ArcMap で作成したマップやレイヤを KML ファイルに変換します。また、Google Earth で作成した KML ファイルを ArcMap に表示します。

　演習の後半では、KML を Google マップに表示する方法を学びます。Google Maps API（Application Programming Interface）の基本的な知識を習得しながら、堅牢性の高い WebGIS をシンプルに実現する方法を学びます。

【Goals】

この演習が終わるまでに以下のことが習得できます。

- **KML ファイルへの変換** ： KML 変換機能を使用してマップ ドキュメントやレイヤから KML ファイルを作成
- **KML ファイルの表示** ： KML 変換機能を使用して、KML ファイルからレイヤ ファイルを作成して ArcMap に表示
- **KML ファイルの公開** ： Google マップを利用して KML ファイルを公開

【License】

この演習は以下の製品で実行できます。

ArcGIS for Desktop Standard / Advanced + Google Earth

【Data】

この演習では次のデータを使用します。

主題	図形タイプ	データソース	出典
道路線	ライン	ex11.gdb¥ex¥roadcost	数値地図 2500

第11章 Google Earth との連携

公共施設	ポイント	ex11.gdb¥ex¥kokyoshisetsu	数値地図 25000
ルート	ライン	ex11gdb¥ex¥route	オリジナル
サービスエリア	ポリゴン	ex11.gdb¥ex¥service_area	オリジナル
標高	ラスタ	ex11.gdb¥ex¥dem1	数値地図 50m メッシュ標高から作成

【Course Schedule】

Step	項目	おおよその必要時間 1 回目	2 回目	3 回目
Step 1	KML ファイルへの変換 ① データの確認 ② [レイヤ → KML] の実行 ③ [マップ → KML] の実行	15 分	( )分	( )分
Step 2	Google Earth の操作 ① Google Earth の基本操作 ② KMZ ファイルの読み込み ③ Google Earth によるデータの作成 ④ KML ファイルからジオデータベースへの変換	30 分	( )分	( )分
Step 3	KML ファイルの公開 ① 時空間データの表現 ② Google Maps API の利用	30 分	( )分	( )分

| Step 1 | KMLファイルへの変換 |

　ArcGIS for Desktop のエクステンションである 3D Analyst の KML 変換機能を使用してマップやレイヤを KML ファイルに変換します。変換方法として、ArcMap のマップ ドキュメントに含まれるレイヤを一括して変換する方法と、レイヤ単位で変換する方法の 2 通りがあります。通常、マップ ドキュメント単位での変換が便利ですが、Google マップなどで KML ファイルを利用する際に、特定のレイヤだけが必要な場合はレイヤ単位で変換を実行します。

① データの確認

> 1　ArcMap を起動し、「D:¥gis03¥ex11¥data¥ex11.mxd」を開きます。

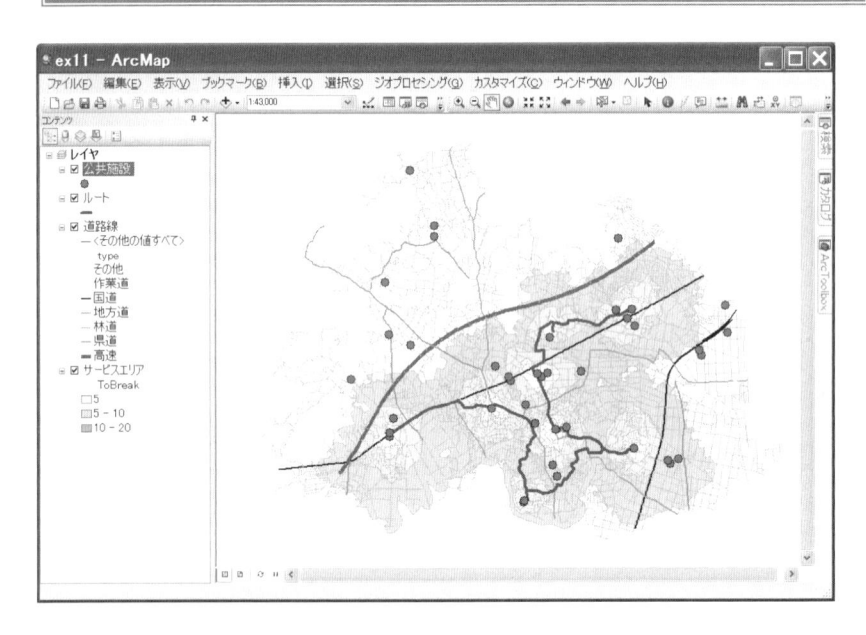

▲ ライン フィーチャクラス 　　　「route（ルート）」
▲ ポリゴン フィーチャクラス 　　「service_area（サービスエリア）」
▲ ポイント・フィーチャクラス 　　「kokyoshisetsu（公共施設）」
▲ ライン フィーチャクラス 　　　「roadcost（道路線）」

演習11　Google Earth と連携しよう！

第11章 Google Earth との連携

②[マップ → KML]ツールの実行

1　「公共施設」レイヤを KML に変換します。公共施設レイヤを右クリックして、[プロパティ]→[表示]タブ →[表示式]欄 →[フィールド]を「SYURUI」に変更し、[OK]をクリックします。

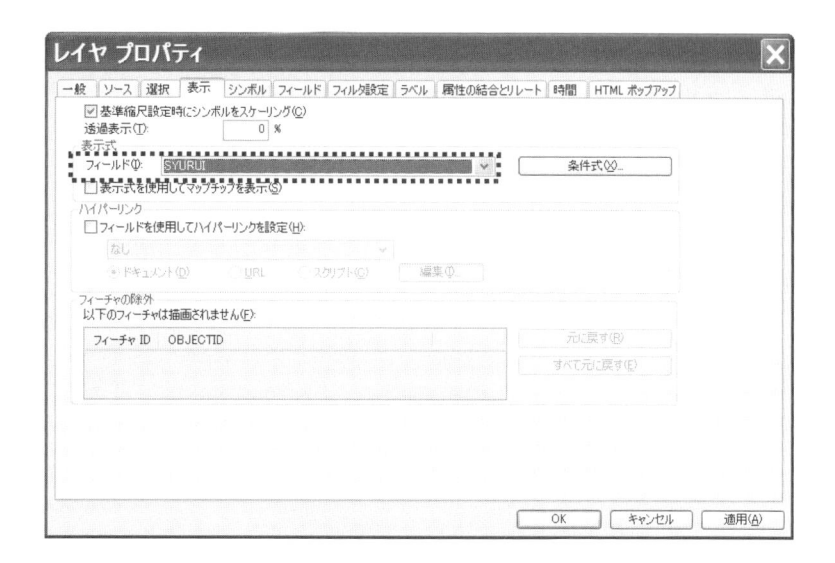

Tips：KML 変換後のラベル

KML 変換後のフィーチャのラベルは、[レイヤのプロパティ] ダイアログ →[表示]タブ →[表示式]欄 →[フィールド]に設定したフィールドの値が適用されます。KML への変換を実行する前に、必要に応じて設定を変更します。

2　[ファイル]メニュー →[上書き保存] 🖫 をクリックしてマップ ドキュメントを保存します。

3　マップド キュメント ファイルを KML に変換します。ArcMap の[ArcToolbox]ウィンドウ 🔲 をクリックして表示します。ArcToolbox →[変換ツール]→[KML へ変換]→[マップ → KML]をダブルクリックします。

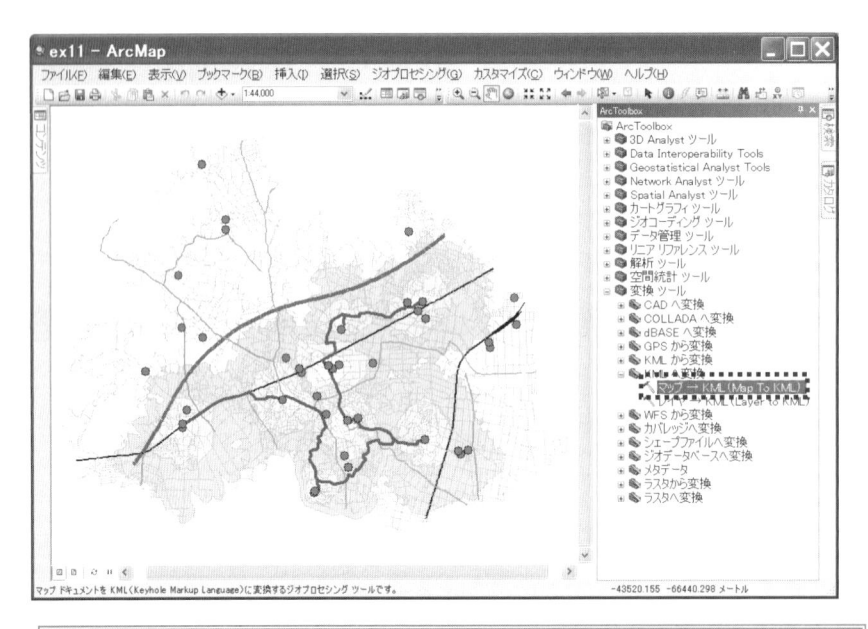

4. [マップ → KML] のダイアログが表示されますので、レイヤ、出力ファイル、マップの出力スケールを以下のように設定して、[OK] をクリックします。

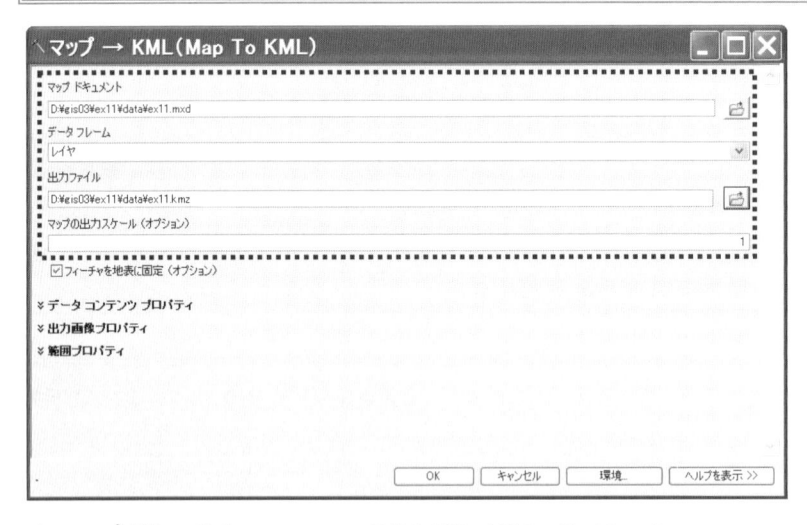

- ▲ マップ ドキュメント ： D:¥gis03¥ex11¥data¥ex11.mxd
- ▲ データ フレーム ： レイヤ
- ▲ 出力ファイル ： D:¥gis03¥ex11¥data¥ex11.kmz
- ▲ マップの出力スケール ： 1

[データ コンテンツ プロパティ]、[出力画像プロパティ]、[範囲プロパティ] では、出力画像の種類、サイズ、解像度、表示範囲を指定できます。ここでは設定しません。

第 11 章 Google Earth との連携

Tips：マップ（レイヤ）の出力スケール

マップ ドキュメント ファイルのエクスポート時の縮尺です。あらゆる縮尺依存のレンダリングに対応するため、レイヤがエクスポート時の縮尺で表示されなければ、作成される KML ファイルにそのレイヤは含まれません。マップのシンボルはこの縮尺によって制御されるため、データ フレームに基準縮尺が定義されている場合、このパラメータの設定時にはそれを考慮すべきです。入力できるのは数字だけです。たとえば、縮尺として「20000」は入力できますが、「1:20,000」や「20,000」は使用できません。さらに、3D ベクトルとして表示されるレイヤだけを含むマップをエクスポートしており、縮尺依存のレンダリングが定義されていない場合は、このパラメータはエクスポート処理に必要がなく、1 などの任意の数値に設定できます。

※ ArcGIS Desktop Help 10 より引用

Tips： KMZ ファイルとは？

KMZ ファイルは KML ファイルを ZIP 形式で圧縮したファイルで、Google Earth の標準ファイル形式として使用されています。KMZ ファイルの中には、KML ファイルとプレースマーク（地物のアイコン）の画像イメージなどが含まれています。

③ [レイヤ → KML] の実行

1 標高値を持ったラスタ データセット「dem」を追加します。[データの追加] をクリックして「D:¥gis03¥ex11¥data¥ex11.gdb¥dem」を追加します。追加後、[コンテンツ] ウィンドウで dem レイヤをドラッグをして、「サービスエリア」レイヤの下に移動します。

2 「dem」レイヤを右クリックし、[プロパティ] → [シンボル] タブにて、[カラーランプ] を次ページの上図のように設定し、[OK] をクリックします。

（注： 本書は白黒印刷のため、カラーランプの色が分かりにくいと思いますので、ご自由に好みの配色を選んでください）

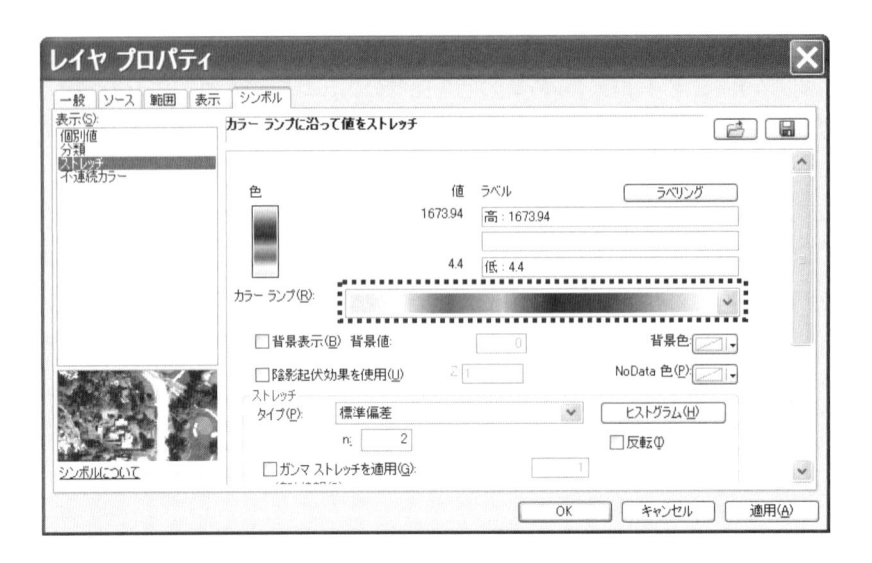

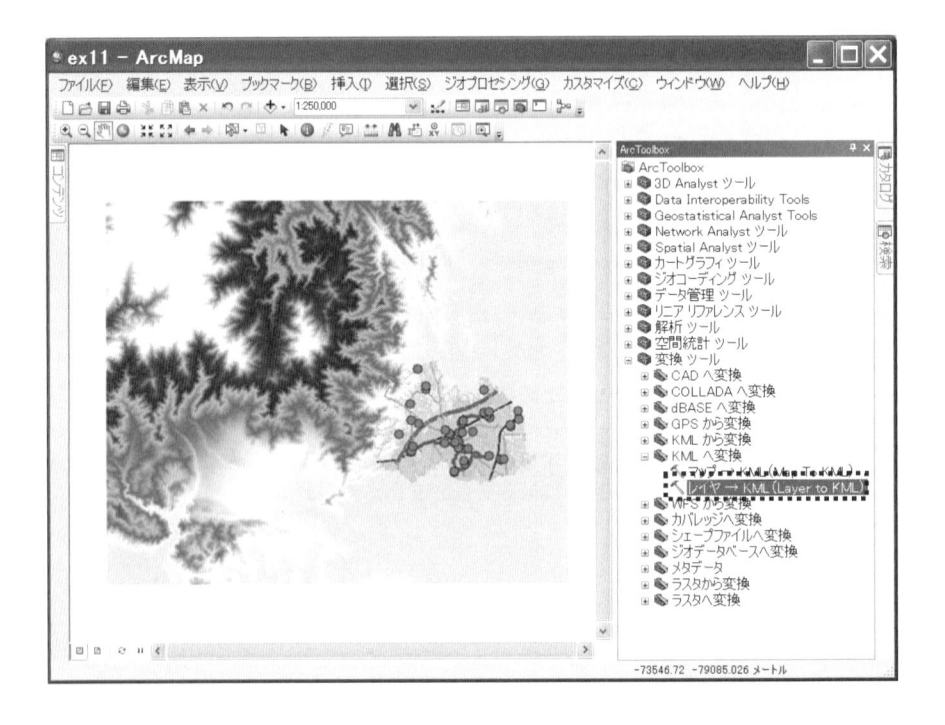

3. [ArcToolbox] ウィンドウ → [変換] ツール → [KML へ変換] → [レイヤ → KML] をダブルクリックします。

第11章 Google Earth との連携

4 [レイヤ → KML] のダイアログが表示されますので、[レイヤ]、[出力ファイル]、[レイヤの出力スケール] を以下のように設定して、[OK] をクリックします。

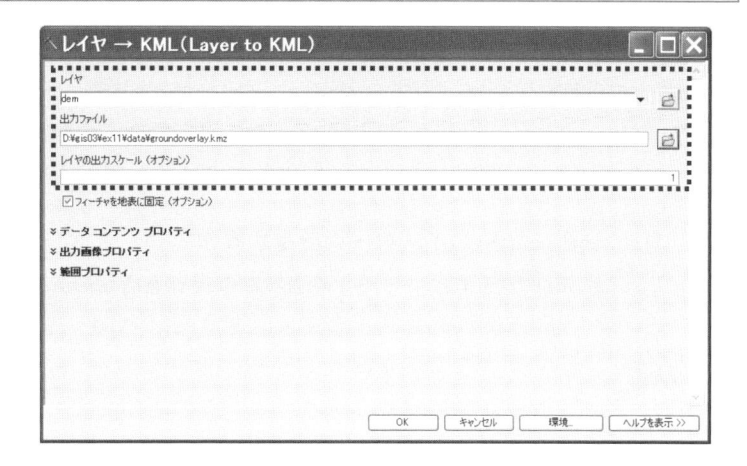

- レイヤ : dem
- 出力ファイル : D:¥gis03¥ex11¥data¥groundoverlay.kmz
- レイヤの出力スケール : 1

5 ツールの実行が完了したら、ダイアログの [閉じる] をクリックします。

6 同様に、[ルート] レイヤと [公共施設] レイヤを以下のような設定で KML ファイルに変換します。

- レイヤ: ルート
  + 出力ファイル : D:¥gis03¥ex11¥data¥route.kmz
  + レイヤの出力スケール: 1

- レイヤ: 公共施設
  + 出力ファイル : D:¥gis03¥ex11¥data¥kokyoshisetsu.kmz
  + レイヤの出力スケール: 1

7 変換が終了したら [ArcMap] を終了します。マップ ドキュメント ファイルは保存しません。

253

| Step 2 | Google Earth の操作 |

Step 1 で作成した KML ファイルを Google Earth で表示したり、作成した KML ファイルを ArcMap で表示する方法を学びます。Google Earth の世界を実際に体験しながら、基本的な操作方法を学びます。この Step を行うと、自宅など ArcGIS がインストールされていない環境 Google Earth によってデータを作成し、学校やオフィスで ArcGIS に反映させる方法を習得できます。

① Google Earth のインストールと基本操作

Google Earth をインストールして基本的な操作を確認します。

> ブラウザで Google Earth のサイト
> (http://www.google.co.jp/intl/ja/earth/index.html)
> にアクセスし、最新版の Google Earth をダウンロードします。

Tips: Google Earth のバージョン

本書では、Google Earth 7.1.1.1888 を使用して動作確認しています。

> 利用規約を読み、[同意してダウンロード] をクリックします。

演習11 Google Earth と連携しよう！

254

第 11 章 Google Earth との連携

Tips：情報バー

[情報バー] が表示される場合、[閉じる] ボタンをクリックします。

[情報バー] に「セキュリティ保護のため、このサイトによるこのコンピュータへのファイルのダウンロードが Internet Explorer によりブロックされました。」と表示されます。この場合は [情報バー] → [ファイルのダウンロード] をクリックします。

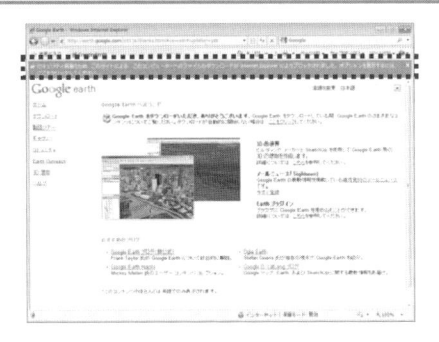

3 ファイルのダウンロードダイアログにて、[保存] をクリックします。
名前を付けて保存ダイアログにて、下図のように保存場所をデスクトップと指定し、[保存] をクリックして、ファイルをデスクトップ上に保存します。

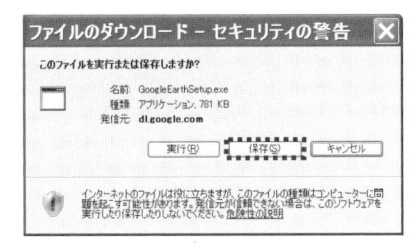

4 [ダウンロードの完了] ダイアログにて、[実行] ボタンをクリックして、パソコンに Google Earth をインストールします。
セキュリティの警告ダイアログが表示されますので、[実行する] をクリックします。
[Google Earth インストーラ] ダイアログが表示され、インストールが完了すると、Google Earth が起動します。

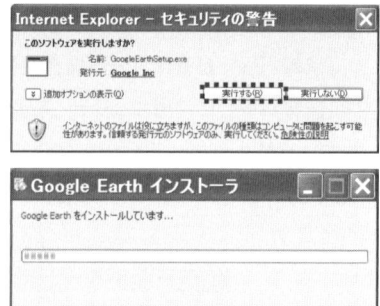

インストールが完了すると Google Earth が起動します。

Tips: 起動時にエラーが発生する場合

起動時にエラーがでて Google Earth が正常に動作しない場合は、サーバとの通信トラブルが原因である可能性があります。通信トラブルが原因のときは、ファイアウォールなどの設定変更が必要な場合があります。詳細は下記の Google Earth ヘルプセンターで表示して確認してください。

https://support.google.com/earth/?hl=ja#topic=4363013

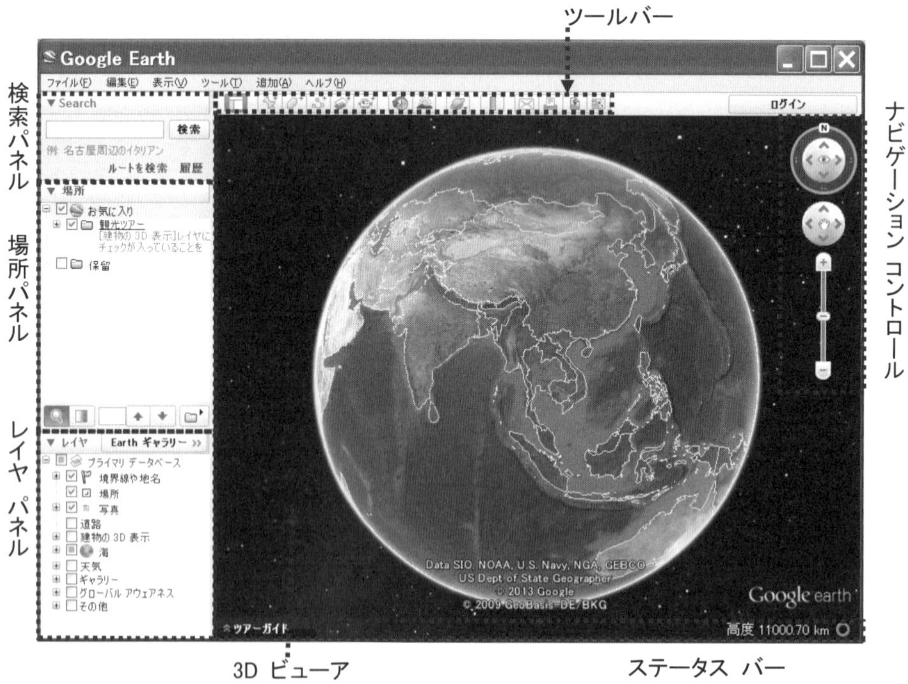

第 11 章 Google Earth との連携

- ▲ 検索パネル　　　　場所やルートを探したり、検索結果を管理
- ▲ 場所パネル　　　　目印を配置、保存、管理、表示
- ▲ レイヤパネル　　　要所や見どころを表示
- ▲ ステータス バー　　座標、高度、イメージの取得日、イメージのストリーミングステータスを表示
- ▲ 3D ビューア　　　　場所のイメージや地形を表示
- ▲ ツールバー　　　　左から順に、サイドバーを表示/非表示、場所の目印の追加、ポリゴンの追加、パスの追加、イメージオーバーレイの追加、ツアーの録画、過去のイメージ表示、日照の表示、地球・星空・その他の惑星への切り替え、距離や面積の測定、ビューや画像のメール送信、現在のビューの印刷、現在のビューを Google マップに表示する際に使用
- ▲ ナビゲーション コントロール

1：[真北] ボタンをクリックすると、北が画面の真上になるように回転します。リングをクリックしたまま車のハンドルをきるように回すと、その方向に合わせてビューが回転します。

2：見回しジョイスティックを使用すると、首を回しているかのようにお気に入りの場所から周辺を見回せます。方向矢印をクリックするとその方向にビューが少し移動し、マウスボタンを押し続けるとビューも移動を続けます。途中でマウスのボタンを押したままジョイスティックの周りを任意の方向へドラッグすると、移動方向を変えることができます。

3：移動ジョイスティックを使用すると、ある場所から別の場所に移動できます。方向矢印をクリックするとその方向にビューが少し移動し、マウスボタンを押し続けるとビューも移動を続けます。途中でマウスのボタンを押したままジョイスティックの周りを任意の方向へドラッグすると、移動方向を変えることができます。

4：ズームの調整スライダを上下に動かすか、スライダの両端にあるアイコンをクリックすると、ズームインまたはズームアウトします（[+] がズームイン、[-] がズームアウト）。地表に近づくと、表示角度が地表と平行になるように傾きます。

Google Earth のその他の使い方は、Google Earth ヘルプセンター
(https://support.google.com/earth/?hl=ja#topic=4363013) をご参照ください。

② KMZ ファイルの読み込み

Step 1 で作成した KMZ ファイルを Google Earth に追加します。

1. Google Earth を起動します。

2. [ファイル] メニュー → [開く] をクリックし、[ファイルを開く] ダイアログで Step1 で作成した「D:¥gis03¥ex11¥data¥ex11.kmz」を参照し、開きます。

3. [場所] パネル → [保留] → [レイヤ] の ⊞ をクリックして、マップドキュメントから変換した 4 つのレイヤが存在することを確認します。ナビゲーションコントロールを使用してズームインし、追加した KMZ ファイルを確認します。

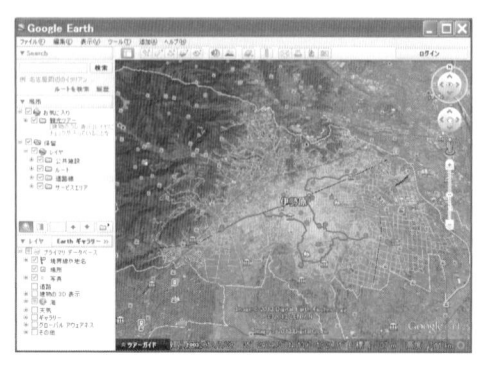

第11章 Google Earth との連携

Tips: 保留フォルダとは？

保留フォルダは一時的にレイヤを保持します。保留フォルダ内のレイヤは、Google Earth を終了したときに削除されます。継続的に利用したいレイヤは、お気に入りフォルダに移動する必要があります。お気に入りへの移動は、保留フォルダ内のレイヤを右クリックして［「お気に入り」に保存］をクリックします。

　　Google Earth のツアー機能はプレゼンテーションの役に立ちます。ツアー機能を使用すると、［場所］パネルのフォルダ内に登録されたフィーチャを順番に表示できます。表示する順番を変更したい場合は、各フィーチャをドラッグして移動させ、順序を変更します。特定の場所にジャンプするには、フィーチャをダブルクリックします。

> ［レイヤ］パネル → ［プライマリデータベース］ → ［建物の3D 表示］にチェックをいれます。また、［場所］パネル → ［保留］ → ［レイヤ］にチェックを入れて、［サービスエリア］が選択された状態にします。［場所］パネルの［ツアー再生］ボタン をクリックしてツアーを再生します。

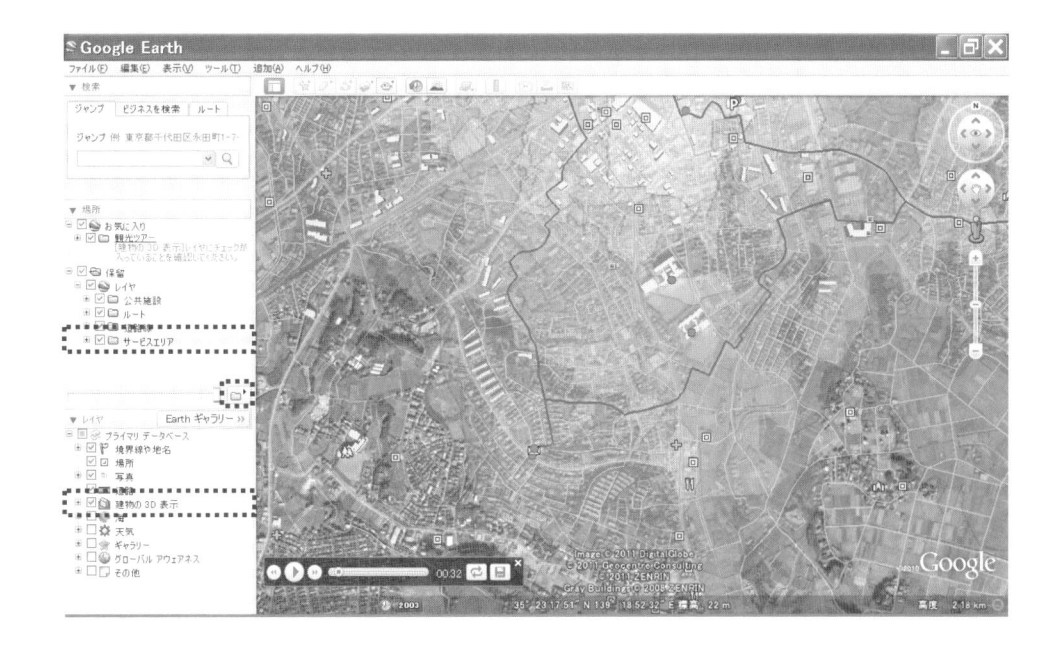

259

5 3D ビューアでツアーの再生が始まり、3D ビューアの左下にツアー再生コントロールが表示されます。動作を確認したら、ツアー再生コントロール上の ❌ をクリックしてツアーを終了します。

Tips: ツアー再生コントロール の表示
Google Earth の画面上にマウス カーソルを移動すると表示されます。

6 [場所]パネル → [保留] → [レイヤ]をダブルクリックします。再び Step 1 で作成したデータ全体が表示されます。

Google Earth はパソコン上のファイルだけでなく、インターネット上に存在する KMZ ファイルを開けます。その際は、URL を指定してファイルを開きます。

7 [ファイル]メニュー → [開く]をクリックします。ファイルを開くダイアログが表示されますので、
「http://services.google.com/earth/kmz/realtime_earthquakes_n.kmz」をファイル名のテキストボックスに入力し[開く]をクリックします。

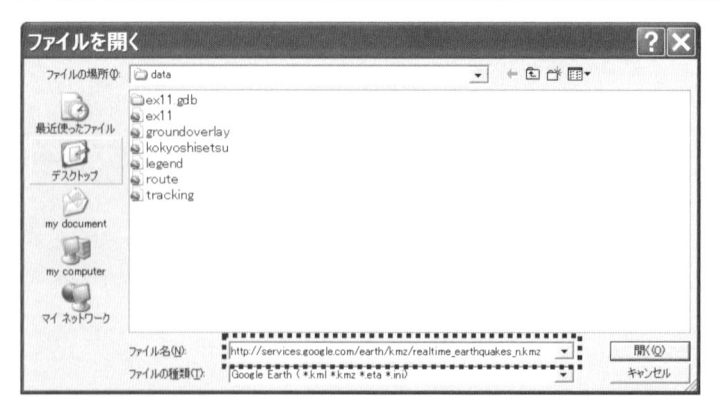

Google Earth の衛星写真にリアルタイム地震情報がオーバーレイされます。
地図をパン(移動)して、日本付近を見てみましょう。

第 11 章 Google Earth との連携

🖱8 ［場所］パネル → ［保留］ → ［Real-time Earthquakes］を右クリックし、［「お気に入り」に保存］をクリックします。［Real-time Earthquakes］のチェックをはずして表示されないようにします。

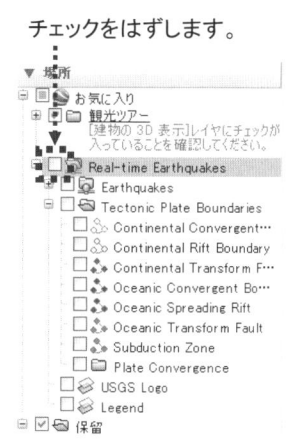

Tips：KMZ ファイルの定期更新

　KMZ ファイルを Web サイト上にアップロードしておくことによって、Google Earth の利用者に自分で作成したマップを公開できます。その際、KMZ ファイルを頻繁に更新している例として、本田技研工業株式会社が運営するインターナビ・プレミアムクラブ (http://www.premium-club.jp/lab/lab1.html) では、朝、昼、夜の道路交通情報を公開しています。国立情報学研究所の北本朝展氏によるデジタル台風 Google Earth 版 (http://agora.ex.nii.ac.jp/digital-typhoon/kml/) では、ひまわり 6 号の気象衛星画像や現在発生中の台風情報などが 1 時間おきに KML ネットワークリンクとして公開されています。

　ネットワークリンクとは、KML ファイルを直接ネットワークから取得して Google Earth に読み込む方法です。一旦ダウンロードしてから読み込む方法と比較して、Google Earth に表示するデータの定期更新などが可能になります。

　ジオデータベースに格納されている最新のデータと連動して KMZ ファイルを定期的に更新するには、［マップ → KML］を Windows のスケジュールされたタスクとして実行する方法が考えられます。マップドキュメントからKMZファイルをエクスポートする Visual Basic Script の例を以下に示します。

```
' _____

' KMZ ファイルのエクスポート
' _____
```

```
' ジオプロセッサ・オブジェクトの作成
set gp = WScript.CreateObject("esriGeoprocessing.GPDispatch.1")

' 必要なライセンスのチェック
gp.CheckOutExtension "3D"

' ツールボックスのロード
gp.AddToolbox "C:/Program Files/ArcGIS/ArcToolbox/Toolboxes/3D Analyst Tools.tbx"


' ローカル変数
ex11_2_kmz = "D:¥gis03¥ex11¥data¥ex11_vbs.kmz"
ex11_mxd = "D:¥gis03¥ex11¥data¥ex11.mxd"
Set fso = CreateObject("Scripting.FileSystemObject")

' kmz ファイルの削除
If fso.FileExists(ex11_2_kmz) Then
  fso.DeleteFile ex11_2_kmz
End If
Set fso = Nothing

' プロセス: マップ → KML（Map to KML）...
  gp.MapToKML_3d ex11_mxd, "レイヤ", ex11_2_kmz, "24000", "NO_COMPOSITE",
"VECTOR_TO_IMAGE", "DEFAULT", "1024", "96"
```

　以上でサーバ側のファイルを定期的に更新する準備は整いました。これだけでは不十分で、クライアント（Google Earth）側も定期的に KMZ ファイルを取得するようにする必要があります。以下のような KML ファイルを作成することによって、エクスポートした KMZ ファイルをネットワークリンクとして提供することができます。

```
<?xml version="1.0" encoding="UTF-8" ?>
<kml xmlns="http://earth.google.com/kml/2.0">
<NetworkLink>
 <name>ネットワークリンク名</name>
 <visibility>1</visibility>
 <open>1</open>
```

```
<Url>
<href>http://www/ex11_vbs.kmz</href>
<refreshMode→onInterval</refreshMode>
<refreshInterval>3600</refreshInterval>
<viewRefreshTime>0</viewRefreshTime>
</Url>
</NetworkLink>
</kml>
```

<name>	： ネットワークリンクの名前を入力
<href>	： ネットワークリンクにする KMZ ファイルの URL を指定
<refreshInterval>	： KMZ ファイルの取得間隔を秒単位で指定

③ Google Earth によるデータの作成

Google Earth を使用して [目印] データを作成し、KML ファイルに出力にします。

1 [場所] パネル → [保留] → [レイヤ] をダブルクリックします。再び Step 1 で作成したデータ全体が表示されます。

2 [場所] パネルの [保留] フォルダを右クリックして、[追加] → [フォルダ] をクリックします。

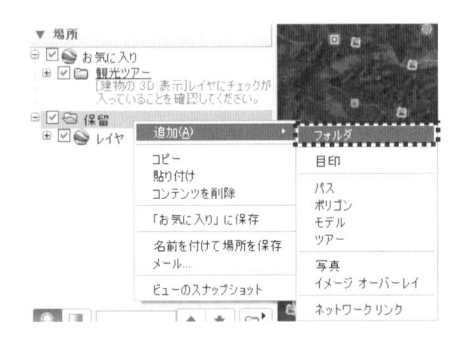

3 [Google Earth - 新規 フォルダ tyou] ダイアログで、[名前] に「調査地点」と入力して、[OK] をクリックします。

4 Google Earth の画面上部にあるアイコン群から [目印を追加します] アイコンをクリックします。

第11章 Google Earth との連携

5 赤枠に囲われた範囲を拡大し、画面に追加された黄色の点滅する四角いアイコンを下図のような位置にドラッグして移動し、[新規 目印] ダイアログの [名前] を「調査地点1」と入力し、[OK] をクリックします。

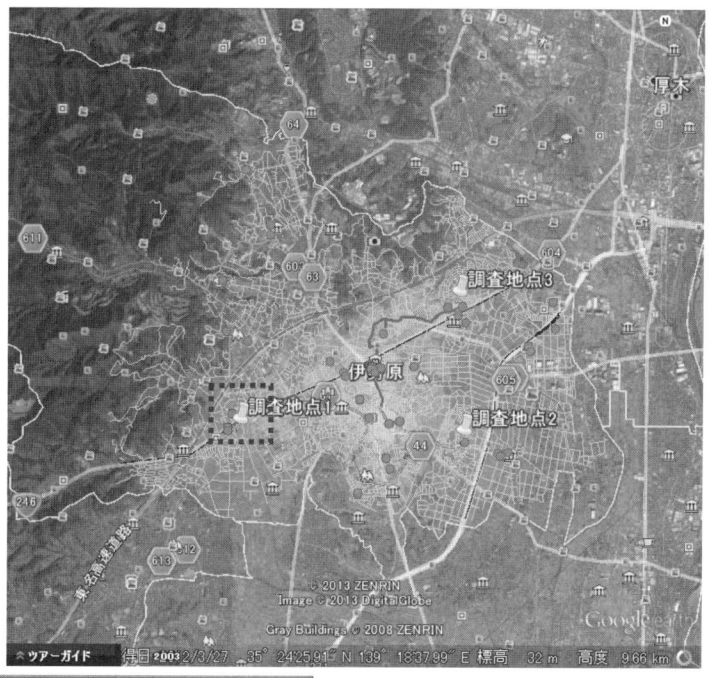

6 同様に、[目印を追加します] アイコンをクリックし、「調査地点2」、「調査地点3」と名前をつけて作成します。

Tips: 目印の追加

目印の追加を行う際には、[新規 目印] ダイアログで緯度、経度を入力することで、位置を指定できます。

> 7　[場所] パネルで、[調査地点] フォルダを右クリックし、[名前を付けて場所を保存] をクリックし、「D:¥gis03¥ex11¥data」に保存します。

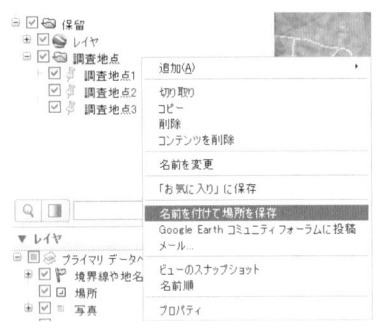

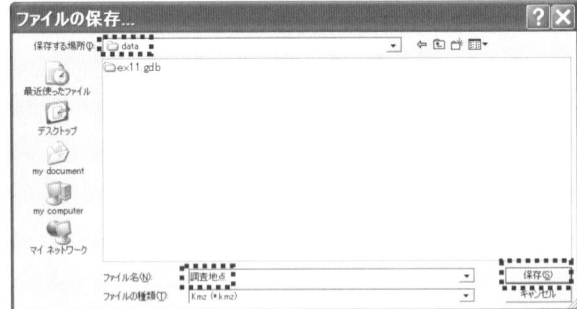

Tips：目印の追加

Google Earth では、[目印]（ポイント）以外に、パス（ライン）、ポリゴンを作成し、KML として保存できます。

ポリゴンは [ポリゴン] アイコン をクリックし、3D ビューア上でドラッグまたはクリックをして、作成します。

パスも同様に [パス] アイコン をクリックし、3D ビューア上でドラッグまたはクリックをすることで作成できます。

演習11　Google Earth と連携しよう！

第11章 Google Earth との連携

8. Google Earth を終了します。

④ KML ファイルからジオデータベースへの変換

Google Earth で作成した KML データを、ジオデータベースのフィーチャクラスとレイヤ ファイルに変換し、ArcMap のマップに表示します。

1. ArcMap を起動し、「D:¥gis03¥ex11¥data¥ex11.mxd」を開きます。

2. KMZ をフィーチャクラスに変換し、レイヤファイルとして表示します。ArcToolbox → [変換ツール] → [KML から変換] → [KML→レイヤ] ツールをダブルクリックします。

3. [KML→レイヤ] ダイアログが表示されますので、入力 KML ファイル、出力先を以下のように設定して、[OK] をクリックします。

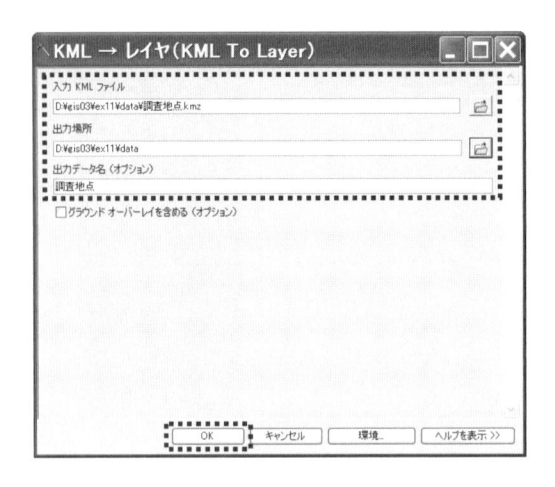

▲ 入力 KML ファイル ： D:¥gis03¥ex11¥data¥調査地点.kmz
▲ 出力場所 ： D:¥gis03¥ex11¥data
▲ 出力データ名 ： 調査地点

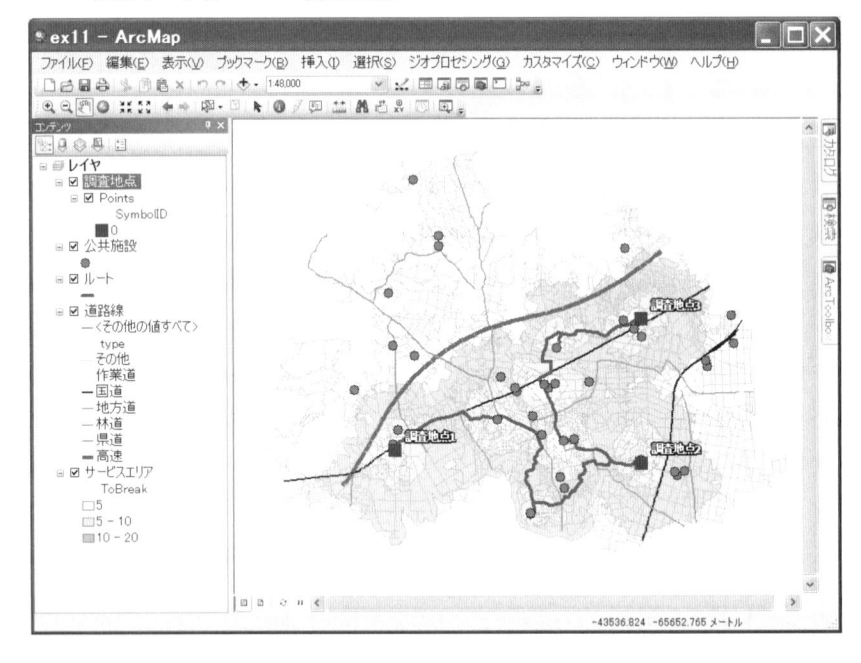

「調査地点.kmz」から、「調査地点.gdb」ジオデータベース、「PlaceMarks_point」フィーチャクラスと、そのフィーチャクラスを参照する「調査地点.lyr」レイヤ ファイルが作成されます。ArcMap からツールを実行したので、処理が終了すると、レイヤ ファイルがマップに追加されます。

4 出力された結果を確認したら、マップ ドキュメント ファイルを上書き保存して ArcMap を終了します。

第 11 章 Google Earth との連携

[KML → レイヤ] ツールの注意点

　このツールは KML バージョン 2.2 までの入力をサポートしています。作成されるフィーチャクラスの座標系は WGS84 で出力されます。他の座標系に変換したい場合は、作成したデータセットを [投影変換（Project）（データの管理）] ツールを使用します。

　また、すべての KML/KMZ ファイルが、GIS 内で使用できるフィーチャを提供する訳ではありません。例えば、ジオリファレンスされた画像ではなく撮影された位置情報のみが記録された画像ファイルや、OGC KML に準拠していないファイルは変換できません。

| Step 3 | KML ファイルの公開 |

　Google マップを利用して KML ファイルを公開する方法として、ArcGIS Desktop で作成した GIS データをインターネットで広く利用する手順を学びます。Google Maps API（Application Programming Interface）を使用して、KML ファイルを WebGIS として表示させる際に必要となる基本的な知識を身につけます。

Tips: KML ファイルの構造

　KML ファイルは XML で記述されています。KML タグで囲まれた部分に、Placemark（ポイント、ライン、ポリゴン）、Ground Overlay などを記述します。詳細は KML の Web ページ （https://developers.google.com/kml/documentation/mapsSupport?hl=ja）にある KML リファレンスをご参照ください。groundoverlay.kml の内容を以下に示します。

```
<?xml version="1.0" encoding="UTF-8"?>
<kml xmlns="http://earth.google.com/kml/2.2">
<GroundOverlay>
<name>Ground Overlay Test</name>
<visibility>1</visibility>
<color>42ffffff</color>
<Icon>
<href>name.png</href>
</Icon>
<LatLonBox>
<north>35.500000</north>
<south>35.330000</south>
<east>139.370000</east>
<west>139.120000</west>
</LatLonBox>
</GroundOverlay>
</kml>
```

- ✦ name タグ　　　　　：オーバーレイする画像のラベルを指定
- ✦ visibility タグ　　　：KML ファイルを開いたときに表示するかどうかを指定
- ✦ color タグ　　　　　：オーバーレイする際の透明度を RGB 値で指定
- ✦ href タグ　　　　　：画像データの場所をパスまたは URL で指定

演習11　Google Earth と連携しよう！

第11章 Google Earth との連携

Tips: 凡例の表示

Google Earth で凡例を表示させるにはスクリーン オーバーレイを使用します。Screen Overlay タグを使用してオーバーレイした画像は、視点を変更しても常に画面の同じ位置に表示されます。

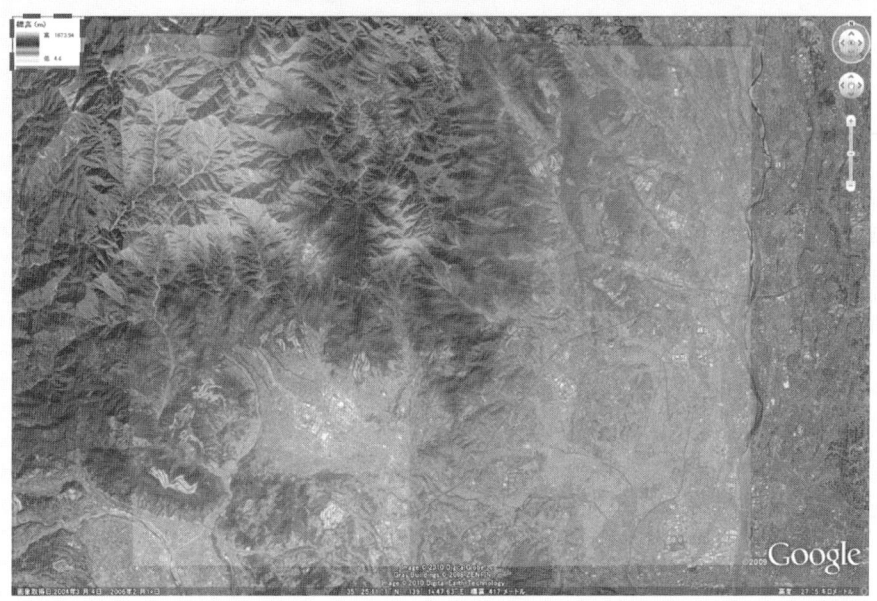

「D:¥gis03¥ex11¥data¥legend.kml」を Google Earth で読み込みます。legend.kml の内容を以下に示します。ArcMap で作成した凡例を PNG などの画像データとして保存し、「legend.png」として使用しています。

```
<?xml version="1.0" encoding="UTF-8"?>
<kml xmlns="http://earth.google.com/kml/2.2">
<ScreenOverlay id="legend">
 <name>Screen Overlay Test</name>
 <visibility>1</visibility>
 <Icon>
  <href>legend.png</href>
 </Icon>
 <overlayXY x="0" y="1" xunits="fraction" yunits="fraction" />
 <screenXY x="0" y="1" xunits="fraction" yunits="fraction" />
 <size x="140" y="100" xunits="pixels" yunits="pixels" />
</ScreenOverlay>
</kml>
```

◆ overlayXY タグ ： オーバーレイする画像の原点を指定

- ✦ screenXY タグ　　　　　　　：オーバーレイする画像の画面上の位置を指定
- ✦ size タグ　　　　　　　　　：オーバーレイする画像のサイズを指定
- ✦ fraction 属性値　　　　　　：位置やサイズを 0～1 の比率で表現
- ✦ pixcels 属性値　　　　　　：位置やサイズをピクセル単位で表現

① 時空間データの表現

　Google Earth ではタイムライン表示機能を使用することによって時空間データを扱えます。時間軸をコントロールすることによって、時系列上のデータのシーケンスをアニメーションとして表示させたり、時間範囲を指定して特定のデータを表示できます。例えば、GPS で取得した歩行データを表示したり、都市の歴史的な変遷を観察したりするときにタイムライン表示機能は役に立ちます。

　KML ファイルでは、各フィーチャに対して現象の発生時刻や発生時間帯に関するデータを付加することによって時空間データを表現します。タイムライン表示機能に対応した KML ファイルを作成するには、KML ファイルの中の Placemark タグの間に TimeStamp タグや TimeRange タグを記述します。時刻は決められたフォーマットで記述する必要があり、以下に例を示します。

◆ TimeStamp タグ　　　　　　：現象の発生時刻を指定

例）2007 年 12 月 1 日午前 8:00（協定世界時）を現象の発生時刻として指定

〈TimeStamp〉

　〈when→2007-12-01T08:00:00Z〈/when〉

〈/TimeStamp〉

◆ TimeSpan タグ　　　　　　　：現象の発生時間帯を指定

例）2007 年 12 月 1 日午前 8:00～9:00（協定世界時）を現象の発生時間帯として指定

〈TimeSpan〉

　〈begin→2007-12-01T08:00:00Z〈/begin〉

　〈end→2007-12-01T09:00:00Z〈/end〉

〈/TimeStamp〉

　T は日付と時刻の間の区切り文字で、Z は UTC（協定世界時）を表します。KML ファイルに TimeStamp タグを付加します。

第 11 章 Google Earth との連携

1 「D:¥gis03¥ex11¥data¥tracking.kmz」をダブルクリックし、Google Earth で開きます。

2 「D:¥gis03¥ex11¥data¥route.kmz」をダブルクリックし、Google Earth で開きます。

3 下の図のポイントをクリックして表示される内容を確認します。

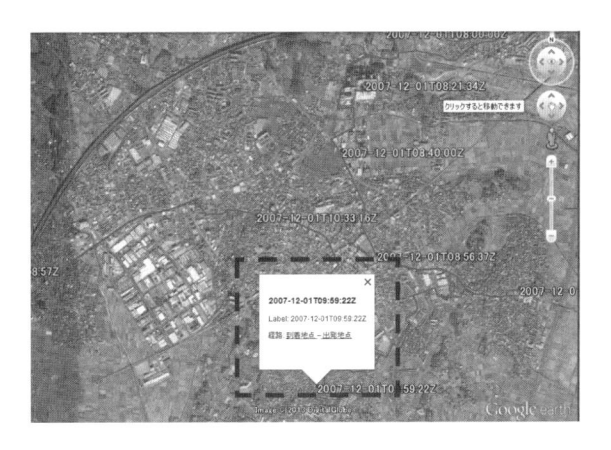

ポイントは郵便局の位置をあらわしています。北東の郵便局を 8:00 に出発して 8 箇所すべてを経由する際の各郵便局の通過時刻がフィーチャの説明に記述してあります。

4 ポイントのレイヤを削除します。[場所] パネル → [保留] → [tracking] を右クリックして、削除をクリックします。

KML ファイルでは、Description タグの間にフィーチャの説明を記述します。スクリプトを使用して Description タグの間に記述してある時刻を抽出し、TimeStamp タグとして新たに付加します。

5 KMZ ファイルは KML ファイルを ZIP 形式で圧縮したファイルで、Google Earth の標準ファイル形式として使用されています。
zip 形式のファイルを解凍できる解凍ソフトを使用して「D:¥gis03¥ex11¥data¥tracking.kmz」を解凍し、解凍後のフォルダをエクスプローラで開きます。

🖱6 解凍後のフォルダ「D:¥gis03¥ex11¥data¥tracking」の中に
「D:¥gis03¥ex11¥data¥timestamp.vbs」をコピーし、ダブルクリックして実行します。

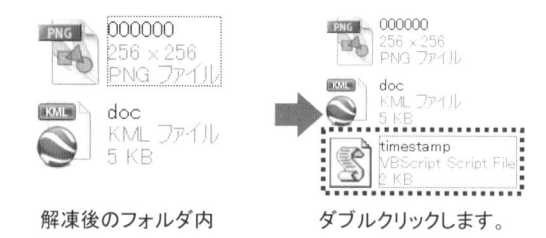

解凍後のフォルダ内　　　　ダブルクリックします。

🖱7 新たに作成された「timescale.kml」をダブルクリックし、Google Earth で開きます。

TimeStamp タグや TimeScale タグの記述された KML ファイルが読み込まれると、タイムライン表示機能が有効になり、下図のパネルが表示されます。パネルを使用すると、時系列上のデータのシーケンスをアニメーションとして再生・停止させたり、時間範囲を指定して特定のデータを表示させることができます。

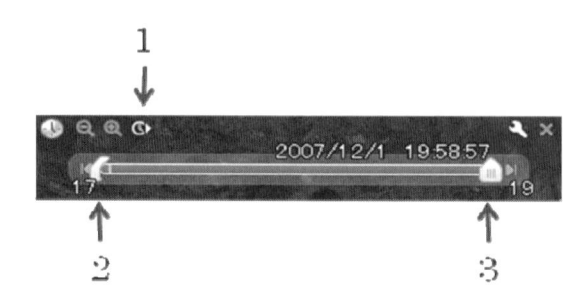

1. ↓のボタンをクリックして、一連の画像をアニメーションで再生します。

2. 範囲マーカーを左右にドラッグして、表示するデータの時間範囲を変更します。

3. ここをドラッグして、時間範囲を前後に移動します。

第11章 Google Earth との連携

8 下図のように範囲マーカーをドラッグして、図の2点のみが表示されるように時間範囲を前後に移動します。

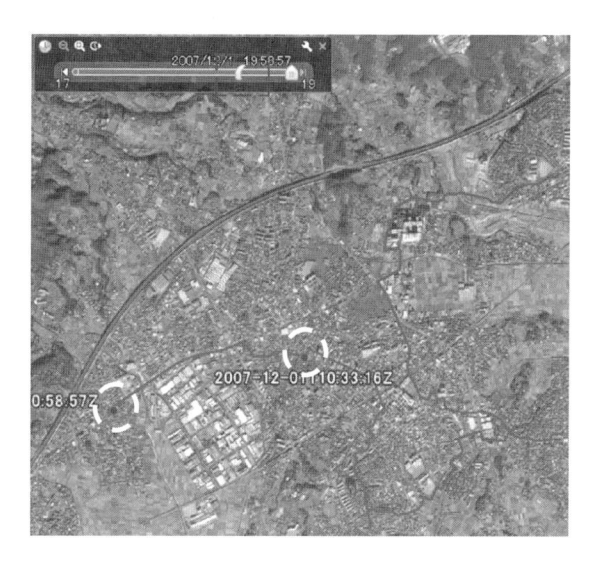

9 下図のボタンを左右にドラッグして、データを表示するデータの時間範囲を変更し、指定した時間範囲に含まれるポイントが表示されることを確認します。

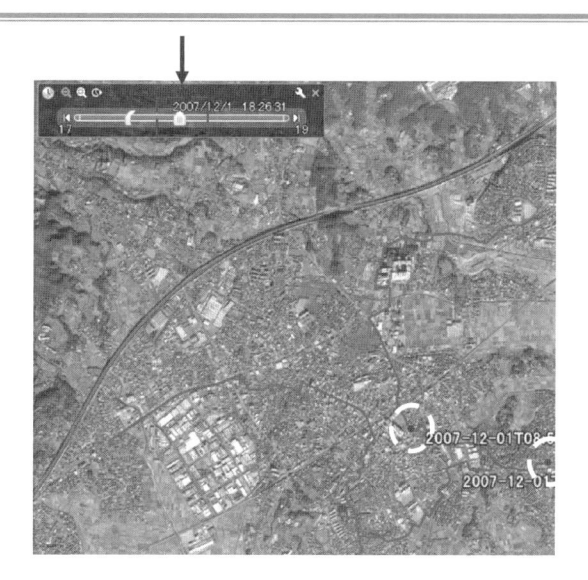

Tips: TimeStamp タグを付加する方法

この演習では、スクリプトを使用して TimeStamp タグを付加していますが、手作業で TimeStamp タグを編集しても同じ結果を得られます。Windows のメモ帳で「timescale.kml」を開いて日時を編集し、動作を確認することをおすすめします。日時のフォーマットに関しては、KML の Web ページ（https://developers.google.com/kml/documentation/mapsSupport?hl=ja）にある KML リファレンスをご参照ください。

TimeStamp タグの付加された Placemark タグの例を以下に示します。

```
<Placemark>
    <name maxLines="1">2007-12-01T09:59:22Z</name>
    <Snippet maxLines="1"><![CDATA[2007-12-01T09:59:22Z ]]></Snippet>
    <description→<![CDATA[Label: 2007-12-01T09:59:22Z<BR>]]></description>
    <Style id="000000_0_0">
        <IconStyle>
            <Icon>
                <href→000000.png</href>
                <x>0</x>
                <y>0</y>
                <w>32</w>
                <h>32</h>
            </Icon>
        </IconStyle>
    </Style>
    <Point>
        <extrude>0</extrude>
        <altitudeMode>relativeToGround</altitudeMode>
        <coordinates> 139.310944,35.385500,0.000000</coordinates>
    </Point>
    <TimeStamp xmlns=""><when>2007-12-01T09:59:22Z</when></TimeStamp>
</Placemark>
```

第11章 Google Earth との連携

Tips: GPS デバイスの利用

　パソコンに接続可能な GPS (Global Positioning System) 機器をお持ちの場合は、GPSBabel (http://www.gpsbabel.org/ 英語) などのツールを使用してデータを KML や GPX などに変換し、GPS 情報を Google Earth にインポートし利用できる場合があります。時刻の記録された GPS トラッキング・ログを表示させる際に、タイムスケール機能が役に立ちます。

　ノート PC などと GPS 機器を接続すると、GPS 情報をリアルタイムで Google Earth に表示できる場合があります。例えば、車で移動しながら位置をリアルタイムで表示させることによって、Google Earth をカーナビゲーションシステムのように利用できます。リアルタイム表示には NMEA プロトコル、ガーミン PVT プロトコルのどちらかを使用します。お手持ちの GPS 機器を Google Earth と接続する際には、これらのプロトコルに対応しているかどうかの確認が必要です。

Tips: Google Earth COM API の利用

　Google Earth COM API は、独自に作成したアプリケーションから API を通じて Google Earth を操作することを可能にします。例えば、Microsoft Visual Basic2008 で開発したアプリケーション上に Google Earth の画面を表示させ、KML ファイル表示させたり、視点を変更することができます。詳しくは Google Earth COM API Documentation (http://earth.google.com/comapi/index.html 英語) をご参照ください。

② Google Maps API の利用

　Google Maps API を使用して、KML ファイルを表示する簡易的な WebGIS を作成します。この演習を行うには、自分で作成したファイルをアップロードできる Web サイトが必要です。この演習では Google Maps API バージョン 3 の利用を想定しています。

Tips: Google Maps API とは？

　Google Maps JavaScript API を使用すると、Google マップをウェブページに埋め込むことができます。この API のバージョン 3 は、従来のパソコン用ブラウザ アプリケーションとしてだけでなく、携帯端末でも快適に動作するように設計されています。

　この API では http://maps.google.co.jp サイトで使用できるような地図を操作し、さまざまなサービスを介してコンテンツを地図に追加するための多数のユーティリティを提供しています。これを利用して、ウェブサイトにパワフルな地図アプリケーションを作成できます。

　詳細は、Google Maps API Documentation (https://developers.google.com/maps/documentation/)をご参照ください。

1 ZIP 形式のファイルを解凍できる解凍ソフトを使用して、Step1 で作成した以下のファイルを解凍し、解凍後のフォルダをエクスプローラで開きます。

- 「D:¥gis03¥ex11¥data¥kokyoshisetsu.kmz」
- 「D:¥gis03¥ex11¥data¥route.kmz」

2 解凍したそれぞれのフォルダの中には、「doc.kml」という名前の KML ファイルが存在しています。それぞれの名前をフォルダ名と同じ「kokyoshisetsu.kml」、「route.kml」に変更します。

3 「D:¥gis03¥ex11¥data¥map.html」を Windows のメモ帳で開き、内容を確認します。

Google Maps API の利用：「D:¥gis03¥ex11¥data¥map.html」

Google Maps API を使用して、ブラウザ上に Google Map を表示させる HTML ファイルの例を以下に示します。

```
<html>
<head>
<meta name="viewport" content="initial-scale=1.0, user-scalable=no" />
<script type="text/javascript"
src="http://maps.google.com/maps/api/js?sensor=false"></script>
<script type="text/javascript">
   function initialize() {
      var latlng = new google.maps.LatLng(35.403, 139.313);
      var myOptions = {
         zoom: 13,
         center: latlng,
         mapTypeId: google.maps.MapTypeId.ROADMAP
      };
      var map = new google.maps.Map(document.getElementById("map_canvas"), myOptions);

      var ctaLayer1 = new google.maps.KmlLayer('http://www/kokyoshisetsu.kml');
```

演習11 Google Earth と連携しよう！

第 11 章 Google Earth との連携

```
            var ctaLayer2 = new google.maps.KmlLayer('http://www/route.kml');
            ctaLayer1.setMap(map);
            ctaLayer2.setMap(map);
        }

    </script>
    </head>
    <body onload="initialize()">
      <div id="map_canvas" style="width:100%; height:100%"></div>
    </body>
</html>
```

◆ var latlng = new google.maps.LatLng(35.403, 139.313);

地図の中心座標を設定しています。中心座標を書き変えると、異なる地域を表示させることができます。経度、緯度とも単位は度で、南緯や西経は負の数値にします。

◆ zoom: 13,

地図の最初のズームレベルを設定しています。1～17 の整数を指定します。

◆ mapTypeId: google.maps.MapTypeId.ROADMAP

地図の最初のマップ タイプを設定しています。次のタイプがサポートされます。

ROADMAP は、Google マップの通常のデフォルトである 2D タイルを表示します。

SATELLITE は写真タイルを表示します。

HYBRID は、写真タイルと主要な機能（道路、地名）のタイル レイヤを組み合わせて表示します。

TERRAIN は、物理的な起伏を示すタイルで、高度や水系（山、河川など）を表示します。

◆var map = new google.maps.Map(document.getElementById("map_canvas"), myOptions);

Map クラスを使用して、1つの地図をページ上に生成します（このクラスのインスタンスを複数作成することで、別々の地図を同じページ上に生成することもできます）。

◆ var ctaLayer1 = new google.maps.KmlLayer('http://www/kokyoshisetsu.kml');

KmlLayer オブジェクトを使用して、KML ファイルを読み込みます。

◆ ctaLayer1.setMap(map);

setMap メソッドを使用して、読み込んだ KML ファイルを地図上に表示します。

◆ <div id="map_canvas" style="width:100%; height:100%"></div>

「map_canvas」という名前の <div> を定義し、style 属性でそのサイズを設定しています。この例では携帯端末で適切なサイズに拡張されるよう「100%」に設定されています。ブラウザの画面サイズに合わせて width:500px のように地図のサイズを指定することもできます。

4 「map.html」の下記の部分を書き換えます。

✦ KML ファイルの URL

http://www/kokyoshisetsu.kml と書かれている部分を正しい URL に書き換えます。例えば、http://xxx.yyy.zzz/student_num/ に kokyoshisetsu.kml をアップロードする場合、http://xxx.yyy.zzz/student_num/kokyoshisetsu.kml に書き換えます。

同様に、http://www/route.kml と書かれている部分を正しい URL に書き換えます。例えば、http://xxx.yyy.zzz/student_num/ に route.kml をアップロードする場合、http://xxx.yyy.zzz/student_num/route.kml に書き換えます。

5 「map.html」、「kokyoshisetsu.kml」、「route.kml」を Web サイトにアップロードします。ファイルのアップロード方法は、Web サイトの方針によって異なり、通常 FTP や SCP などのクライアント・ソフトウェアを使用してファイルをアップロードします。分からない場合は Web サイトの管理者に確認してください。

6 ブラウザで動作確認します。

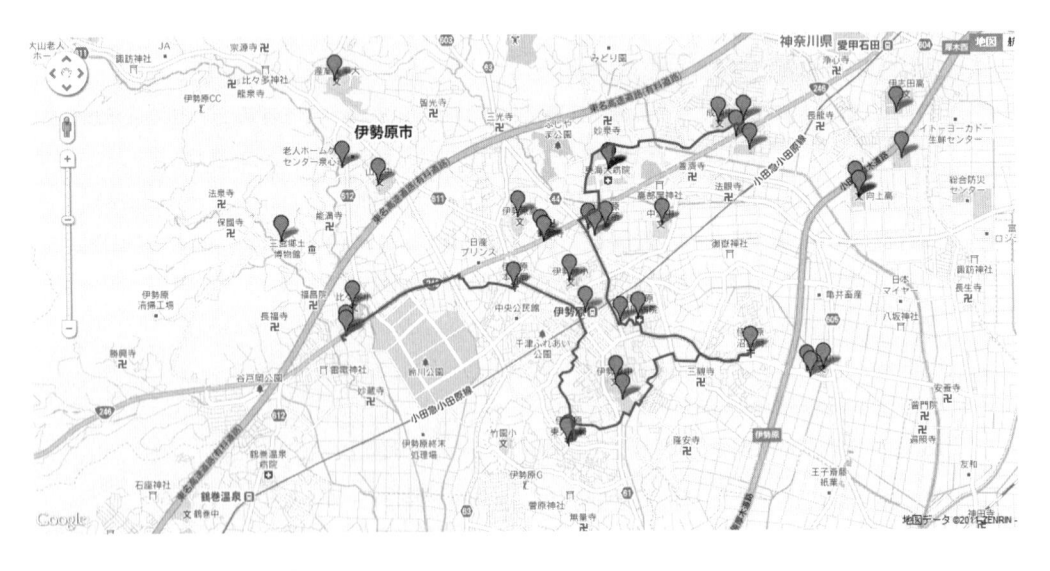

以上で演習は終了です。

第 11 章 Google Earth との連携

Tips: ラスタデータの表示

Google マップにラスタデータを表示するには、GGroundOverlay オブジェクトを使用します。境界座標を指定して、以下のようにラスタデータから作成した画像データをオーバーレイ表示させます。

```
var imageBounds = new google.maps.LatLngBounds(
  new google.maps.LatLng(35.335437,139.120427),
  new google.maps.LatLng(35.5044,139.372703))

var demImage = new google.maps.GroundOverlay(
  "http://www/dem.png",
  imageBounds);
demImage.setMap(map);
```

参 考 文 献

■ 第 1 章
- David J. Maguire ほか著／小方 登ほか訳（1998）『GIS 原典：地理情報システムの原理と応用Ⅰ』古今書院
- Michael Zeiler 著／ESRI ジャパン（株）訳（2001）『Modeling Our World ジオデータベース設計ガイド』
- Environmental Systems Research Institute, Inc. 提供資料
- ESRI ジャパン Web サイト
    http://www.esrij.com/products/

■ 第 2 章
- 有川正俊・太田守重監修（2007）『GIS のためのモデリング入門：地理空間データの設計と応用』ソフトバンククリエイティブ
- 地理情報システム学会用語・教育分科会編（2000）『地理情報科学用語集　第 2 版』地理情報システム学会
- 国土地理院ホームページ　測地系
    http://vldb.gsi.go.jp/sokuchi/datum/tokyodatum.html
    http://www.gsi.go.jp/LAW/G2000/g2000faq-1.htm#qa1-3
- 地理情報システム学会編（2004）『地理情報科学辞典』朝倉書店

■ 第 4 章
- Michael Zeiler 著／ESRI ジャパン（株）訳（2001）『Modeling Our World ジオデータベース設計ガイド』
- ArcGIS ヘルプ

■ 第 5 章
- ArcGIS ヘルプ　トポロジの基礎
    http://resources.arcgis.com/ja/help/main/10.2/index.html#//006200000002000000

■ 第 9 章
- 碓井照子（2003）「GIS 革命と地理学-オブジェクト指向 GIS と地誌学的方法論-」地理学評論 Vol. 76, pp. 687-702.

■ 第 10 章
- ジオプロセシング　ツール数の元資料

■ 第 11 章
- Google ユーザーガイド
    https://www.google.co.jp/intl/ja/earth/learn/

おわりに

　2007 年 3 月末、本書の著者である泉、寺畠、菅野と私の 4 人で、横浜国立大学にて 3 日間集中の「ジオデータベース講習会」を開催しました。当時、大学院生であった 3 人と研究員の私が企画した非公式の自主講習会に、果たして何人の学生が集まるのか、直前まで疑問でした。しかし、新学期直前の春休み真っただ中という悪条件にもかかわらず、学内から 20 名の学生が参加してくれました。講義初挑戦の大学院生 3 人との見切り発車的な講義でしたが、学生たちはジオデータベースの有用性と今後の発展性を目のあたりにしてか、連日 10:30〜17:00 まで熱心に演習に取り組んでいました。

　「どうやってジオデータベースの有用性を伝えるか？」という課題に対して、4 人で企画した演習内容と、講習会から得られたフィードバックをもとに本書の作成は始まりました。その後、当初のメンバーは卒業したため、ESRI ジャパン株式会社のご協力をいただくこととなり、最終的に本書の元となった『図解！ArcGIS Part3 ジオデータベース入門』が 2011 年に出版されるまで 4 年かかりました。しかし、その後のジオデータベースの普及と発展、ArcGIS for Desktop シリーズの誕生を考慮すると、よい時節に出版することができたと思います。

　本書の作成にあたっては、横浜国立大学の佐土原聡教授および吉田聡准教授にご支援をいただきました。私を含めた著者 5 名は横浜国立大学在学中に GIS と出会い、沢山の機会とご支援をいただいたおかげで、本書の出版に至ったことは言うまでもありません。深く感謝申し上げます。また、Esri 社の Jack Dangermond 会長、Michel Gould 博士、Dave Buyer 氏らからの私の日本、アジア地域での GIS 研究・教育活動に対する継続的支援に対しても、併せて感謝申し上げます。

　本改訂版の原稿校正においては、東京大学 小高暁氏にご協力を頂きました。また旧版の原稿校正では、気賀沢千代氏、張瑶氏（ESRI ジャパン株式会社）、毛利英之氏（国連大学）、牧之段浩平氏（当時、東京大学）、吉田翔氏、越春美氏、小笠原峻志氏、Rizka Ibrahim（当時、横浜国立大学）、川崎亜希子氏（誌面デザイン含む）にご協力いただきました。

　さいごに、環境・防災研究における GIS の重要性を認識し、本書作成にご理解をいただきました東京大学の目黒公郎教授および小池俊雄教授、そして、出版にあたってお世話になりました ESRI ジャパン株式会社の正木千陽社長、五味俊弘氏、矢口浩平氏、(株) 古今書院編集部の原光一氏に、心から感謝申し上げます。

川崎 昭如

著者略歴

羽田 康祐
2005 年 奈良大学 大学院文学研究科地理学専攻 修了，2005 年 ESRI ジャパン株式会社 入社。ArcGIS 開発製品（ArcObjects）を担当。導入支援やトレーニング，技術サポートなどに従事。GIS 上級技術者，Esri 認定インストラクター。
＜第 1 章，第 9 章執筆，全章改訂総括＞

田口健太郎
2004 年 東京理科大学 大学院工学研究科経営工学専攻修了，2005 年 横浜国立大学 大学院環境情報学府 博士課程後期在籍中に，米国 Esri 社インターンを経験。
＜第 8 章，第 11 章執筆，データ・ダウンロードサイト管理＞

泉 真彦
2006 年 横浜国立大学 工学部建設学科建築学コース卒業，米国 Esri 社インターンを経て，2008 年 同大 大学院環境情報学府環境リスクマネジメント専攻 博士課程前期修了。
＜第 2 章執筆＞

菅野 正人
2006 年 立正大学 地球環境科学部環境システム学科卒業。2008 年 横浜国立大学 大学院環境情報学府環境リスクマネジメント専攻 博士課程前期修了。
＜第 7 章執筆＞

寺畠 勇貴
2006 年 横浜国立大学 工学部建設学科建築学コース卒業，米国 Esri 社インターンを経て，2008 年 同大 大学院環境情報学府環境リスクマネジメント専攻 博士課程前期修了。
＜第 3 章～第 6 章執筆＞

氷見山 清子
2008 年 北海道大学 大学院環境科学院地球圏科学専攻 修了，2008 年 ESRI ジャパン株式会社 入社。ArcGIS for Server（ArcSDE）を担当。ローカライズ，技術サポートなどに従事。
＜第 2 章，第 6 章，第 8 章，第 10 章改訂＞

古川 翔一
2010 年 日本大学 文理学部地理学科 卒業，2010 年 ESRI ジャパン株式会社 入社。ArcGIS for Desktop を担当。技術サポートに従事。GIS 学術士。
＜第 3 章～第 5 章，第 7 章，第 11 章改訂＞

編著者略歴

川崎 昭如（かわさき あきゆき）
東京大学 大学院工学系研究科社会基盤学専攻 水循環データ統融合の展開学（日本工営）寄付講座，特任准教授。
横浜国立大学で学位取得後，東京大学生産技術研究所，国連大学，ハーバード大学，アジア工科大学院（AIT）などを経て，2014年6月より現職。国連大学やAIT，ヤンゴン工科大学（YTU）でのGIS教育プログラムを開発・実施しながら，水循環および水関連分野（環境・災害・経済）のデータ統融合と分野間連携による水問題解決の実践に関する研究に従事。

＜総括，第1章，第10章執筆＞

書　名	**図解 ArcGIS 10　ジオデータベース活用マニュアル**
コード	ISBN978-4-7722-4166-3　C1055
発行日	2014年10月1日　初版第1刷発行
編著者	川崎昭如
	©2014　KAWASAKI Akiyuki
発行者	株式会社 古今書院　橋本寿資
印刷所	株式会社 太平印刷社
発行所	株式会社 古今書院
	〒101-0062　東京都千代田区神田駿河台2-10
電　話	03-3291-2757
FAX	03-3233-0303
URL	http://www.kokon.co.jp/
	検印省略・Printed in Japan

いろんな本をご覧ください
古今書院のホームページ

http://www.kokon.co.jp/

★ 700点以上の**新刊・既刊書**の内容・目次を写真入りでくわしく紹介
★ 地球科学やGIS, 教育など**ジャンル別**のおすすめ本をリストアップ
★ **月刊『地理』**最新号・バックナンバーの特集概要と目次を掲載
★ 書名・著者・目次・内容紹介などあらゆる語句に対応した**検索機能**

古今書院

〒101-0062　東京都千代田区神田駿河台2-10

TEL 03-3291-2757　FAX 03-3233-0303

☆メールでのご注文は order@kokon.co.jp へ